Gestaltungsmodell für den digital vernetzten Shopfloor im Werkzeugbau

Design Model for a Cyber Physical Shopfloor in the Tooling Industry

Von der Fakultät für Maschinenwesen
der Rheinisch-Westfälischen Technischen Hochschule Aachen
zur Erlangung des akademischen Grades eines
Doktors der Ingenieurwissenschaften
genehmigte Dissertation

vorgelegt von

Michael Salmen

Berichter:

Univ.-Prof. Dr.-Ing. Dipl.-Wirt. Ing. Günther Schuh
Univ.-Prof. Dr.-Ing. Dr.-Ing. E. h. Dr. h. c. Dr. h. c. Fritz Klocke

Tag der mündlichen Prüfung: 07. November 2016

ERGEBNISSE AUS DER PRODUKTIONSTECHNIK

Michael Salmen

Gestaltungsmodell für den digital vernetzten Shopfloor im Werkzeugbau

Herausgeber:
Prof. Dr.-Ing. Dr.-Ing. E. h. Dr. h. c. Dr. h. c. F. Klocke
Prof. Dr.-Ing. Dipl.-Wirt. Ing. G. Schuh
Prof. Dr.-Ing. C. Brecher
Prof. Dr.-Ing. R. H. Schmitt

Band 39/2016

Bibliografische Information der Deutschen Nationalbibliothek
Die Deutsche Nationalbibliothek verzeichnet diese Publikation in der Deutschen Nationalbibliografie; detaillierte bibliografische Daten sind im Internet über http://dnb.ddb.de abrufbar.

Michael Salmen:

Gestaltungsmodell für den digital vernetzten Shopfloor im Werkzeugbau

1. Auflage, 2016

Gedruckt auf holz- und säurefreiem Papier, 100% chlorfrei gebleicht.

Apprimus Verlag, Aachen, 2016
Wissenschaftsverlag des Instituts für Industriekommunikation und Fachmedien an der RWTH Aachen
Steinbachstr. 25, 52074 Aachen
Internet: www.apprimus-verlag.de, E-Mail: info@apprimus-verlag.de

Druck: KN Digital Printforce GmbH, Stuttgart

ISBN 978-3-86359-479-4

D 82 (Diss. RWTH Aachen University, 2016)

Vorwort

Die vorliegende Dissertation entstand während meiner Arbeit als wissenschaftlicher Mitarbeiter am Lehrstuhl für Produktionssystematik des Werkzeugmaschinenlabors WZL der Rheinisch-Westfälischen Technischen Hochschule (RWTH) Aachen. Mein besonderer Dank gilt dem Inhaber des Lehrstuhls für Produktionssystematik, Professor Günther Schuh, für das in mich und meine Arbeit gesetzte Vertrauen. Er bot mir die Möglichkeit zum selbständigen wissenschaftlichen Arbeiten in einem von Ideenreichtum und Tatendrang geprägten, inspirierenden Umfeld, welches die wesentliche Grundlage zum Gelingen dieser Arbeit war. Mein weiterer Dank gilt Professor Fritz Klocke für die Übernahme des Korreferats. Ebenso bedanke ich mich bei Professor Manfred Wirsum als Vorsitzendem der Prüfungskommission und Professor Bernd Markert für die Übernahme des Beisitzes.

Eine Basis dieser Arbeit bilden zahlreiche Industrieprojekte in der Branche Werkzeugbau, welche ich zusammen mit Kolleginnen und Kollegen der WBA Aachener Werkzeugbau Akademie GmbH bearbeiten durfte. Für die mir übertragene Verantwortung und die damit zusammenhängenden Entscheidungsfreiräume möchte ich Dr. Wolfgang Boos danken. Für die Möglichkeit der Validierung meines Gestaltungsmodells bedanke ich mich bei Dr. Martin Wahl der Audi AG sowie Markus Menchen der OPUS Formenbau GmbH.

Ein besonderer Dank gilt meinen aktuellen und ehemaligen Kolleginnen und Kollegen am WZL, insbesondere der Abteilung Unternehmensentwicklung. Die hervorragende Zusammenarbeit und Kollegialität, die Begeisterung für Neues und der besondere Ehrgeiz zeichnen diese Abteilung aus. Ganz besonders danke ich Dr. Martin Pitsch, der mich in fast 5 Jahren gemeinsamer Zeit am WZL immer gefordert und gefördert hat und der mich auch darüber hinaus durch zahlreiche Diskussionen und Ratschläge bei der Erstellung dieser Arbeit unterstützt hat. Für seinen ansteckenden Tatendrang, viele kreative Ideen und seine allzeit wertvolle Unterstützung danke ich besonders Thomas Kuhlmann. Tobias Hensen möchte ich insbesondere für seinen stetigen Einsatz für gemeinsame Ziele sowie seine offene und ehrliche Art der Zusammenarbeit danken. Vielen Dank an Dr. Thomas Kühn, Advan Begovic und Maximilian Stark für zahlreiche spannende Diskussionen und viele neue Anregungen in der gemeinsamen (Arbeits-)Zeit. Weiterhin danke ich David Goertz und Julian Radermacher für ihr einzigartiges Engagement und die besondere Unterstützung im Rahmen der Erstellung dieser Arbeit.

Mein größter Dank gilt meiner Familie, insbesondere meinen Eltern, meinem Bruder und meiner Frau Elisabeth. Ihre Liebe, der bedingungslose Rückhalt und die stetige Rücksichtnahme haben mir die Erstellung dieser Arbeit ermöglicht.

Aachen, im November 2016 Michael Salmen

I Inhaltsübersicht

I Inhaltsübersicht ..... **I**

II Inhaltsverzeichnis ..... **III**

III Abbildungsverzeichnis ..... **IX**

IV Abkürzungsverzeichnis ..... **XV**

1 Einleitung **1**

1.1 Problemstellung 2

1.2 Zielsetzung 4

1.3 Forschungsansatz 4

1.4 Aufbau der Arbeit 9

2 Grundlagen **13**

2.1 Industrielle Wertschöpfung 13

2.2 Werkzeugbau 36

2.3 Digitale Vernetzung 58

2.4 Handlungsbedarf aus der Praxis 81

3 Bewertung bestehender Ansätze **83**

3.1 Grundlagen der Bewertung 83

3.2 Vorstellung und Bewertung bestehender Ansätze 93

3.3 Aggregation der Bewertung 113

3.4 Handlungsbedarf aus der Theorie 115

3.5 Detaillierung der Forschungsfrage 116

4 Konzeption des Gestaltungsmodells **119**

4.1 Grundlagen wissenschaftstheoretischer Konzeption 119

4.2 Merkmale des Gestaltungsmodells 124

4.3 Konzeptionierung des Gestaltungsmodells 126

4.4 Synthese des Gestaltungsmodells 137

4.5 Kritische Reflexion 139

5 Detaillierung des Gestaltungsmodells **143**

5.1 Aktivitätselemente 143

5.2 Verhaltenselemente 179

5.3 Strukturelement ... 212

5.4 Wechselwirkungen der Gestaltungselemente ... 223

6 Fallbeispiele und kritische Reflexion ... 227

6.1 Fallbeispiel: AUDI AG ... 227

6.2 Fallbeispiel: OPUS Formenbau GmbH ... 230

6.3 Kritische Reflexion ... 233

7 Zusammenfassung und Ausblick ... 235

8 Literaturverzeichnis ... 239

II Inhaltsverzeichnis

I Inhaltsübersicht I

II Inhaltsverzeichnis III

III Abbildungsverzeichnis IX

IV Abkürzungsverzeichnis XV

1 Einleitung 1

1.1 Problemstellung 2

1.2 Zielsetzung 4

1.3 Forschungsansatz 4

1.4 Aufbau der Arbeit 9

2 Grundlagen 13

2.1 Industrielle Wertschöpfung 13

2.1.1 Begriffsverständnis und Einordnung 13

2.1.1.1 Industrielle Produktion 13

2.1.1.2 Wertschöpfung 15

2.1.1.3 Shopfloor 17

2.1.2 Industrielle Wertschöpfung im Wandel 20

2.1.2.1 Erste industrielle Revolution 20

2.1.2.2 Zweite industrielle Revolution 21

2.1.2.3 Dritte industrielle Revolution 22

2.1.2.4 Vierte industrielle Revolution 23

2.1.3 Gestaltung der Wertschöpfung auf dem Shopfloor 25

2.1.3.1 Operatives Produktionsmanagement 26

2.1.3.2 Lean Management 29

2.1.3.3 Shopfloormanagement 33

2.2 Werkzeugbau 36

2.2.1 Begriffsverständnis und Einordnung 37

2.2.1.1 Werkzeug 37

2.2.1.2 Werkzeugbau 38

2.2.2 Branche Werkzeugbau 40

2.2.2.1 Branchenstruktur 41
2.2.2.2 Leistungsspektrum 42
2.2.3 Wertschöpfung im industriellen Werkzeugbau 47
2.2.3.1 Industrialisierung des Werkzeugbaus 47
2.2.3.2 Aktivitäten und Ressourcen des Werkzeugbaus 50
2.2.3.3 Der Shopfloor als zentraler Ort der Wertschöpfung 54
2.2.4 Herausforderungen des industriellen Werkzeugbaus 55
2.3 Digitale Vernetzung 58
2.3.1 Begriffsverständnis und Einordnung 58
2.3.1.1 Analoge Signale 58
2.3.1.2 Digitale Signale 59
2.3.1.3 Digitalisierung und Vernetzung 60
2.3.2 Historischer Kontext 63
2.3.2.1 Entstehung des Internets 64
2.3.2.2 Web 2.0 66
2.3.2.3 Internet der Dinge 68
2.3.3 Anwendungskontext 70
2.3.3.1 Unternehmensentwicklung 70
2.3.3.2 Äußere Digitalisierung und Vernetzung 72
2.3.3.3 Innere Digitalisierung und Vernetzung 75
2.3.4 Chancen und Herausforderungen innerer Digitalisierung und Vernetzung 80
2.4 Handlungsbedarf aus der Praxis 81
3 Bewertung bestehender Ansätze 83
3.1 Grundlagen der Bewertung 83
3.1.1 Bewertungssystem 83
3.1.2 Anforderungen 84
3.1.2.1 Allgemeine Anforderungen 85
3.1.2.2 Werkzeugbauspezifische Anforderungen 86
3.1.2.3 Shopfloorbezogene Anforderungen 87
3.1.2.4 Digitalisierungsbezogene Anforderungen 90
3.2 Vorstellung und Bewertung bestehender Ansätze 93

3.2.1 Digitale Fabrik (KÜHN, 2006) ... 93
3.2.2 Smart Factory (LUCKE, 2008) ... 95
3.2.3 Lemgoer Modellfabrik (JASPERNEITE, 2009) ... 97
3.2.4 Erweitertes Strategic Alignment Model (GAUSEMEIER ET AL., 2009) ... 99
3.2.5 Internet der Dinge in der Intralogistik (GÜNTHNER ET AL., 2010) ... 102
3.2.6 Manufacturing Service Bus (MINGUEZ, 2010) ... 104
3.2.7 Management vernetzter Produktionssysteme (KEMPER ET AL., 2012) ... 106
3.2.8 Modell des Managements in der digitalen, vernetzten Welt (BRENNER & HERRMANN, 2012) ... 109
3.2.9 Industry 4.0 Framework (CAPGEMINI, 2014) ... 111
3.3 Aggregation der Bewertung ... 113
3.4 Handlungsbedarf aus der Theorie ... 115
3.5 Detaillierung der Forschungsfrage ... 116
4 Konzeption des Gestaltungsmodells ... 119
4.1 Grundlagen wissenschaftstheoretischer Konzeption ... 119
4.1.1 Systemtheorie ... 120
4.1.2 Modellierung ... 122
4.2 Merkmale des Gestaltungsmodells ... 124
4.2.1 Reales System ... 124
4.2.2 Zielsetzung ... 125
4.2.3 Nutzer ... 125
4.2.4 Zeitraum der Nutzung ... 126
4.3 Konzeptionierung des Gestaltungsmodells ... 126
4.3.1 Aktivitätselemente ... 128
4.3.1.1 Datenbasiertes Shopfloormanagement ... 128
4.3.1.2 Hochauflösende Ressourcen- und Auftragsplanung ... 129
4.3.1.3 Intelligente Koordination cyber-physischer Systeme ... 130
4.3.2 Verhaltenselemente ... 132
4.3.2.1 Digitale Kultur ... 133
4.3.2.2 Proaktives Lernen ... 134
4.3.2.3 Kollaborative Shopfloor Community ... 135

4.3.3 Strukturelement ... 136
4.3.3.1 Digitale Plattformen ... 136
4.4 Synthese des Gestaltungsmodells ... 137
4.5 Kritische Reflexion ... 139
5 Detaillierung des Gestaltungsmodells ... 143
5.1 Aktivitätselemente ... 143
5.1.1 Datenbasiertes Shopfloormanagement ... 143
5.1.1.1 Grundlagen ... 144
5.1.1.2 Echtzeitnahe Informationsbereitstellung ... 149
5.1.1.3 Unmittelbare Wissensversorgung ... 152
5.1.1.4 Digital unterstützte Interaktion ... 155
5.1.2 Hochauflösende Ressourcen- und Auftragsplanung ... 157
5.1.2.1 Grundlagen ... 159
5.1.2.2 Kontinuierliche Auftragsbewertung ... 162
5.1.2.3 Anforderungsgerechte Entscheidungsunterstützung ... 165
5.1.2.4 Dynamische Umplanung ... 167
5.1.3 Intelligente Koordination cyber-physischer Systeme ... 169
5.1.3.1 Grundlagen ... 170
5.1.3.2 Datengestützte Ressourcenbereitstellung ... 173
5.1.3.3 Integrative Mensch-Maschine-Interaktion ... 175
5.1.3.4 Umfassende Prozess- und Ergebnisvirtualisierung ... 177
5.2 Verhaltenselemente ... 179
5.2.1 Digitale Kultur ... 179
5.2.1.1 Grundlagen ... 180
5.2.1.2 Mitarbeiterbegeisterung ... 184
5.2.1.3 Digitaler Verhaltenskodex ... 187
5.2.1.4 Kontinuierliche Kulturveränderung ... 189
5.2.2 Proaktives Lernen ... 192
5.2.2.1 Grundlagen ... 194
5.2.2.2 Digitale Datenaufbereitung ... 197
5.2.2.3 Organisationales Lernen ... 199
5.2.2.4 Individuelles Lernen ... 201

5.2.3 Kollaborative Shopfloor Community 203
5.2.3.1 Grundlagen 205
5.2.3.2 Digitale Sozialgemeinschaft 206
5.2.3.3 Kooperation und Kollaboration 209
5.2.3.4 Einbezug externer Wertschöpfungspartner und Kunden 211
5.3 Strukturelement 212
5.3.1 Digitale Plattformen 213
5.3.1.1 Grundlagen 214
5.3.1.2 Digitale Infrastruktur 215
5.3.1.3 Vernetzung digitaler Infrastrukturelemente 218
5.3.1.4 Datensicherheit und Datenschutz 221
5.4 Wechselwirkungen der Gestaltungselemente 223
6 Fallbeispiele und kritische Reflexion 227
6.1 Fallbeispiel: AUDI AG 227
6.1.1 Ausgangssituation 228
6.1.2 Anwendung 228
6.1.3 Fazit 230
6.2 Fallbeispiel: OPUS Formenbau GmbH 230
6.2.1 Ausgangssituation 231
6.2.2 Anwendung 231
6.2.3 Fazit 233
6.3 Kritische Reflexion 233
7 Zusammenfassung und Ausblick 235
8 Literaturverzeichnis 239

III Abbildungsverzeichnis

Abbildung 1: Wissenschaftssystematik ... 5

Abbildung 2: Forschungsmethodisches Vorgehen ... 7

Abbildung 3: Heuristischer Bezugsrahmen ... 8

Abbildung 4: Aufbau der Arbeit im Kontext der Phasen angewandter Forschung nach ULRICH ... 10

Abbildung 5: Abgrenzung von Industrie und Handwerk ... 15

Abbildung 6: Wertkette nach PORTER ... 16

Abbildung 7: Das Produktionssystem nach DYCKHOFF ... 18

Abbildung 8: Einordnung des Shopfloors in das Y-Modell nach SCHEER ... 19

Abbildung 9: Übergang von handwerklicher zu maschineller Produktion ... 21

Abbildung 10: Industrielle Revolutionen im Überblick ... 24

Abbildung 11: Wirkungsgradvergleich zweier Prozessketten ... 25

Abbildung 12: Bestandteile des Shopfloors als Produktionssystem ... 26

Abbildung 13: St. Galler Management-Konzept nach BLEICHER ... 28

Abbildung 14: Ergebnisse der MIT-Studie ... 30

Abbildung 15: Das Lean-Business-System ... 31

Abbildung 16: Bestandteile des Shopfloormanagements nach ENGROFF ... 35

Abbildung 17: Einordnung von Fertigungsmitteln nach VDI-Norm 2815 ... 37

Abbildung 18: Marktzugang deutscher Werkzeugbaubetriebe ... 38

Abbildung 19: Organisationsformen interner Werkzeugbaubetriebe ... 39

Abbildung 20: Mitarbeiteranzahl deutscher Werkzeugbaubetriebe ... 41

Abbildung 21: Umsatzverteilung des Bereichs Präzisionswerkzeuge ... 42

Abbildung 22: Umsatzentwicklung und -prognose des Bereichs Präzisionswerkzeuge ... 42

Abbildung 23: Leistungs- und Erzeugnisspektrum der Branche Werkzeugbau ... 43

Abbildung 24: Umsatzverteilung des Werkzeugbaus nach Erzeugnissen 45

Abbildung 25: Auftragsverteilung interner und externer Werkzeugbaubetriebe 47

Abbildung 26: Vom handwerklichen zum industriellen Werkzeugbau 48

Abbildung 27: Gestaltungsmodell für den industriellen Werkzeugbau.................. 49

Abbildung 28: Generische Prozesskette des Werkzeugbaus 50

Abbildung 29: Höchster Abschluss von Mitarbeitern deutscher Werkzeugbaubetriebe 52

Abbildung 30: Durchschnittliche Maschinenausstattung deutscher Werkzeugbaubetriebe 53

Abbildung 31: Mitarbeiterverteilung im Werkzeugbau 54

Abbildung 32: Aktuelle Herausforderungen im Werkzeugbau 56

Abbildung 33: Kategorisierung von Signalen... 59

Abbildung 34: Digitalisierung eines Signals... 61

Abbildung 35: Digitalisierung und Verarbeitung analoger Signale........................ 62

Abbildung 36: Internetnutzer in Deutschland (1997 bis 2014).............................. 66

Abbildung 37: Entwicklung der Artikelanzahl der fünf größten Wikipedias........... 67

Abbildung 38: Monatlich aktive Nutzer von Facebook.. 68

Abbildung 39: Ordnungsrahmen von Smart Products, Smart Data und Smart Services... 74

Abbildung 40: Gegenüberstellung innere und äußere Komplexität 76

Abbildung 41: Chancen und Herausforderungen der inneren Digitalisierung........ 80

Abbildung 42: Handlungsbedarf aus der Praxis 82

Abbildung 43: Darstellungsweise des Erfüllungsgrads der Anforderungen 84

Abbildung 44: Anforderungen an ein Gestaltungsmodell zur Gestaltung von Wertschöpfung auf dem digital vernetzten Shopfloor 84

Abbildung 45: Ebenen der digitalen Fabrik nach KÜHN 94

Abbildung 46: Bewertung des Modells der digitalen Fabrik nach KÜHN................ 94

Abbildung 47: Konzept der Smart Factory nach LUCKE 96

Abbildung 48: Bewertung des Konzepts der Smart Factory nach LUCKE 97

Abbildung 49: Handlungsfelder der Lemgoer Modellfabrik nach JASPERNEITE 98

Abbildung 50: Bewertung des Konzepts der Lemgoer Modellfabrik nach JASPERNEITE 99

Abbildung 51: Erweitertes Strategic Alignment Model 100

Abbildung 52: Bewertung des erweiterten Strategic Alignment Model 101

Abbildung 53: Konzept des Internets der Dinge in der Intralogistik nach GÜNTHNER AT AL. 102

Abbildung 54: Bewertung des Konzepts des Internets der Dinge in der Intralogistik nach GÜNTHNER ET AL. 103

Abbildung 55: Konzept des Manufacturing Service Bus nach MINGUEZ 105

Abbildung 56: Bewertung des Modells des Manufacturing Service Bus nach MINGUEZ 106

Abbildung 57: Bezugsrahmen für das Management vernetzter Produktionssysteme nach KEMPER ET AL. 107

Abbildung 58: Bewertung des Konzepts des Managements vernetzter Produktionssysteme nach KEMPER ET AL. 108

Abbildung 59: Modell des Managements in der digitalen, vernetzten Welt nach BRENNER & HERRMANN 109

Abbildung 60: Bewertung des Modells des Managements in der digitalen, vernetzten Welt nach BRENNER & HERRMANN 110

Abbildung 61: Industry 4.0 Framework nach CAPGEMINI 111

Abbildung 62: Bewertung des Industry 4.0 Framework nach CAPGEMINI 112

Abbildung 63: Aggregierte Bewertung der vorgestellten bestehenden Ansätze .. 113

Abbildung 64: Struktur und Elemente eines Systems 121

Abbildung 65: Modellarten nach PATZAK 123

Abbildung 66: Kernelemente des Gestaltungsmodells für den digital vernetzten Shopfloor im Werkzeugbau 127

Abbildung 67: Gestaltungselement „Datenbasiertes Shopfloormanagement" 129

Abbildung 68: Gestaltungselement „Hochauflösende Ressourcenplanung“........ 130

Abbildung 69: Gestaltungselement „Intelligente Koordination cyber-physischer Systeme" ... 132

Abbildung 70: Gestaltungselement „Digitale Kultur" ... 133

Abbildung 71: Gestaltungselement „Proaktives Lernen" ... 134

Abbildung 72: Gestaltungselement „Kollaborative Shopfloor Community" ... 135

Abbildung 73: Gestaltungselement „Digitale Plattformen" ... 137

Abbildung 74: Gestaltungsmodell für den digital vernetzten Shopfloor im Werkzeugbau ... 138

Abbildung 75: Anforderungen an ein Gestaltungsmodell ... 140

Abbildung 76: Gestaltungsaspekte des datenbasierten Shopfloormanagements 144

Abbildung 77: Mitarbeiterführung im lernenden Unternehmen nach MEYER ... 145

Abbildung 78: Wahrnehmungskette des Menschen ... 148

Abbildung 79: Informationsbedarf auf dem digital vernetzten Shopfloor ... 150

Abbildung 80: Informationsbereitstellung mit den Prinzipien „Watchdog“ und „Drill-Down“ ... 151

Abbildung 81: Geschäftsprozess- und Workflow-Management nach GADATSCH. 156

Abbildung 82: Gestaltungsaspekte der hochauflösenden Ressourcen- und Auftragsplanung ... 158

Abbildung 83: Zielsystem der Produktionslogistik nach WIENDAHL ... 159

Abbildung 84: Das „Magische Dreieck der Prozesseffizienz“ ... 160

Abbildung 85: 3-Ebenen-Modell der Planung und Steuerung im Werkzeugbau.. 161

Abbildung 86: Kriterien der kontinuierlichen Auftragsbewertung ... 163

Abbildung 87: Einflussnahme der anforderungsgerechten Entscheidungsunterstützung ... 165

Abbildung 88: Mögliche Reaktionen im Rahmen der dynamischen Umplanung . 167

Abbildung 89: Gestaltungsaspekte der intelligenten Koordination cyber-physischer Systeme ... 170

Abbildung 90: Elemente der Betriebsdatenerfassung ... 172

Abbildung 91: Potenziale der integrativen Mensch-Maschine-Interaktion ... 176

Abbildung 92: Gestaltungsaspekte der digitalen Kultur 180

Abbildung 93: Ebenen der Unternehmenskultur nach SCHEIN 183

Abbildung 94: Inhalte des digitalen Verhaltenskodexes 188

Abbildung 95: Der PDCA-Zyklus der kontinuierlichen Kulturveränderung 190

Abbildung 96: Transformation des organisationalen Lernens 192

Abbildung 97: Gestaltungsaspekte des proaktiven Lernens 193

Abbildung 98: Ebenen organisationalen Lernens 195

Abbildung 99: Formen des Wissenstransfers 196

Abbildung 100: Organisationales Lernen auf dem digital vernetzten Shopfloor im Werkzeugbau 200

Abbildung 101: Gestaltungsaspekte der kollaborativen Shopfloor-Community 204

Abbildung 102: Merkmale eines digitalen sozialen Shopfloor-Netzwerks 207

Abbildung 103: Kooperation mit externen Wertschöpfungspartnern und Kunden . 211

Abbildung 104: Gestaltungsaspekte digitaler Plattformen 213

Abbildung 105: Bestandteile eines Plattform-Elements 216

Abbildung 106: Vernetzung digitaler Infrastrukturelemente 219

Abbildung 107: Wechselwirkungen zwischen den Gestaltungselementen und anderen Unternehmensbereichen 224

Abbildung 108: Gestaltungsmodell für den digital vernetzten Shopfloor im Werkzeugbau 236

IV Abkürzungsverzeichnis

AG	Aktiengesellschaft
ARPA	Advanced Research Projects Agency
Aufl.	Auflage
AV	Arbeitsvorbereitung
B2B	Business to Business
B2C	Business to Client
BDE	Betriebsdatenerfassung
BIP	Bruttoinlandsprodukt
BMBF	Bundesministerium für Bildung und Forschung
BSI	Bundesamt für Sicherheit in der Informationstechnik
bzw.	beziehungsweise
ca.	circa
CAD	Computer-Aided Design
CAM	Computer-Aided Manufacturing
CAx	Computer-Aided x
CEP	Complex Event Processing
CERN	Conseil Européen pour la Recherche Nucléaire
CD	Compact Disc
CIM	Computer Integrated Manufacturing
CISC	Complex Instruction Set Computing
CPPS	Cyber-physisches Produktionssystem
CPS	Cyber-physische Systems
CPU	Central Processing Unit
CRM	Customer Relationship Management
DIN	Deutsches Institut für Normung
do:index	Digital Openness Index
dt.	deutsch
EDV	Elektronische Datenverarbeitung
engl.	englisch
EPDM	Ethylen-Propylen-Dien-Kautschuk
ERP	Enterprise Resource Planning
ESB	Enterprise Service Bus
et al.	et alii (lateinisch: und weitere)
EU	Europäische Union
f.	folgende Seite
ff.	folgende Seiten
F&E	Forschung & Entwicklung
FIFO	First In – First Out

GB	Geschäftsbereich
Gebr.	Gebrüder
GmbH	Gesellschaft mit beschränkter Haftung
GPS	Global Positioning System
Hrsg.	Herausgeber
i.A.a.	in Anlehnung an
IKT	Informations- und Kommunikationstechnologie
inIT	Institut für industrielle Informationstechnik
IOSB-INA	Fraunhofer-Anwendungszentrum Industrial Automation
IoT	Internet of Things
IPA	Fraunhofer-Institut für Produktionstechnik und Automatisierung
IPT	Fraunhofer-Institut für Produktionstechnologie
ISO	International Organization for Standardization
IT	Informationstechnik
Jg.	Jahrgang
kg	Kilogramm
KMU	Kleine und mittlere Unternehmen
kN	Kilonewton
LAN	Local Area Network
M2M	Machine to Machine
MA	Mitarbeiter
MES	Manufacturing Execution System
Mgmt.	Management
Mio.	Millionen
MIT	Massachusetts Institute of Technology
Mrd.	Milliarden
MSB	Manufacturing Service Bus
NC	Numerical Control
Nr.	Nummer
NSFNET	National Science Foundation Network
o.V.	ohne Verfasser
PC	Personal Computer
RWTH	Rheinisch-Westfälische Technische Hochschule
PDCA	Plan Do Check Act
PDM	Produktdatenmanagement
PLM	Product Lifecycle Management
PPS	Produktionsplanung und -steuerung
RFID	Radio-Frequency Identification
RISC	Reduced Instruction Set Computing
S.	Seite
SSOT	Single Source of Truth
TCP	Transmission Control Protocol

TCP/IP	Transmission Control Protocol/Internet Protocol
TPE	Thermoplastische Elastomere
u.a.	unter anderem
u.U.	unter Umständen
USA	United States of America
usw.	und so weiter
VDI	Verein Deutscher Ingenieure
VDMA	Verband Deutscher Maschinen- und Anlagenbau
vgl.	vergleiche
WLAN	Wireless Local Area Network
WZ	Werkzeug
WZL	Werkzeugmaschinenlabor WZL der RWTH Aachen
WWW	World Wide Web

1 Einleitung

Die deutsche Industrie ist weltweit für ihre hochwertigen Güter bekannt. Dies betrifft insbesondere Hightech-Produkte aus den Bereichen des Maschinen- und Anlagenbaus, des Fahrzeugbaus und der Medizintechnik.[1] Gleichzeitig weist die deutsche Industrie eine im weltweiten Vergleich hohe Kostenstruktur auf, welche in den vergangenen Jahren zusätzlich an Bedeutung gewonnen hat.[2] Niedriglohnländer wie beispielsweise China intensivieren zunehmend ihre Forschung und Entwicklung und verringern den technologischen Vorsprung deutscher Innovationsgüter.[3] Während die deutsche Wirtschaft im Jahr 2014 um 1,6% gewachsen ist, wird für China ein Wachstum des realen Bruttoinlandsproduktes von 7,54% für 2014 ausgewiesen.[4, 5] Die deutsche Industrie ist gefordert, weiterhin innovative Lösungen zu entwickeln und gleichzeitig grundsätzliche Veränderungen der geltenden Produktionsparadigmen aktiv zu gestalten.

Die industrielle Produktion unterlag im Verlauf der vergangenen 300 Jahre zahlreichen grundlegenden Veränderungen, welche auch als industrielle Revolutionen bezeichnet werden. Die Erfindung der Dampfmaschine ermöglichte zum Ende des 18. und Beginn des 19. Jahrhunderts die Mechanisierung der Arbeit durch Arbeits- und Kraftmaschinen und führte damit zu einem sprunghaften Anstieg der Produktivität. Die zweite industrielle Revolution stellte die arbeitsteilige Massenproduktion mithilfe elektrischer Energie auf Basis von Studien wie beispielsweise der wissenschaftlichen Betriebsführung nach TAYLOR gegen Ende des 19. Jahrhunderts dar. Mitte des 20. Jahrhunderts schließlich ermöglichte der Einsatz der elektronischen Datenverarbeitung in der Fertigungstechnik eine weitreichende Automatisierung der Fertigungsprozesse.[6] Jede industrielle Revolution führte zu einem sprunghaften Anstieg der Produktivität und stellte damit einen Wettbewerbsvorteil für Unternehmen dar, die diese aktiv für sich nutzten. Derzeit zeichnet sich eine weitere industrielle Revolution ab: die vierte industrielle Revolution mit dem Ziel der Industrie 4.0. Diese wurde im Jahr 2011 im Rahmen der Hannover Messe vom deutschen Bundesministerium für Bildung und Forschung proklamiert.[7]

Der Treiber der vierten industriellen Revolution ist die intelligente Vernetzung der Produktion. Ermöglicht wird dies durch die Digitalisierung der Produktionsmittel zu cyber-physischen Systemen. Durch die rasante Entwicklung der Informations- und

---

1 Vgl. Bundesministerium für Bildung und Forschung (Industrie 4.0: Innovation), 2014, S. Vorwort
2 Vgl. Treier et al. (Kostendruck), 2015, S. 6
3 Vgl. Bertelsmann Stiftung (Exportriesen im Wettstreit), 2013
4 Vgl. Statista (Wirtschaft in Deutschland), 2016
5 Vgl. Statista (Wirtschaft in China), 2016
6 Vgl. Bauernhansl (Vierte Industrielle Revolution), 2014, S. 5 ff.
7 Vgl. Paul (Industrie 4.0), 2012

Kommunikationstechnologien wird dies begünstigt. Beispielsweise verdoppelt sich die Leistungsfähigkeit von Prozessoren derzeit etwa alle 1,5 Jahre – bei konstanter oder gar abnehmender Größe und sinkendem Preis.[8] Ähnliche Aussagen gelten für Netzwerkkomponenten und Speicherelemente.[9] Die immer günstigere, kleinere und leistungsfähigere Elektronik lässt es zu, Produktionsmittel umfangreich in ein digitales Netzwerk einzubinden. Durch den umfassenden Einsatz von Sensorik in der Produktionsumgebung lässt sich diese weitgehend digital abbilden. Das virtuelle Abbild der Produktion, gekoppelt mit leistungsfähigen Rechnern und intelligenten Algorithmen, ermöglicht eine bislang nicht für möglich erachtete Geschwindigkeit neuen Erkenntnisgewinns. Der Status Quo auf dem Shopfloor kann dadurch direkt für Lernprozesse genutzt werden. Die höhere Rechenleistung bei geringeren Preisen und Platzbedarfen geht zudem einher mit einer höheren Autonomität der Systeme. Intelligente Produktionssysteme optimieren und rekonfigurieren die Produktionsumgebung selbstständig und unterstützen die Mitarbeiter optimal bei Entscheidungsprozessen.[10] Der umfassende Einsatz von Informations- und Kommunikationstechnologie bietet damit einen Weg zur Steigerung der Effizienz sowie zur Beherrschung der steigenden Komplexität durch eine immer größere Produktvielfalt. Die vernetzte digitalisierte Produktion ermöglicht dadurch auch individuellere Produkte.[11]

Der Werkzeugbau als Wertschöpfungspartner der Serienproduktion ist bereits heute Einzel- und Kleinserienfertiger. Die Komplexität der Unikatfertigung führt unter anderem zu einer hohen Abhängigkeit insbesondere kleinerer Betriebe von den Kompetenzen und Fähigkeiten einzelner Mitarbeiter. Der Einsatz digitaler vernetzter Systeme bietet nun die Chance, ebendiese Komplexität der Unikatfertigung besser beherrschen zu können und zusätzliche Potenziale zu erschließen. Voraussetzung dafür ist die digitale Veredelung und anschließende Vernetzung relevanter Elemente auf dem Shopfloor im Werkzeugbau.

1.1 Problemstellung

Die produzierende Industrie befindet sich weltweit im Wandel. Die Globalisierung hat den Wettbewerb in den vergangenen Jahren maßgeblich verändert. Diese Veränderungen betreffen auch den deutschen Mittelstand.[12] Auch der deutsche Werkzeugbau, traditionell geprägt durch zahlreiche kleine und mittlere Unternehmen, profitiert von Kunden aus der ganzen Welt.[13] Gleichzeitig ist der deutsche Werkzeugbau jedoch auch gefordert, sich mit der zunehmenden Konkurrenz aus Niedriglohnländern,

[8] Vgl. Mattern (Technische Basis), 2005, S. 43 f.
[9] Vgl. Mattern (Technische Basis), 2005, S. 45
[10] Vgl. Bundesministerium für Bildung und Forschung (Industrie 4.0: Innovation), 2014, S. 2
[11] Vgl. Bauernhansl (Vierte Industrielle Revolution), 2014, S. 12 f.
[12] Vgl. Stehr (Globalisierung des Mittelstands), 2012, S. 2
[13] Vgl. Gemeinsame Datenbank des Werkzeugmaschinenlabors WZL der RWTH Aachen und des Fraunhofer-Instituts für Produktionstechnologie IPT, Stand Mai 2016)

beispielsweise aus Asien oder Osteuropa, auseinanderzusetzen. Während sich deutsche Werkzeugbaubetriebe bislang durch die Höherwertigkeit ihrer Produkte im globalen Wettbewerb differenzieren konnten, reicht dies heute allein nicht mehr aus.[14] Gefordert ist neben Innovation auch Effizienz in der Leistungserstellung.

Der deutsche Werkzeugbau wurde lange Zeit durch handwerkliche Strukturen geprägt. Seit einigen Jahren befinden sich zahlreiche Werkzeugbaubetriebe in einem Wandel von einem handwerklichen zu einem industriellen Werkzeugbau.[15] Damit verbunden sind eine Standardisierung der Produkte sowie der Prozesse, die Umsetzung einer Fließfertigung und die Taktung der Werkzeugerstellung. Weitere Handlungsfelder zur Gestaltung eines industriellen Werkzeugbaus sind die Fokussierung auf Kernkompetenzen und die damit einhergehende Kooperation mit Wertschöpfungspartnern und Kunden sowie die Gestaltung der Mitarbeiterperspektive sowie der administrativen Bereiche.[16] Die Weiterentwicklung von Informations- und Kommunikationstechnologien bietet im Werkzeugbau neue Chancen hinsichtlich der Umsetzung der Industrialisierung. Darüber hinaus können zusätzliche Potenziale durch die umfassende Vernetzung von Fertigungsprozessen erschlossen werden. Die vierte industrielle Revolution, welche produktseitig eine weitergehende Individualisierung verspricht, kann in deutschen Werkzeugbaubetrieben, die bereits heute die Besonderheiten der Unikatfertigung beherrschen, zur grundlegenden Steigerung der Zukunftsfähigkeit beitragen.

Zentraler Bestandteil der vierten industriellen Revolution sind digital veredelte und miteinander vernetzte Produktionssysteme auf dem Shopfloor. Deutsche Werkzeugbaubetriebe weisen heute jedoch zahlreiche unterschiedliche IT-Systeme auf. Einen großen Anteil dieser Systeme stellen zudem individuell entwickelte Hard- und Software oder selbst entwickelte Excel- oder Datenbanklösungen dar. Hinzu kommt eine häufig nur gering ausgeprägte IT-Kompetenz der Mitarbeiter auf dem Shopfloor im Werkzeugbau. Ein deutscher Werkzeugbaubetrieb beschäftigt durchschnittlich 59 Mitarbeiter. Insgesamt beschäftigen jedoch mehr als 80% der deutschen Werkzeugbaubetriebe weniger als 20 Mitarbeiter. Eine dedizierte Fachkraft für die Informations- und Kommunikationstechnik wird in der Regel lediglich in Betrieben mit mehr als 100 Mitarbeitern vorgehalten.[17] Entscheidungsträger und Mitarbeiter von Werkzeugbaubetrieben sind hinsichtlich der anstehenden Veränderungen und potenziellen Handlungsfelder verunsichert. Der Werkzeugbau muss die **Digitalisierung und Vernetzung des Shopfloors jedoch aktiv gestalten**, um die Effizienz der Wertschöpfung und damit seine Wettbewerbsfähigkeit nachhaltig steigern zu können.

---

[14] Vgl. Schuh et al. (Der ideale Werkzeugbau), 2013, S. 14
[15] Vgl. Schuh et al. (Operative Exzellenz), 2010, S. 7
[16] Vgl. Klotzbach (Industrieller Werkzeugbau), 2007, S. 181
[17] Vgl. Gemeinsame Datenbank des Werkzeugmaschinenlabors WZL der RWTH Aachen und des Fraunhofer-Instituts für Produktionstechnologie IPT, Stand Mai 2016)

1.2 Zielsetzung

Die **übergeordnete Zielsetzung** dieser Dissertation ist die Entwicklung eines Lösungsansatzes zur anforderungsgerechten Nutzung der Potenziale, welche eine fortschreitende Digitalisierung und Vernetzung industrieller Produktionssysteme eröffnen. Die Anwendung dieses Lösungsansatzes soll die Wettbewerbsfähigkeit von Werkzeugbaubetrieben an Hochlohnstandorten wie beispielsweise Deutschland nachhaltig steigern.

Aktuell existiert kein Lösungsansatz, der die Gestaltung digital vernetzter Produktionssysteme auf dem Shopfloor im Werkzeugbau adressiert und die speziellen Gegebenheiten der Branche Werkzeugbau hinreichend berücksichtigt. Bestehende Lösungsansätze der Digitalisierung und Vernetzung auf dem Shopfloor besitzen einen Fokus auf die Intralogistik oder die Produktionsplanung und -steuerung. Aspekte wie der kollektive, systematische und umfassende Erkenntnisgewinn aus aufgenommenen Daten in Form organisationalen Lernens, die virtuelle Zusammenarbeit von Mitarbeitern auf dem Shopfloor oder die datengestützte und anforderungsgerechte Führung von Mitarbeitern auf dem Shopfloor werden durch bestehende Ansätze nicht hinreichend thematisiert. Zudem bleiben wichtige Fragen hinsichtlich der notwendigen Infrastruktur, der Datensicherheit und des Datenschutzes sowie eines kulturellen Wandels durch die Digitalisierung und Vernetzung unbeantwortet (vgl. Kapitel 3.4).

Die **konkrete Zielsetzung** dieser Arbeit ist die Entwicklung eines Modells zur Gestaltung des digital vernetzten Shopfloors im Werkzeugbau, welches die aktuellen Herausforderungen und strukturellen Anforderungen des Werkzeugbaus hinreichend berücksichtigt und offen adressiert. Zur zielgerichteten Durchführung des Forschungsprozesses sollten nach KUBICEK grundlegende Forschungsfragen definiert werden.[18] Die **handlungsleitende Forschungsfrage** dieser Dissertation lautet:

Wie muss ein Modell zur Gestaltung des digital vernetzten Shopfloors im Werkzeugbau aufgebaut sein?

1.3 Forschungsansatz

Die nachfolgende Entwicklung und Darstellung des Forschungsansatzes erfolgt analog zu der am Lehrstuhl für Produktionssystematik des Werkzeugmaschinenlabors WZL der RWTH Aachen gängigen Vorgehensweise und basiert auf den unterschied-

[18] Vgl. Kubicek (Heuristische Bezugsrahmen), 1977, S. 24 ff.

lichen vorangegangenen Arbeiten, darunter den Arbeiten von PITSCH[19], KOMOREK[20] und ZISKOVEN[21].

Die wissenschaftliche Forschung stellt einen Erkenntnisprozess dar, aus dem sich neue Lösungen und neue Erkenntnisse ergeben, durch die sich letztendlich nicht nur für den Forschenden selbst, sondern auch für die gesamte Wissenschaftsgemeinschaft eine neue Wirklichkeit erschließt.[22] Die Basis für diesen Erkenntnisprozess stellt die **grundlegende Erkenntnisperspektive** dar, welche auch als „basic belief system" bezeichnet werden kann. Sie ist als nicht weiter begründbares Vorverständnis der Arbeit anzusehen.[23]

Zur Erläuterung der grundlegenden Erkenntnisperspektive wird nachfolgend zunächst eine Einordnung der vorliegenden wissenschaftlichen Arbeit in das Spektrum der Wissenschaften vorgenommen. Diese Einordnung erfolgt nach dem Ansatz von ULRICH & HILL, welche eine Untergliederung der Wissenschaft in die Formalwissenschaften sowie die Realwissenschaften vornehmen (vgl. Abbildung 1).[24, 25, 26]

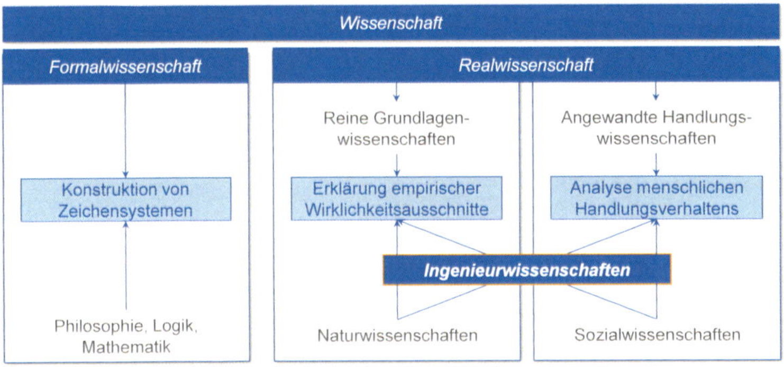

Abbildung 1: Wissenschaftssystematik[27]

Formalwissenschaften nutzen rein analytische Aussagen, die sich auf abstrakte, nicht real existierende Objekte wie Zahlen, Zeichen und Mengen beziehen und sich ausschließlich durch die Suche nach logischen Widersprüchen auf ihre Richtigkeit

[19] Vgl. Pitsch (Kompetenzfeldbasierte Vernetzung), 2014
[20] Vgl. Komorek (Kollaborative Wertschöpfung), 2014
[21] Vgl. Ziskoven (Getaktete Fertigung im Werkzeugbau), 2013
[22] Vgl. Binder & Kantowsky (Technologiepotentiale), 1996, S. 3 f.
[23] Vgl. Guba & Lincoln (Competing Paradigms), 1994, S. 107
[24] Vgl. Ulrich & Hill (Wissenschaftstheoretische Grundlagen), 1976, S. 305
[25] Vgl. Pitsch (Kompetenzfeldbasierte Vernetzung), 2014, S. 5 f.
[26] Vgl. Komorek (Kollaborative Wertschöpfung), 2014, S. 4 ff.
[27] I.A.a. Ulrich & Hill (Wissenschaftstheoretische Grundlagen), 1976, S. 305

überprüfen lassen.[28] Formalwissenschaften verfolgen das Ziel, Zeichensysteme und deren Verwendungsregeln zu konstruieren. Zu den Formalwissenschaften werden unter anderem die Philosophie, die Logik und die Mathematik gezählt.[29]

Realwissenschaften hingegen stellen die Beschreibung, Erklärung und Gestaltung empirisch wahrnehmbarer Wirklichkeitsausschnitte in den Fokus der Forschungsaktivitäten.[30] Die Forschungsergebnisse sind als synthetische Aussagen zu verstehen und erfordern neben der Suche nach logischen Widersprüchen zusätzlich eine Faktenanalyse zur Überprüfung.[31]

Die Realwissenschaften lassen sich weiterhin unterteilen in reine Grundlagenwissenschaften, die empirische Wirklichkeitsausschnitte zu erklären suchen und somit ein theoretisches Ziel verfolgen, sowie in angewandte Handlungswissenschaften, bei denen ein praktisches Ziel in Form der Analyse menschlicher Handlungen angestrebt wird. Während vor allem Naturwissenschaften wie Physik, Chemie oder Biologie zu den Grundlagenwissenschaften gezählt werden, werden die Sozialwissenschaften wie Soziologie oder Betriebswirtschaftslehre den Handlungswissenschaften zugeordnet.[32]

Die **Ingenieurwissenschaften** gehören zu den Realwissenschaften, sind jedoch generell weder den Grundlagenwissenschaften noch den Handlungswissenschaften vollständig zuzuordnen. Die vorliegende Arbeit kann jedoch aufgrund des ausgeprägten Praxisbezugs und der konkreten Unterstützung menschlichen Handelns den Handlungswissenschaften zugeordnet werden.

Auf dieser Zuordnung zu den angewandten Handlungswissenschaften basierend ist die grundlegende Erkenntnisperspektive abschließend zu definieren. Durch die Darlegung der Überzeugungen des Forschers als Teil des Vorverständnisses dieser Arbeit soll erläutert werden, welche vorwissenschaftlichen und wertgebundenen Annahmen als Basis der Arbeit dienen.[33] Die Überzeugungen und das damit zusammenhängende Grundverständnis werden in der Wissenschaftstheorie auch als Paradigma bezeichnet.[34] Relevante Paradigmen in der Betriebswirtschaftslehre sind der faktortheoretische Ansatz nach GUTENBERG, der Systemansatz nach ULRICH sowie der entscheidungstheoretische Ansatz nach HEINEN.[35] Für diese Arbeit wird der **Systemansatz nach ULRICH als grundlegende Wissenschaftstheorie** ausge-

---

[28] Vgl. Schanz (Grundfragen der Führungsforschung), 1987, S. 2039
[29] Vgl. Ulrich & Hill (Wissenschaftstheoretische Grundlagen), 1976, S. 305
[30] Vgl. Ulrich & Hill (Wissenschaftstheoretische Grundlagen), 1976, S. 305
[31] Vgl. Schanz (Grundfragen der Führungsforschung), 1987, S. 2039
[32] Vgl. Ulrich & Hill (Wissenschaftstheoretische Grundlagen), 1976, S. 305
[33] Vgl. Pitsch (Kompetenzfeldbasierte Vernetzung), 2014, S. 6
[34] Vgl. Kuhn & Simon (Struktur wissenschaftlicher Revolutionen), 1988, S. 25
[35] Vgl. Ulrich & Hill (Wissenschaftstheoretische Grundlagen), 1976, S. 307 f.

wählt, da dieser durch seine Praxisnähe, seine Offenheit und seine integrative Gestaltung eine besondere Nähe zu den Ingenieurwissenschaften aufweist.[36, 37]

Neben der grundlegenden Erkenntnisperspektive wird der Forschungsprozess vor allem durch die **Forschungsmethodologie** definiert.[38] Diese legt die Art und Weise der Gestaltung des Erkenntnisprozesses zur Entwicklung neuer Lösungen und zur Entdeckung neuen Wissens fest. Nach POPPER beginnt der Erkenntnisgewinn mit einem oder mehreren relevanten Problemen.[39] Diese sollen durch die angewandten Handlungswissenschaften gelöst werden.

Als Forschungsmethodologie im Rahmen der Handlungswissenschaften kann die explorative Forschung verwendet werden.[40, 41] Diese dient vor allem der Erarbeitung von analytischen Lösungen und theoretischen Aussagen auf Basis von systematischem Erfahrungswissen.[42] Die vorliegende Arbeit basiert auf der Zuordnung der vorliegenden Forschung zu den **angewandten Handlungswissenschaften**, der Wahl des **Systemansatzes nach ULRICH** als grundlegende Wissenschaftstheorie sowie dem forschungsmethodologischen Ansatz der **explorativen Forschung** (vgl. Abbildung 2).

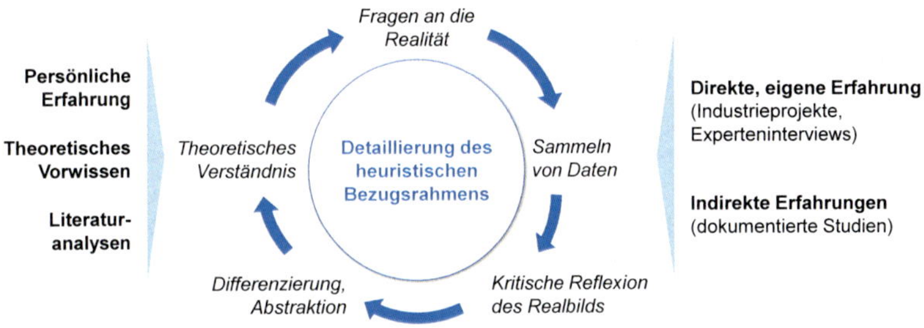

Abbildung 2: Forschungsmethodisches Vorgehen[43]

Im Rahmen der explorativen Forschung erfolgt die Entwicklung wissenschaftlicher Aussagen nach KUBICEK durch einen „geleiteten und auf systematischem Erfahrungswissen basierenden Lernprozess, der sowohl die Gewinnung von Erfahrungswissen als auch seine kreative Umsetzung in theoretische Aussagen problemati-

36 Vgl. Pitsch (Kompetenzfeldbasierte Vernetzung), 2014, S. 6
37 Vgl. Ulrich & Hill (Wissenschaftstheoretische Grundlagen), 1976, S. 308 f.
38 Vgl. Pitsch (Kompetenzfeldbasierte Vernetzung), 2014, S. 6 f.
39 Vgl. Popper (Logik der Sozialwissenschaften), 1975, S. 104
40 Vgl. Komorek (Kollaborative Wertschöpfung), 2014, S. 6
41 Vgl. Pitsch (Kompetenzfeldbasierte Vernetzung), 2014, S. 6 f.
42 Vgl. Kubicek (Heuristische Bezugsrahmen), 1977, S. 13
43 I.A.a. Komorek (Kollaborative Wertschöpfung), 2014, S. 6; Vgl. Kubicek (Heuristische Bezugsrahmen), 1977, S. 14; Vgl. Tomczak (Forschungsmethoden), 1992, S. 84

siert“[44].[45] Die explorative Forschung besteht nicht aus einer reinen Überprüfung der theoretisch aufgestellten Hypothesen, sondern erlaubt die Entwicklung theoretischer Aussagen auf der Basis von systematischem Erfahrungswissen. Mithilfe von Fragen an die Realität und der theoretischen Verarbeitung von erlangten Erkenntnissen werden neue Fragestellungen ermöglicht, die wiederum einen erneuten Erkenntnisgewinn hervorbringen.[46]

Innerhalb der Systematik der explorativen Forschung bildet der **heuristische Bezugsrahmen** den Mittelpunkt des Forschungsprozesses. Er stellt das Vorverständnis des Autors dar und gibt eine Richtung für die Problemlösung vor.[47] Den Ausgangspunkt der Entwicklung eines heuristischen Bezugsrahmens bildet ein theoretisches Problem oder Phänomen, welches „nicht genügend verstanden bzw. unzureichend beherrscht wird“[48]. Im Rahmen dieser Arbeit ist dies die in Kapitel 1.1 hergeleitete Problemstellung.

Der heuristische Bezugsrahmen dieser Arbeit besteht aus sechs Teilen (vgl. Abbildung 3). Den Ausgangs- und Mittelpunkt bildet der **Shopfloor des Werkzeugbaus**, dessen Leistungsfähigkeit gesteigert werden soll (vgl. Kapitel 1.2).

Abbildung 3: Heuristischer Bezugsrahmen

Die Basis für die Steigerung der Leistungs- und Innovationsfähigkeit ist zum einen die **Kooperation und Kollaboration** der Systeme auf dem Shopfloor. Zum anderen kann der durch systematisches **datenbasiertes Lernen** herbeigeführte Erkenntnisgewinn dazu genutzt werden. Die Kooperation und Kollaboration setzt eine **Vernetzung** der Systeme voraus. Diese Vernetzung ist direkt verknüpft mit der **Digitalisie-**

[44] Vgl. Kubicek (Heuristische Bezugsrahmen), 1977, S. 13
[45] Vgl. Pitsch (Kompetenzfeldbasierte Vernetzung), 2014, S. 7
[46] Vgl. Kubicek (Heuristische Bezugsrahmen), 1977, S. 13 f.
[47] Vgl. Tomczak (Forschungsmethoden), 1992, S. 84
[48] Vgl. Tomczak (Forschungsmethoden), 1992, S. 84

rung der Systeme auf dem Shopfloor. Digitale Systeme ermöglichen zudem das datenbasierte Lernen. Die Digitalisierung und Vernetzung der Produktionssysteme stellen in Kombination schließlich den Kern des **Gestaltungsmodells für den digital vernetzten Shopfloor im Werkzeugbau** dar (vgl. Kapitel 2.3).

Die Grundlage dieser Arbeit stellt das **Erfahrungswissen** des Autors dar. Dieses wurde im Rahmen der Tätigkeit als wissenschaftlicher Mitarbeiter am Lehrstuhl für Produktionssystematik am Werkzeugmaschinenlabor WZL der RWTH Aachen seit 2013 entwickelt. Diese Tätigkeit umfasste sowohl zahlreiche Forschungs- und Industrieprojekte als auch Lehr- und Weiterbildungsveranstaltungen.

Als Projektleiter des Wettbewerbs „Excellence in Production" zum „Werkzeugbau des Jahres" in den Jahren 2014 und 2015 mit jeweils mehr als 300 teilnehmenden Unternehmen wurden jährlich Analysen und Besuche der jeweils 16 besten Werkzeugbaubetriebe im deutschsprachigen Raum vorgenommen. Dadurch konnte die Thematik der Digitalisierung und Vernetzung von Produktionssystemen auf dem Shopfloor im Werkzeugbau in zahlreichen Diskussionen vertieft werden. Hinzu kommt die Durchführung und Leitung zahlreicher internationaler Industrieprojekte mit den Themen Industrialisierung, Benchmarking, Optimierung der Produktionsplanung und -steuerung, Konzeptionierung und Umsetzung eines Shopfloormanagements und datengestützte Prozesskostenanalyse. Im Rahmen dieser konnten tiefe Einblicke in die Strukturen und Herausforderungen des Shopfloors im Werkzeugbau erlangt werden.

Im Rahmen zahlreicher Vorträge und Workshops in Kolloquien, Forschungsprojekten, Seminaren und Arbeitskreisen konnten die Fragestellungen der Digitalisierung und Vernetzung von Produktionssystemen auf dem Shopfloor im Werkzeugbau vorgestellt und diskutiert werden. Zudem wurde ein intensives Studium der forschungsrelevanten Literatur durchgeführt. Bestehende Ansätze zur Digitalisierung und Vernetzung von Produktionssystemen auf dem Shopfloor wurden kritisch reflektiert und weiterentwickelt. Der intensive Austausch mit Experten aus der Praxis sowie der Theorie ermöglichte die ausgiebige Verifizierung des in dieser Arbeit beschriebenen Gestaltungsmodells für den digital vernetzten Shopfloor im Werkzeugbau.

1.4 Aufbau der Arbeit

Der Aufbau der Arbeit orientiert sich an der am Lehrstuhl für Produktionssystematik des Werkzeugmaschinenlabors WZL der RWTH Aachen im Rahmen zahlreicher wissenschaftlicher Arbeiten umgesetzten Gliederung[49, 50, 51]. Diese basiert aufgrund

[49] Vgl. Pitsch (Kompetenzfeldbasierte Vernetzung), 2014

[50] Vgl. Komorek (Kollaborative Wertschöpfung), 2014

[51] Vgl. Ziskoven (Getaktete Fertigung im Werkzeugbau), 2013

der Zuordnung der Arbeit zur explorativen Forschung auf dem Forschungsprozess für angewandte Forschung nach ULRICH[52]. Im Rahmen dessen werden aus den in der Praxis ermittelten Problemen analytisch entsprechende Regeln und Modelle als Lösungsansatz abgeleitet, welche wiederum in der Praxis validiert werden müssen.[53] In Abbildung 4 sind die Phasen angewandter Forschung nach ULRICH im Zusammenhang mit den sieben Kapiteln dieser Arbeit dargestellt.

Abbildung 4: Aufbau der Arbeit im Kontext der Phasen angewandter Forschung nach ULRICH[54]

Im Rahmen des **ersten Kapitels** erfolgt eine Beschreibung der aktuellen Situation sowie der Problemstellung. Darauf aufbauend wird die Zielsetzung der Arbeit erläutert und die handlungsleitende Forschungsfrage definiert. Zuletzt erfolgen die wissenstheoretische Einordnung sowie eine Darstellung des Aufbaus der Arbeit.

Im **zweiten Kapitel** werden die für die Arbeit relevanten Grundlagen erläutert. Zunächst werden Grundlagen hinsichtlich der industriellen Wertschöpfung eingeführt. Dazu werden die gültigen Begrifflichkeiten hinsichtlich der industriellen Wertschöpfung erläutert und im Gesamtkontext eingeordnet. Es erfolgt zudem die Beschreibung der industriellen Wertschöpfung im Wandel sowie der Gestaltung der Wertschöpfung auf dem Shopfloor. Anschließend wird der Werkzeugbau als Betrach-

[52] Vgl. Ulrich & Hill (Wissenschaftstheoretische Grundlagen), 1976, S. 305 ff.

[53] Vgl. Ulrich (Management), 1984, S. 193

[54] I.A.a. Ulrich (Management), 1984, S. 193

tungs- und Gestaltungsbereich der Arbeit beschrieben. Dies umfasst grundsätzliche Begriffe, die Branchen- und Leistungsstruktur, die Wertschöpfung im industriellen Werkzeugbau sowie aktuelle Herausforderungen des Werkzeugbaus. Der dritte Teil des Kapitels umfasst die Erläuterung von Grundlagen hinsichtlich der digitalen Vernetzung. Dazu werden grundlegende Begrifflichkeiten, der historische Kontext, der Anwendungskontext und aktuelle Chancen und Herausforderungen der digitalen Vernetzung erläutert. Das Kapitel schließt mit einer Ableitung des Handlungsbedarfs aus der Praxis.

Im Rahmen des **dritten Kapitels** erfolgt die Analyse und Bewertung bestehender Ansätze zur Digitalisierung und Vernetzung von Produktionssystemen auf dem Shopfloor. Dazu werden zunächst das Bewertungssystem und die Anforderungen als Grundlagen der Bewertung entwickelt. Anschließend werden bestehende Ansätze vorgestellt und bewertet. Darauf aufbauend erfolgen nach der Aggregation der Bewertung die Ableitung des Handlungsbedarfs aus der Theorie sowie eine Detaillierung der in Kapitel 1.2 definierten handlungsleitenden Forschungsfrage.

Im **vierten Kapitel** wird das Gestaltungsmodell für den digital vernetzten Shopfloor im Werkzeugbau konzeptioniert. Dazu werden zunächst die Grundlagen wissenschaftstheoretischer Konzeption erläutert. Anschließend werden grundlegende Merkmale des Gestaltungsmodells definiert. Darauf aufbauend werden die Elemente des Gestaltungsmodells hergeleitet. Danach erfolgen die Synthese des Gestaltungsmodells sowie eine kritische Reflexion dessen.

Das **fünfte Kapitel** stellt die Detaillierung des Gestaltungsmodells dar. Dazu werden die einzelnen Elemente jeweils im Detail beschrieben, indem untergeordnete Gestaltungsaspekte definiert werden. Es erfolgt zudem eine Beschreibung der Wechselwirkung zwischen den Gestaltungselementen. Das Kapitel endet mit einem Zwischenfazit.

Im **sechsten Kapitel** erfolgt eine Validierung des Gestaltungsmodells im Anwendungszusammenhang von zwei Fallbeispielen. In diesem Rahmen wird jeweils die Unternehmenssituation vorgestellt und die Anwendung des Gestaltungsmodells beschrieben. Schließlich erfolgt eine kritische Reflexion der Anwendung, indem eine Erfüllung der definierten Anforderungen durch das entwickelte Gestaltungsmodell geprüft wird.

Das **siebte Kapitel** stellt eine Zusammenfassung der Erkenntnisse der Arbeit dar. Im Rahmen des Ausblicks wird der Bedarf für zukünftige Forschungsaktivitäten zur Digitalisierung und Vernetzung von Produktionssystemen auf dem Shopfloor im Werkzeugbau beschrieben.

2 Grundlagen

Im zweiten Kapitel werden die Grundlagen des Gestaltungs- und Betrachtungsbereichs erläutert. Zunächst wird dazu die industrielle Wertschöpfung als Gestaltungsrahmen dieser Arbeit eingeführt. Diesbezüglich wird insbesondere der Shopfloor als zentraler Ort der Wertschöpfung produzierender Unternehmen[55] thematisiert. Im zweiten Teil des Kapitels wird anschließend der Werkzeugbau mit besonderem Fokus auf die Wertschöpfung sowie aktuelle Herausforderungen beschrieben. Der dritte Teil des Kapitels dient schließlich der Beschreibung der digitalen Vernetzung als möglichem Ansatz zur Begegnung aktueller Herausforderungen des Werkzeugbaus. Aus den drei Teilen des Kapitels leitet sich abschließend der Handlungsbedarf aus der Praxis ab.

2.1 Industrielle Wertschöpfung

Die folgende Beschreibung der Grundlagen hinsichtlich der industriellen Wertschöpfung ist in drei Teile untergliedert. Zunächst wird ein grundlegendes Begriffsverständnis hinsichtlich der industriellen Wertschöpfung erarbeitet. Basierend darauf wird anschließend der Wandel der industriellen Wertschöpfung innerhalb der vergangenen 300 Jahre beschrieben. Abschließend wird die Gestaltung der Wertschöpfung auf dem Shopfloor thematisiert.

2.1.1 Begriffsverständnis und Einordnung

Die Begriffe industrielle Produktion und Wertschöpfung werden im allgemeinen Sprachgebrauch teilweise synonym verwendet. In der Literatur sind sie jedoch unterschiedlich definiert. Aus diesem Grund werden nachfolgend die Begriffe industrielle Produktion und Wertschöpfung definiert und voneinander abgegrenzt. Zudem erfolgt eine Definition des Begriffs Shopfloor.

2.1.1.1 Industrielle Produktion

Volkswirtschaften werden in der Wissenschaft in drei Wirtschaftssektoren gegliedert.[56] Der Primärsektor stellt die Urproduktion dar und umfasst jegliche Tätigkeiten zur Beschaffung von Rohstoffen. Der primäre Sektor enthält beispielsweise die Bereiche Landwirtschaft, Forstwirtschaft und die Fischerei. Die Rohstoffe werden im Rahmen des Sekundärsektors (auch industrieller Sektor genannt) verarbeitet. Der sekundäre Sektor umfasst das warenproduzierende Gewerbe, bestehend aus den

---

[55] Vgl. Flores (Shopfloor Management), 2015

[56] Vgl. Cezanne (Volkswirtschaftslehre), 2005, S. 516

Bereichen Energie- und Wasserversorgung, Bergbau, verarbeitendes Gewerbe und Baugewerbe. Der Tertiärsektor, auch Dienstleistungssektor genannt, fasst schließlich alle Dienstleistungen durch Unternehmen sowie durch den Staat und andere öffentliche Einrichtungen zusammen.[57, 58, 59]

Im Rahmen dieser Arbeit liegt der Fokus insbesondere auf dem sekundären Sektor. In Deutschland ist ca. ein Viertel der Beschäftigten im Sekundärsektor beschäftigt.[60] Neben dem Handwerk, der Energiewirtschaft und dem Baugewerbe umfasst der Sekundärsektor auch die Produktion.[61, 62] Im Zentrum der Produktionswirtschaft stehen Transformationen im Sinne von qualitativen, quantitativen, räumlichen oder zeitlichen Veränderungen von Objekten. Unter dem Begriff Produktion wird die Schaffung von Werten durch die zielgerichtete und systematische Transformation von Objekten genannt, die nicht zur unmittelbaren Befriedigung eigener Bedürfnisse dient.[63] Die Produktion ist somit ein Wertschöpfungsprozess.[64]

Innerhalb des Sekundärsektors wird zwischen handwerklicher und industrieller Produktion unterschieden. Die industrielle Produktion ist heute deutlich bedeutender für die Produktionswirtschaft, da die meisten Sachgüter industriell hergestellt werden.[65] Eine exakte Abgrenzung von Handwerks- und Industriebetrieben ist jedoch nicht möglich, da die Industrie in der Historie aus dem Handwerk hervorgegangen ist. Dadurch wird in vielen Mischbetrieben sowohl handwerklich als auch industriell gefertigt, sodass die Grenzen zwischen beiden Zweigen nicht eindeutig sind.[66] Generell lassen sich jedoch einige Kriterien zur Differenzierung definieren (vgl. Abbildung 5).

[57] Vgl. Schmidt (Strukturwandel der Wirtschaft), 2010, S. 537
[58] Vgl. Schäfers (Sozialstruktur und sozialer Wandel), 2002, S. 176 f.
[59] Vgl. Cezanne (Volkswirtschaftslehre), 2005, S. 516 f.
[60] Vgl. Schmidt (Strukturwandel der Wirtschaft), 2010, S. 538
[61] Vgl. Schmidt (Strukturwandel der Wirtschaft), 2010, S. 537
[62] Vgl. Schäfers (Sozialstruktur und sozialer Wandel), 2002, S. 176 f.
[63] Vgl. Dyckhoff (Produktionstheorie), 2006, S. 2 ff.
[64] Vgl. Günther et al. (Produktion und Logistik), 2000, S. 2
[65] Vgl. Günther et al. (Produktion und Logistik), 2000, S. 8
[66] Vgl. Wolf (Industrie und Handwerk), 2015

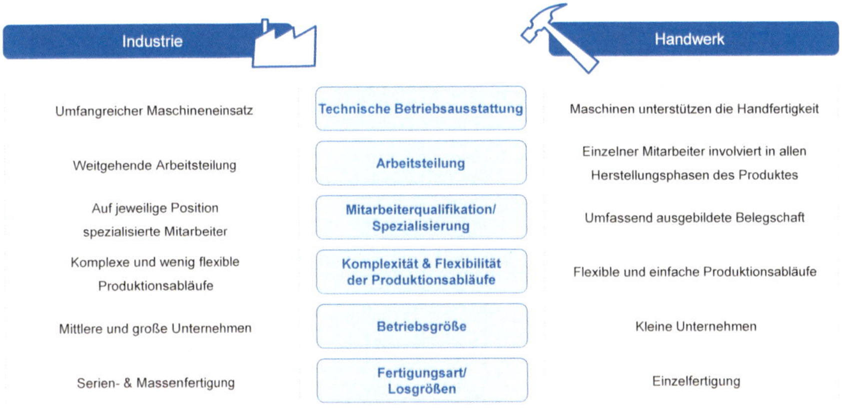

Abbildung 5: Abgrenzung von Industrie und Handwerk[67]

Der Anteil der industriellen Produktion am deutschen Bruttoinlandsprodukt betrug 2014 ca. 22,3%. Dieser Anteil ist in Deutschland seit 20 Jahren nahezu konstant.[68]

2.1.1.2 Wertschöpfung

Die industrielle Produktion dient der Wertschöpfung.[69] Unter Wertschöpfung wird, ausgehend von der Wortzusammensetzung, allgemein der Vorgang des Schaffens von Wert in einem Betrieb verstanden.[70] Nach Müller-Stewens und Lechner entsteht Wertschöpfung, wenn „Inputfaktoren so miteinander kombiniert werden, dass ein Output entsteht, dessen Wert höher ist, als der eingekauften oder zur Verfügung stehenden Inputfaktoren“[71]. Gaitanides definiert Wertschöpfung als das Ergebnis einer Abfolge von Aktivitäten, die in einen logischen Zusammenhang zu einem Produkt oder einer Leistung führen, die von einem Kunden nachgefragt wird.[72] Neben diesen ergebnisorientierten Definitionen der Wertschöpfung existieren prozessbezogene Definitionen, beispielsweise von Müller-Stewens und Lechner, die Wertschöpfung als „Prozess des Schaffens von Mehrwert durch Bearbeitung“[73] definieren. Dieses Verständnis wird insbesondere in der produzierenden Industrie häufig herangezogen und soll im weiteren Verlauf Basis der Betrachtungen sein.

---

67 Vgl. Wolf (Industrie und Handwerk), 2015; Vgl. Günther et al. (Produktion und Logistik), 2000, S. 8
68 Vgl. Statistisches Bundesamt (Anteil der Industrie am BIP), 2015
69 Vgl. Günther et al. (Produktion und Logistik), 2000, S. 2
70 Vgl. Thommen & Achleitner (Betriebswirtschaftslehre), 2009, S. 801
71 Vgl. Müller-Stewens & Lechner (Strategisches Management), 2011, S. 354
72 Vgl. Gaitanides (Prozessorganisation), 1996, S. 1683
73 Vgl. Müller-Stewens & Lechner (Strategisches Management), 2011, S. 287

Nach MÜLLER-STEWENS und LECHNER sind für den Prozess der betrieblichen Wertschöpfung Aktivitäten und Ressourcen erforderlich.[74] Der Begriff Ressourcen ist in der Literatur nicht einheitlich definiert.[75] Er lässt sich betriebswirtschaftlich nach GUTENBERG als Zusammensetzung der Produktionsfaktoren Arbeitsleistung, Betriebsmittel und Werkstoffe beschreiben.[76] Der Fokus auf materielle Ressourcen führte jedoch insbesondere vor dem Hintergrund der wachsenden Bedeutung immaterieller Ressourcen wie Wissen und Marken zu Kritik.[77] Nach MÜLLER-STEWENS und LECHNER setzen sich Ressourcen aus materiellen und immateriellen Ressourcen zusammen. Unter materiellen Ressourcen sind finanzielle, physische und IT-basierte Ressourcen zusammengefasst. Immaterielle Ressourcen umfassen Bestandsressourcen, Humanressourcen, strukturelle Ressourcen und kulturelle Ressourcen.[78]

Neben den Ressourcen sind nach MÜLLER-STEWENS und LECHNER für den Prozess der betrieblichen Wertschöpfung auch Aktivitäten erforderlich.[79] Aktivitäten sind betriebliche Vorgänge als Bestandteil der Wertschöpfung. Mehrere Aktivitäten werden zu Prozessen zusammengefasst, mit denen ein definiertes Ziel erreicht werden soll.[80] PORTER beschreibt betriebliche Aktivitäten grundsätzlich mithilfe der Wertkette (vgl. Abbildung 6).

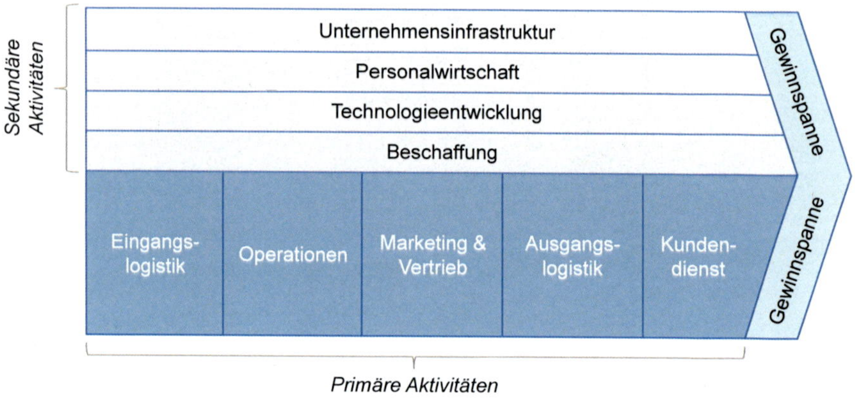

Abbildung 6: Wertkette nach PORTER[81]

[74] Vgl. Müller-Stewens & Lechner (Strategisches Management), 2011, S. 26
[75] Vgl. Freiling (Resource-Based View), 2001, S. 13
[76] Vgl. Gutenberg (Die Produktion), 1951, S. 3
[77] Vgl. Müller-Stewens & Lechner (Strategisches Management), 2011, S. 198
[78] Vgl. Müller-Stewens & Lechner (Strategisches Management), 2011, S. 199
[79] Vgl. Müller-Stewens & Lechner (Strategisches Management), 2011, S. 26
[80] Vgl. Rüegg-Stürm (St. Galler Management-Modell), 2003, S. 23
[81] I.A.a. Porter (Wettbewerbsvorteile), 1996, S. 62

Die Aktivitäten einer Wertkette dienen der Erreichung von Gewinn. PORTER unterteilt Aktivitäten in primäre und sekundäre Aktivitäten.[82] Bezogen auf produzierende Unternehmen sind primäre Aktivitäten Tätigkeiten, die sich mit „der physischen Herstellung eines Produktes und dessen Verkauf und Übermittlung an den Abnehmer sowie dem Kundendienst“[83] befassen. Sekundäre Aktivitäten hingegen befähigen und stabilisieren die primären Aktivitäten.[84, 85] In produzierenden Unternehmen findet der Großteil der primären Aktivitäten auf dem Shopfloor statt (vgl. Kapitel 2.1.1.3).[86]

2.1.1.3 Shopfloor

Der englische Begriff Shopfloor bedeutet übersetzt Hallenboden und beschreibt die Produktionsfläche eines produzierenden Unternehmens.[87] Generell wird unter dem Shopfloor der Teil einer Fabrik verstanden, in welchem sich die Maschinen und Mitarbeiter befinden, welche direkt mit der Fertigung beschäftigt sind.[88] Auf dem Shopfloor werden sowohl logistische als auch technologische Funktionen abgebildet. Diese bilden die Basis der operativen Produktion. In der Regel ist der Shopfloor der Teil eines produzierenden Unternehmens, in welchem der größte Teil der Wertschöpfung stattfindet.[89, 90] Der Begriff Shopfloor wird deshalb häufig auch mit der Bezeichnung „Ort der Wertschöpfung“ übersetzt.[91]

Produktionswirtschaftlich betrachtet ist der Shopfloor Teil einer Leistung erbringenden Wirtschaftseinheit, eines sogenannten Betriebs. Ein solcher Betrieb kann als ein System beschrieben werden und stellt damit ein Produktionssystem dar (vgl. Abbildung 7).[92]

[82] Vgl. Porter (Wettbewerbsvorteile), 1996, S. 62 ff.
[83] Vgl. Porter (Wettbewerbsvorteile), 1996, S. 65
[84] Vgl. Porter (Wettbewerbsvorteile), 1996, S. 65
[85] Vgl. Komorek (Kollaborative Wertschöpfung), 2014, S. 19
[86] Vgl. Scherer (Shop Floor Control), 1998, S. 4
[87] Vgl. Flores (Shopfloor Management), 2015
[88] Vgl. Collins Dictionary (Shop floor), 2015
[89] Vgl. Scherer (Shop Floor Control), 1998, S. 4
[90] Vgl. Scheer (Referenzmodelle für industrielle Geschäftsprozesse), 1995, S. 90 ff.
[91] Vgl. Flores (Shopfloor Management), 2015
[92] Vgl. Dyckhoff (Produktionstheorie), 2006, S. 4 f.

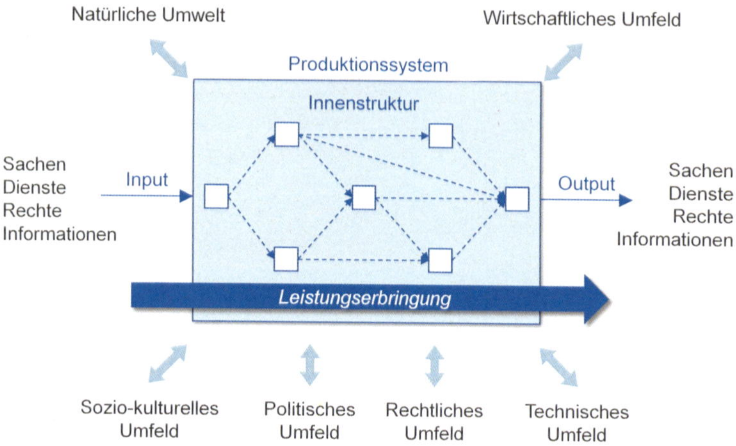

Abbildung 7: Das Produktionssystem nach DYCKHOFF[93]

Das Produktionssystem besteht aus einem Umsystem sowie einer Innenstruktur. Die Innenstruktur besteht aus unterschiedlichen Subsystemen. Nach DYCKHOFF bildet jeder werteschaffende Teilbereich des Betriebs selbst ein Produktionssystem, sofern die allgemeinen Charakteristika eines Systems erfüllt sind (vgl. Kapitel 4.1.1).[94] Teilsysteme und damit selbst Produktionssysteme eines Betriebs können beispielsweise Produktionsanlagen oder einzelne Arbeitsplätze sein.[95] Der Shopfloor ist demnach ein Produktionssystem, welches aus untergeordneten Produktionssystemen besteht. Aus übergeordneter Betriebssicht ist der Shopfloor selbst ein Teilsystem des Produktionssystems Betrieb.

SCHERER ordnet die Funktionen auf dem Shopfloor in das Y-Modell nach SCHEER ein (vgl. Abbildung 8). Ziel dieser Einordnung ist die Feststellung operativer Tätigkeiten der Produktionsplanung und -steuerung auf dem Shopfloor.[96]

---

[93] Vgl. Dyckhoff (Produktionstheorie), 2006, S. 5
[94] Vgl. Dyckhoff (Betriebliche Produktion), 1992, S. 11
[95] Vgl. Dyckhoff (Produktionstheorie), 2006, S. 4
[96] Vgl. Scherer (Shop Floor Control), 1998, S. 4

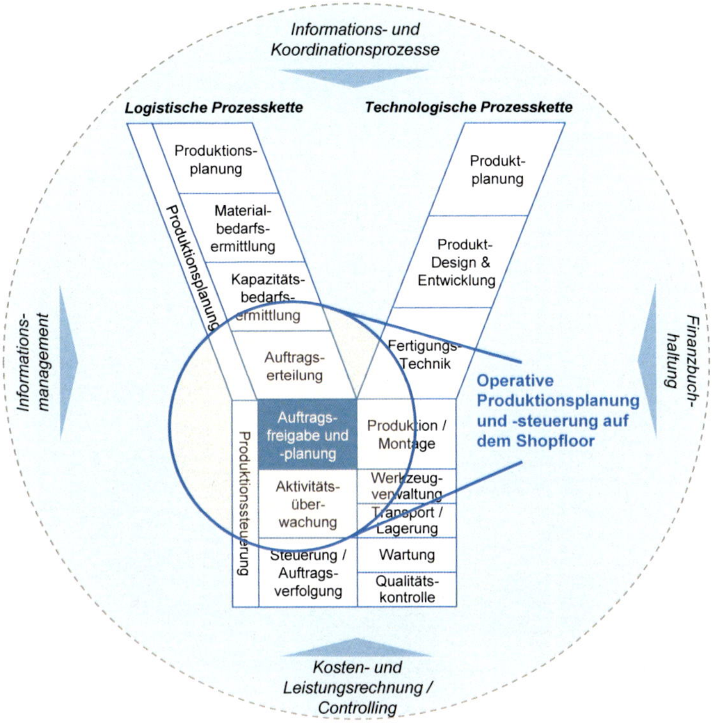

Abbildung 8: Einordnung des Shopfloors in das Y-Modell nach SCHEER[97]

SCHEER gliedert die Prozesse eines produzierenden Unternehmens in eine logistische und eine technologische Prozesskette.[98] SCHERER beschreibt die logistischen Prozesse auf dem Shopfloor demnach insbesondere als die Prozesse der Kapazitätsplanung, der Auftragsfreigabe, der Planung und Feinsteuerung, der Betriebsdatenerfassung sowie des Controllings. Hinsichtlich der technologischen Prozesskette umfassen die Tätigkeiten auf dem Shopfloor vor allem die Arbeitsplanung, die NC-Programmierung, die Fertigung, die Montage, die Werkzeugverwaltung sowie den Transport.[99]

---

97 I.A.a. Scheer (Referenzmodelle für industrielle Geschäftsprozesse), 1995, S. 93; Vgl. Scherer (Shop Floor Control), 1998, S. 4

98 Vgl. Scheer (Referenzmodelle für industrielle Geschäftsprozesse), 1995, S. 93

99 Vgl. Scherer (Shop Floor Control), 1998, S. 4

2.1.2 Industrielle Wertschöpfung im Wandel

Die Herstellung von Produkten und Handelsgütern mit der Absicht der Veräußerung an Kunden in Form eines strukturellen Ablaufs bildete sich im frühen Mittelalter heraus. Handwerker leisteten unter Verwendung zahlreicher Werkzeuge und Ausrüstungsgegenstände punktuelle Auftragsarbeiten und stellten erste Handelsgüter her. Im Hochmittelalter organisierten sich individuelle Handwerker im Rahmen des Zunftwesens. Dadurch konnten unterschiedliche Regelungen beispielsweise hinsichtlich der Ausbildung, der Produktqualität sowie der Preise festgelegt und durchgesetzt werden. Im 14. Jahrhundert bildete sich schließlich das Verlagswesen als neue Form dezentraler Produktion heraus. Verleger organisierten die Rohstoffbereitstellung sowie den Vertrieb des Endprodukts, während die Produktion in selbstständiger Heimarbeit durch Produzenten vorgenommen wurde.[100] Im Rahmen der anschließenden Entstehung von Manufakturen im 17. Jahrhundert wurde die Arbeit zentralisiert.[101] Insbesondere Glas, Seide und Porzellan wurden fortan an parallelen Arbeitsplätzen an einem Arbeitsort gefertigt.[102] Diese Zentralisierung der Arbeit wird nachfolgend als der Beginn der Herstellung von Produkten auf einem Shopfloor im zuvor erläuterten Kontext interpretiert.

In den nachfolgenden Jahrzehnten hat sich die Herstellung von Gütern und Produkten mehrfach radikal verändert. Die Veränderungen werden durch industrielle Revolutionen beschrieben, welche nachfolgend erläutert werden.

2.1.2.1 Erste industrielle Revolution

Nachdem James Watt im Jahr 1769 die Dampfmaschine erfand, wurden zahlreiche unterschiedliche Arbeitsmaschinen aller Art entwickelt. Der Zeitraum zwischen 1750 und 1850 ist gekennzeichnet vom Übergang der reinen Handarbeit zur Maschinenproduktion und stellt die erste industrielle Revolution dar. Der technologische Durchbruch erfolgte zuerst in Großbritannien. Im bedeutenden Textilgewerbe kam es zu Engpässen in der Rohstoffverarbeitung, welche mit bestehenden Arbeitsformen und existierender Technik nicht bewältigt werden konnten. Daraufhin wurden mechanische Spinnmaschinen und Maschinenwebstühle hergestellt, was eine Vervielfachung der Arbeitsproduktivität ermöglichte.[103]

Die erfolgreiche Massenproduktion von Textilerzeugnissen zog eine Vielzahl weiterer technischer Neuerungen nach sich. Die Arbeitsorganisation der fortschreitend mechanisierten Fertigung erfolgte in zentralen Fabriken, die sich gegenüber den Manu-

---

[100] Vgl. Redlich & Wulfsberg (Wertschöpfung), 2011, S. 25 f.

[101] Vgl. Spur (Evolutionen der industriellen Produktion), 1997, S. 17 f.

[102] Vgl. Klotzbach (Industrieller Werkzeugbau), 2007, S. 19

[103] Vgl. Warnecke (Fraktale Fabrik), 1996, S. 28 ff.

fakturen durch die verwendeten Arbeitsmaschinen sowie die fabriktypische Arbeitsteilung auszeichneten. [104] Der Übergang von der handwerklichen Fertigung zur maschinellen Produktion in Fabriken ist in der nachfolgenden Abbildung 9 dargestellt.

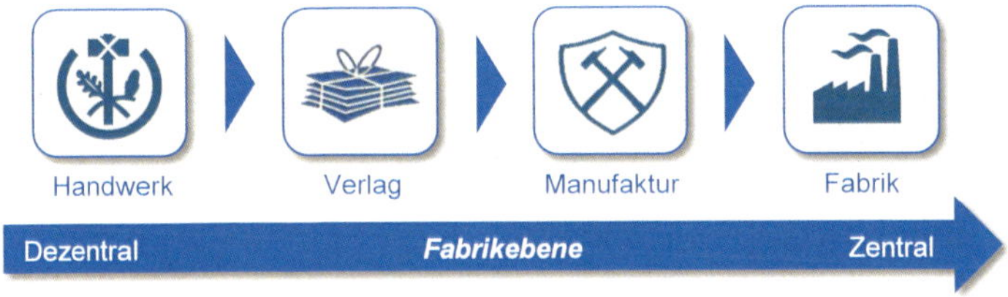

Abbildung 9: Übergang von handwerklicher zu maschineller Produktion[105]

Die mit der Technisierung verbundene gesteigerte Arbeitsproduktivität führte zu einer erhöhten Verfügbarkeit von Produkten bei gleichzeitig sinkenden Preisen. Dadurch konnte die Bevölkerung besser mit Grundversorgungsgütern wie Kleidung und Nahrung versorgt werden. Zudem wurde das Transportsystem durch Neuerungen wie die Dampfschifffahrt oder die Eisenbahn leistungsfähiger. Diese Faktoren führten schließlich zu einem starken Bevölkerungswachstum.[106]

Die Technisierung der Arbeitswelt führte jedoch auf der anderen Seite auch zu einer gesteigerten Arbeitsintensität. Überlange Arbeitszeiten und Kinderarbeit sowie eine überdurchschnittliche Sterblichkeitsrate der Fabrikarbeiter hatten harte Arbeitskämpfe zur Folge. Zunächst noch rechtlose Arbeiter schlossen sich zusammen. Dies markiert den Anfang von Gewerkschaften und einer Sozialgesetzgebung.[107]

2.1.2.2 Zweite industrielle Revolution

Ende des 19. Jahrhunderts führten Entwicklungen wie Verbrennungskraftmaschinen sowie Dynamos und Elektromotoren zur Dezentralisierung der Antriebe und damit zur weiteren Arbeitsteilung.[108] Neben den technologischen Neuerungen führten auch organisatorische Innovationen zur stärkeren Arbeitsteilung. Gestützt auf umfangreiche Arbeitsstudien begründete TAYLOR die wissenschaftliche Betriebsführung, indem er eine gesteigerte Effizienz durch standardisierte Aktivitäten in der Produktion forderte. Statt Aufträge an einem Arbeitsplatz vollständig durchzuführen, sollten Mitarbeiter kleinteilige Prozessschritte ausführen und so Lerneffekte nutzen.[109, 110] Basie-

---

[104] Vgl. Spur (Evolutionen der industriellen Produktion), 1997, S. 17 f.
[105] Vgl. Klotzbach (Industrieller Werkzeugbau), 2007, S. 19
[106] Vgl. Bauernhansl (Vierte Industrielle Revolution), 2014, S. 5
[107] Vgl. Warnecke (Fraktale Fabrik), 1996, S. 30
[108] Vgl. Warnecke (Fraktale Fabrik), 1996, S. 30
[109] Vgl. Luczak (Arbeitswissenschaft), 1998, S. 510

rend auf den Arbeiten von TAYLOR setzte FORD umfangreiche Standardisierungsmaßnahmen im Rahmen der Automobilproduktion in Detroit (USA) um. Durch die Beschränkung des Produktspektrums auf anfangs nur ein einziges Modell wurde die Basis für die Nutzung von Skaleneffekten gelegt. Die Einführung des Fließbands auf dem Shopfloor zusammen mit einer Taktung führte dazu, dass Mitarbeiter jeweils standardisierte und sich wiederholende Tätigkeiten in einem festgelegten Zeitraum ausführten.[111] Die dadurch gesteigerte Effizienz ermöglichte hohe Stückzahlen bei vergleichsweise geringen Stückkosten.[112] Die Kostensenkungen wurden durch Preissenkungen an die Kunden weitergegeben. Dies führte zu einer großen Nachfragesteigerung und schließlich zur großindustriellen Massenproduktion.[113]

Auch die zweite industrielle Revolution zog weitreichende soziologische Veränderungen nach sich. Die Bevölkerung wuchs weiter an und die Arbeiter in den Fabriken entwickelten ein zunehmendes Wohlstandsbedürfnis. Um Ausbeutung entgegenzuwirken, schlossen sich die Arbeiter mehr und mehr zusammen, die Bedeutung von Gewerkschaften wuchs stark an. Gleichzeitig wurde die Arbeiterbewegung politisch aktiv, was zur Entstehung der Sozialdemokratie sowie der Ideen des Kommunismus führte.[114]

2.1.2.3 Dritte industrielle Revolution

Die dritte industrielle Revolution setzte in den 1970er Jahren ein. Der Einsatz von Elektronik sowie Informations- und Kommunikationstechnologie (IKT) ermöglichte eine fortschreitende Automatisierung der Produktionsprozesse.[115] Dies beinhaltete neben den physischen Prozessen auch die automatisierte Verarbeitung von Informationen. Der Einsatz von IKT ermöglichte zudem den Informationsaustausch ohne das Erfordernis räumlicher Nähe.[116] Zur Unterstützung der Auftragsabwicklung in der industriellen Produktion wurde das Konzept Computer Integrated Manufacturing (CIM) entwickelt. Verschiedene Instrumente sollen die Auftragsabwicklung durch elektronische Unterstützung vereinfachen.[117] Im Zusammenhang mit der maschinellen Fertigung wird auch von der CAx-Kette gesprochen.[118]

Die zunehmende Verwendung von IKT ermöglichte die räumliche Trennung von Produktionsstätten. Zur Nutzung von geographisch bedingten Kostenvorteilen trat

---

[110] Vgl. Holtbrügge (Personalmanagement), 2007, S. 9 ff.
[111] Vgl. Redlich & Wulfsberg (Wertschöpfung), 2011, S. 25 f.
[112] Vgl. Warnecke (Fraktale Fabrik), 1996, S. 31
[113] Vgl. Bauernhansl (Vierte Industrielle Revolution), 2014, S. 6
[114] Vgl. Bauernhansl (Vierte Industrielle Revolution), 2014, S. 6
[115] Vgl. Bauernhansl (Vierte Industrielle Revolution), 2014, S. 7
[116] Vgl. Bundesministerium für Bildung und Forschung (Bundesbericht 2012), 2012
[117] Vgl. Jacobi (Computer Integrated Manufacturing), 2013, S. 51
[118] Vgl. Rohweder (Informationstechnologie und Auftragsabwicklung), 1996, S. 133

eine zunehmende Globalisierung ein. Wissen und Informationen wurden weltweit verfügbar. Die global verteilte Produktion in immer größeren Konzernen mit sinkender Wertschöpfungstiefe führte zu einer immer stärker werdenden Komplexität.[119]

Gleichzeitig hat sich das Marktverständnis von Industrieunternehmen verändert. Durch die Befriedigung der Grundbedürfnisse in Wohlstandsgesellschaften trat zunehmend eine Sättigung der Märkte ein. Verkäufermärkte, die durch eine sichere Abnahme gekennzeichnet waren, wandelten sich zu Käufermärkten. Auf diesen traten Qualität und Individualität zunehmend in den Vordergrund.[120]

2.1.2.4 Vierte industrielle Revolution

Die Industrie 4.0 wurde im Jahr 2011 im Rahmen der Hannover Messe vom BMBF als Zielzustand der nächsten bevorstehenden industriellen Revolution proklamiert.[121] Die deutsche Bundesregierung hat die Industrie 4.0 zu einem Kernelement ihrer Hightech-Strategie erklärt, die zur Sicherung des Produktionsstandorts Deutschland dienen soll. Den Kern der bevorstehenden Revolution stellt die vollständige Durchdringung der Industrie, ihrer Produkte sowie ihrer Dienstleistungen mit vernetzter Informations- und Kommunikationstechnologie dar. Dies erfordert umfassende Veränderungen der industriellen Auftragsabwicklung und führt zu neuen Produkten und Dienstleistungen.[122]

Mit dem Begriff Industrie 4.0 wird auch ein Förderprogramm des BMBF für die produzierende Industrie Deutschlands bezeichnet, welches fünf zentrale Forschungsfelder adressiert:[123]

- Vertikale Vernetzung in Wertschöpfungsnetzwerken
- Horizontale Vernetzung in Wertschöpfungsnetzwerken
- Durchgängiges Engineering über die gesamte Wertschöpfung
- Soziale Infrastruktur
- Cyber-physische Systeme (CPS)

Im Kern der Forschungsfelder stehen somit die Vernetzung der Leistungserstellung sowie Veränderungen im Bereich des Engineerings. Eine Weiterentwicklung der sozialen Infrastruktur wird ebenfalls adressiert. Unter cyber-physischen Systemen

---

[119] Vgl. Bauernhansl (Vierte Industrielle Revolution), 2014, S. 7
[120] Vgl. Bauernhansl (Vierte Industrielle Revolution), 2014, S. 7
[121] Vgl. Paul (Industrie 4.0), 2012
[122] Vgl. Sendler (Industrie 4.0), 2013, S. 1
[123] Vgl. acatech Deutsche Akademie der Technikwissenschaften (Umsetzungsempfehlungen), 2013, S. 39 ff.

(CPS) wird die Verknüpfung von Informations- und Kommunikationstechnologie mit physischen Systemen wie beispielsweise Maschinen verstanden.[124]

Die Potenziale der vierten industriellen Revolution sind eng verbunden mit den Entwicklungen des Internets sowie des Internets der Dinge. Günstig verfügbare Informationstechnologie lässt die Vernetzung einer Vielzahl von Systemen zu. Die im Rahmen der dritten industriellen Revolution umgesetzte Digitalisierung und Automation durch einzelne Technologien wird durch vernetzte Logik zunehmend intelligent.[125] Selbststeuernde adaptive Fertigungssysteme ermöglichen zudem immer kleinere Losgrößen bis hin zum individuellen Produkt.[126]

Die Vernetzung der Wertschöpfung stellt Unternehmen vor die Aufgabe, vorhandene Organisationsstrukturen, Fertigungstechnologien und sogar Geschäftsmodelle zu hinterfragen. Zudem werden sich die notwendige Qualifikation sowie die Arbeitsweise der Mitarbeiter radikal verändern. Die vierte industrielle Revolution erfordert ein Umdenken bei allen Beteiligten.[127] In Abbildung 10 sind die erläuterten vier industriellen Revolutionen dargestellt.

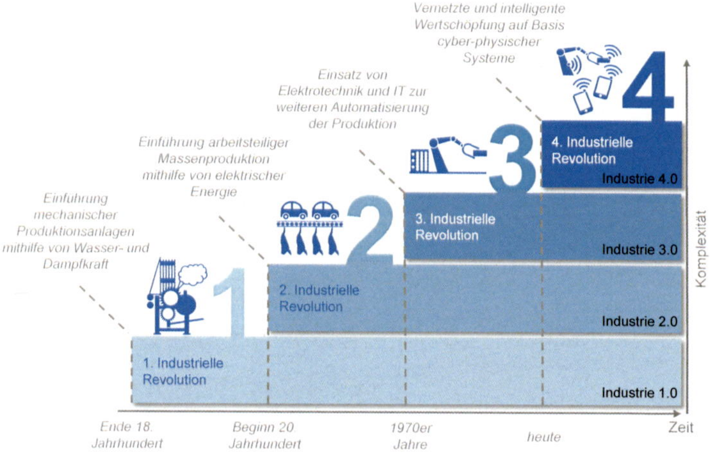

Abbildung 10: Industrielle Revolutionen im Überblick[128]

Es ist festzustellen, dass die Komplexität der Wertschöpfung mit jeder industriellen Revolution überproportional zugenommen hat. Auch sind die Zeiträume zwischen

[124] Vgl. Broy (Cyber-Physical Systems), 2010, S. 21 f.
[125] Vgl. Jasperneite (Internet und Automation), 2012
[126] Vgl. Winterhagen (Losgröße 1), 2013, S. 13 ff.
[127] Vgl. Sendler (Industrie 4.0), 2013, S. 12 ff.
[128] I.A.a. acatech Deutsche Akademie der Technikwissenschaften (Umsetzungsempfehlungen), 2013, S. 17

den Revolutionen im Zeitverlauf deutlich kleiner geworden.[129] Insgesamt ist von einer zunehmenden Geschwindigkeit von Innovationen und Veränderungen auszugehen.

2.1.3 Gestaltung der Wertschöpfung auf dem Shopfloor

Im Rahmen von Kapitel 2.1.1.3 wurde bereits erläutert, dass der Shopfloor in der Regel der Teil eines produzierenden Unternehmens ist, in welchem der größte Teil der Wertschöpfung stattfindet.[130, 131] Gleichzeitig besteht eine hohe Abhängigkeit zahlreicher einzelner Prozesse untereinander. Der Gesamtprozess, beispielsweise ein Fertigungsprozess, lässt sich abstrakt durch mehrere aneinandergereihte Einzelprozesse darstellen. In Abbildung 11 sind zwei unterschiedliche Gesamtprozesse beispielhaft dargestellt.

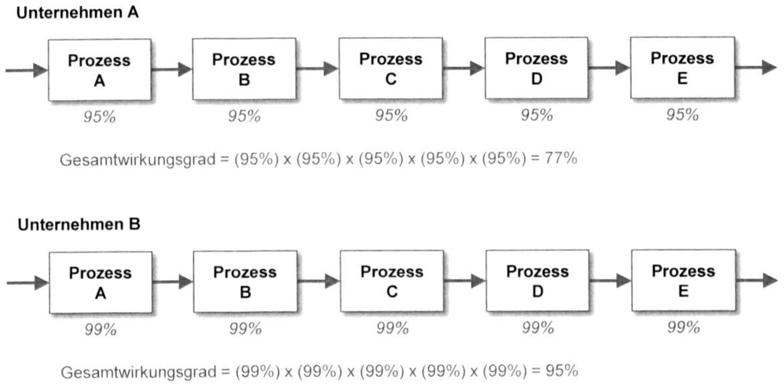

Abbildung 11: Wirkungsgradvergleich zweier Prozessketten[132]

Jeder Einzelprozess ist gekennzeichnet durch einen Wirkungsgrad. Der Gesamtwirkungsgrad einer Prozesskette lässt sich als Produkt der Einzelwirkungsgrade darstellen. In Abbildung 11 wird deutlich, wie wichtig die Optimierung der Einzelprozesse ist. Während sich die Einzelwirkungsgrade von Unternehmen A und Unternehmen B lediglich um 4 Prozentpunkte unterscheiden, weist Unternehmen B aufgrund der exponentiellen Wirkung des Wirkungsgradunterschieds einen um 18 Prozentpunkte geringeren Gesamtwirkungsgrad auf. Die operative Optimierung der Produktionssysteme auf dem Shopfloor hat einen großen Einfluss auf die Gesamtleistungsfähigkeit der Fertigung.[133]

[129] Vgl. acatech Deutsche Akademie der Technikwissenschaften (Umsetzungsempfehlungen), 2013, S. 17
[130] Vgl. Scherer (Shop Floor Control), 1998, S. 4
[131] Vgl. Scheer (Referenzmodelle für industrielle Geschäftsprozesse), 1995, S. 90 ff.
[132] Vgl. Suzaki (New Shopfloor Management), 1993, S. 24
[133] Vgl. Suzaki (New Shopfloor Management), 1993, S. 24

2.1.3.1 Operatives Produktionsmanagement

Der Shopfloor als Produktionssystem lässt sich nach DYCKHOFF in ein Leistungssystem und ein Managementsystem gliedern.[134] Im Leistungssystem läuft der eigentliche Wertschöpfungsprozess ab.[135] Auf dem Shopfloor entspricht dies der operativen Bearbeitung von Fertigungsaufträgen. Dem gegenüber steht der informationsverarbeitende Managementprozess, dessen Aufgabe in der zielkonformen Gestaltung und Lenkung des Leistungsprozesses besteht.[136] Dieser Managementprozess wird in der Regel als Produktionsmanagement bezeichnet (vgl. Abbildung 12).

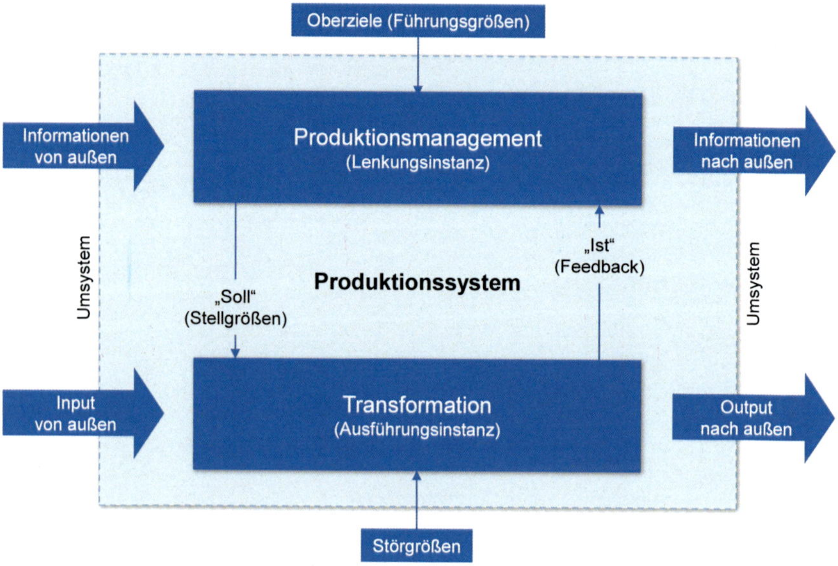

Abbildung 12: Bestandteile des Shopfloors als Produktionssystem[137]

Das Zusammenspiel des Managementprozesses und des Transformationsprozesses kann als Regelkreis interpretiert werden. Das Produktionsmanagement als Lenkungsinstanz legt Stellgrößen für die Ausführungsinstanz fest. Diese setzt diese Stellgrößen um und führt entsprechende Ist-Größen an das Produktionsmanagement zurück.[138]

[134] Vgl. Dyckhoff (Produktionstheorie), 2006, S. 6
[135] Vgl. Dyckhoff (Produktionstheorie), 2006, S. 6
[136] Vgl. Dyckhoff (Produktionstheorie), 2006, S. 6
[137] Vgl. Dyckhoff (Produktionstheorie), 2006, S. 7; I.A.a. Schuh & Schmidt (Grundlagen Produktionsmanagement), 2014, S. 5
[138] Vgl. Dyckhoff (Produktionstheorie), 2006, S. 6 f.

Die Gestaltung und Lenkung des Transformationsprozesses setzt sich nach DYCKHOFF aus folgenden Managementfunktionen zusammen:[139]

- Planung
- Organisation
- Führung
- Kontrolle
- Informationsversorgung

Zur Strukturierung der Managementfunktionen auf dem Shopfloor in das Produktionsmanagement kann auch das St. Galler Management-Konzept nach BLEICHER verwendet werden. Das operative Management stellt nach BLEICHER die Umsetzung des normativen und strategischen Managements im operativen Vollzug dar.[140] Neben der wirtschaftlichen Effizienz tritt diesbezüglich die Effektivität des Mitarbeiterverhaltens im sozialen Zusammenhang in den Vordergrund. Dies spiegelt sich in vertikaler und horizontaler Kommunikation sowie in der Kooperation von Mitarbeitern wider.[141]

Die systemtheoretische Ausrichtung des St. Galler Management-Konzepts lässt aufgrund der Möglichkeit der rekursiven Übertragung des generellen Managementansatzes auf einzelne Subsysteme eine Anwendung auf das Produktionsmanagement zu. BLEICHER unterscheidet zwischen den Bezugssystemen Strukturen, Aktivitäten und Verhalten (vgl. Abbildung 13 und Kapitel 2.3.3.1).[142]

[139] Vgl. Dyckhoff (Produktionstheorie), 2006, S. 367
[140] Vgl. Bleicher (Konzept Integriertes Management), 2011, S. 90 f.
[141] Vgl. Bleicher (Konzept Integriertes Management), 2011, S. 90 f.
[142] Vgl. Bleicher (Konzept Integriertes Management), 2011, S. 91

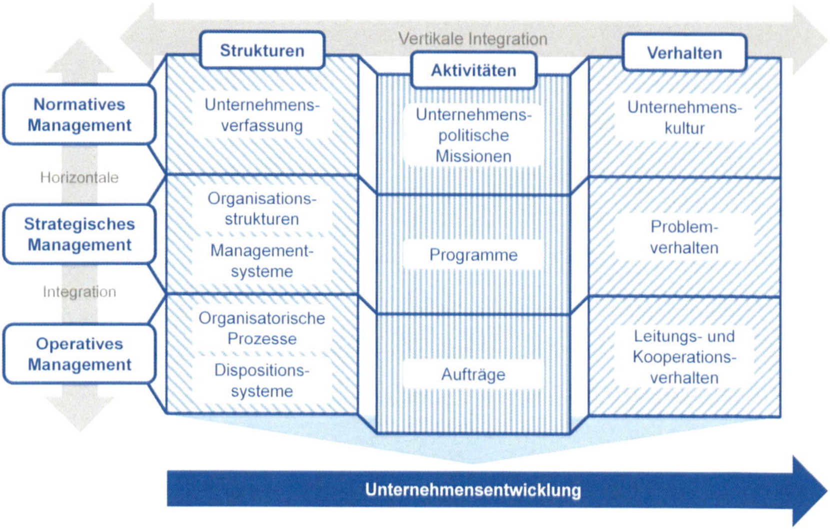

Abbildung 13: St. Galler Management-Konzept nach BLEICHER[143]

Nach BLEICHER wird das Managementhandeln normativ durch die Unternehmensverfassung legitimiert und im Rahmen des strategischen Managements durch entsprechende Organisationsstrukturen und Managementsysteme gestaltet. Operativ bedeutet der strukturelle Aspekt den raum-zeitlich gebundenen Ablauf von Prozessen, der durch entsprechende Dispositionssysteme gesteuert wird. Das operative Produktionsmanagement muss strukturell demnach insbesondere die Ausrichtung der Prozessorganisation und eine sinnvolle Gestaltung von Dispositionssystemen sicherstellen.[144]

Hinsichtlich der Perspektive Verhalten wird auf der normativen Ebene eine Unternehmenskultur definiert, welche anschließend auf der strategischen Managementebene konkretisiert wird. Diesbezüglich steht eine Rollendefinition der Mitarbeiter und ihres Problemlöseverhaltens im Vordergrund. Operativ erfolgt dann eine positive Beeinflussung des Leitungs- und Kooperationsverhaltens durch die Realisierung der auf der normativen Ebene definierten Unternehmenskultur.[145]

Bezogen auf die Perspektive der Aktivitäten erfolgt auf der normativen Managementebene die Definition einer Unternehmenspolitik, welche im Rahmen des strategischen Managements durch Missionen und Programme konkretisiert wird. Ziele die-

---

[143] I.A.a. Bleicher (Konzept Integriertes Management), 2011, S. 91
[144] Vgl. Bleicher (Konzept Integriertes Management), 2011, S. 95
[145] Vgl. Bleicher (Konzept Integriertes Management), 2011, S. 95

ser Anstrengungen sind der Aufbau, die Nutzung sowie Pflege strategischer Erfolgspositionen. Auf operativer Ebene des Produktionsmanagements bedeutet die Perspektive der Aktivitäten die konkrete Bearbeitung von Aufträgen.[146]

Nachfolgend werden ausgewählte bestehende Managementansätze des operativen Produktionsmanagements vorgestellt.

2.1.3.2 Lean Management

Die Beschreibung der Entwicklung von Lean Management führt zunächst über den Begriff „Lean Production", da die Verbesserungsideen ihren Ursprung in der Fertigung haben. Der Begriff „Lean Production" lautet ins Deutsche übersetzt „schlanke Produktion". Er wurde das erste Mal durch KRAFCIK[147] im Jahr 1988 verwendet, gewann aber erst durch eine Studie des Massachusetts Institute of Technology (kurz MIT) an Bedeutung. Die Ergebnisse der Studie wurden 1990 in dem Buch „The machine that changed the world" von WOMACK, JONES und ROOS veröffentlicht. Untersucht wurden 90 Montageanlagen der Automobilindustrie in 15 Ländern weltweit hinsichtlich ihrer Produktivität, Qualität und allgemeiner Wettbewerbsfähigkeit. Dabei fielen besonders japanische Unternehmen auf. Sie fertigten, verglichen mit europäischen und amerikanischen Herstellern, Automobile von besserer Qualität innerhalb kleinerer Zeiträume mit weniger Arbeitskräften und auf weniger Fläche.[148] Die detaillierten Ergebnisse sind in Abbildung 14 dargestellt. Es fällt auf, dass in japanischen Montageanlagen für die Herstellung eines Fahrzeugs rund ein Drittel weniger Zeit als in nordamerikanischen Fabriken und rund die Hälfte der in Europa benötigten Zeit gebraucht wurde. In japanischen Betrieben wurden pro Mitarbeiter im Jahr 154 mal so viele Verbesserungsvorschläge gemacht wie in nordamerikanischen und europäischen Werken. Dabei wurde in japanischen Werken 70 Prozent der Arbeit in Teams erledigt, während die Teamarbeit in nordamerikanischen Werken nur circa 20 Prozent der Arbeit ausmachte. In europäischen Montageanlagen betrug diese Quote sogar nur 0,6 Prozent.

---

[146] Vgl. Bleicher (Konzept Integriertes Management), 2011, S. 94 f.

[147] Vgl. Krafcik (Lean Production System), 1988, S. 41 ff.

[148] Vgl. Womack et al. (Machine that changed the World), 1990, S. 92

	Japan	Nordamerika	Europa
Produktivität (Std. pro Fzg.)	16,8	25,1	36,2
Qualität (Fertigungsfehler pro 100 Fzg.)	60,0	82,3	97,0
Fertigungsfläche (sq. ft. pro Fzg pro Jahr)	5,7	7,8	7,8
Verbesserungsvorschläge (pro Mitarbeiter pro Jahr)	61,6	0,4	0,4
Arbeiter in Teams (in %)	69,3	17,3	0,6

Abbildung 14: Ergebnisse der MIT-Studie[149]

Während der Datenerhebung fiel vor allem das japanische Unternehmen Toyota auf. Die Studie beschäftigte sich daraufhin mit den Hintergründen der Ergebnisse bei Toyota. Daraus entstand die Theorie der Lean Production, jedoch als eigenständiger, von Toyota losgelöster und ganzheitlicher Managementansatz. Allerdings sind die meisten Ideen des Toyota-Produktionssystems ohne große Änderungen in diese Theorie übernommen worden.[150]

Später ist dieses Konzept weiterentwickelt worden. Dadurch sind einige weitere Konzepte und Ideen hinzugekommen, sodass heute verschiedene Begrifflichkeiten in diesem Bereich existieren. Abbildung 15 zeigt diese im Überblick. Lean Thinking ist als Oberbegriff zu verstehen, der die Denkweise im Ganzen beschreibt. Nach WILDEMANN ist Lean Management als Managementkonzept zu sehen, welches die Bereiche Lean Administration, Lean Innovation, Lean Production, Lean Maintenance, Lean Service und Lean-Supply-Chain/Lean Logistics enthält. Diese sind als Umsetzungen der Lean-Ideen in den einzelnen Geschäftsbereichen zu sehen.[151] WIEGAND ergänzt dies durch den Bereich Lean Consumptions, der sich mit dem Konsumprozess auf der Kundenseite auseinandersetzt und somit eine noch stärkere Kundenorientierung verwirklicht.[152]

[149] Vgl. Womack et al. (Machine that changed the World), 1990, S. 92
[150] Vgl. Klotzbach (Industrieller Werkzeugbau), 2007, S. 34
[151] Vgl. Wildemann (Lean-Management), 1993, Vorwort S. II
[152] Vgl. Klotzbach (Industrieller Werkzeugbau), 2007, S. 35

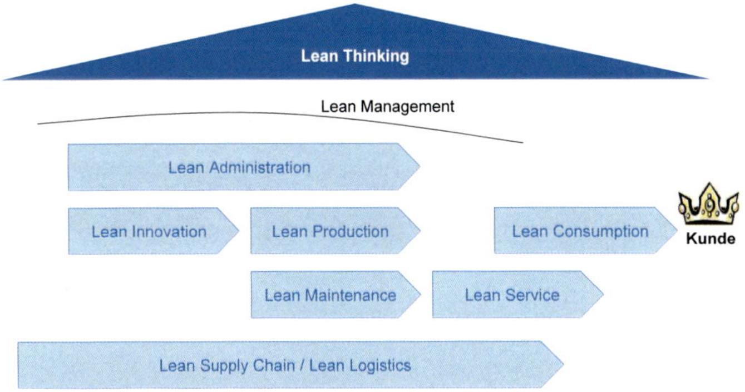

Abbildung 15: Das Lean-Business-System[153]

Um eine durchgängige und kundenorientierte Wertschöpfung zu realisieren, bauen alle Lean-Konzepte auf den zwei Pfeilern der kontinuierlichen Verbesserung und der Vermeidung von Verschwendungen auf.[154] Verschwendung stellt unnötige Arbeit dar, welche nach OHNO in sieben Arten gegliedert werden kann:[155]

- Überproduktion
- Wartezeiten
- Transporte
- Unnötige Prozesse
- Lagerung und hohe Bestände
- Überflüssige Bewegungen
- Arbeitsfehler

Nach WOMACK und JONES existieren folgende fünf Kernprinzipien des Lean Managements:[156]

- **Wert:** Oftmals wird der Wert „am Kunden vorbei" definiert. Der Wert selbst kann jedoch nur durch den Kunden definiert werden.
- **Wertstrom:** Der Wertstrom umfasst alle Tätigkeiten, die benötigt werden, um das Produkt herzustellen und zum Kunden zu bringen. Eine Konzentration auf ausschließlich wertschöpfende Prozesse vermeidet Verschwendungen und hilft, Produkte gezielt für die Kunden zu entwickeln.
- **Fluss:** Durch eine geglättete und kontinuierliche Produktion ergibt sich ein konstanter Fluss. Insbesondere Warteschlangen und Zwischenlagerungen müssen vermieden werden.

---

153 I.A.a. Klotzbach (Industrieller Werkzeugbau), 2007, S. 35
154 Vgl. Emiliani (Lean behaviors), 1998, S. 618
155 Vgl. Ohno (Toyota-Produktionssysteme), 1993, S. 45 f.
156 Vgl. Womack & Jones (Lean Thinking), 2003, S. 41 ff.

- **Pull:** Die Produktion wird ausschließlich durch einen Kundenauftrag gestartet. Von diesem ausgehend wird das Produkt durch den Fertigungsprozess „gezogen“. Die Steuerung erfolgt somit rückwärts gerichtet. So kann eine kundenindividuelle Produktion gewährleistet und Überproduktion vermieden werden.
- **Perfektion:** Eine vollständige Perfektion kann nie erreicht werden. Die Mitarbeiter dürfen sich mit dem Erreichten niemals zufrieden geben. Nur so kann ein kontinuierlicher Verbesserungsprozess erreicht werden.

Um diese Prinzipien umsetzen zu können, gibt es eine Reihe von verschiedenen Werkzeugen und Methoden. Die meisten von ihnen sind auf den Produktionsprozess bezogen. Einige Beispiele hierfür sind im Folgenden beschrieben.

Kaizen: Der japanische Begriff „Kaizen“ steht für „ständige Verbesserung“. Durch den Einsatz eines jeden Mitarbeiters soll eine kontinuierliche Verbesserung eintreten. So kann eine ständige Steigerung von Effizienz und Kundenzufriedenheit erreicht werden.[157]

5S: 5S steht für das Schaffen von Ordnung und Sauberkeit am Arbeitsplatz mithilfe der fünf Schritte Aussortieren, Sauberkeit halten, Systematische Ordnung, Standardisierung sowie Selbstdisziplin und ständige Verbesserung. Der Name „5S“ stammt von den fünf japanischen Bezeichnungen dieser Schritte.[158]

Produktionsglättung (japanisch: Heijunka): Gemeint ist der Ausgleich von Nachfrageschwankungen, um einen gleichmäßigen Takt zu erreichen. Erreicht wird dies durch die Anpassung der Arbeitsinhalte. So kann eine kontinuierliche Produktion gewährleistet werden.[159]

Fehlersicherheit (japanisch: Poka Joke): Durch Fehlervermeidungsstrategien wird Fehlerpotenzial beseitigt. Dies resultiert beispielsweise in „Narrensicherheit“ bei der Werkzeugbedienung.[160]

Jidoka: Mit Jidoka ist eine autonome Überwachung von Abweichungen im Produktionsprozess gemeint. Defektteile werden schon im Produktionsprozess automatisch erkannt und die Produktion wird gestoppt. So können Maschinen oftmals ohne Bediener betrieben werden.[161]

---

[157] Vgl. Bartholomay (Kaizen), 2007, S. 20 f.
[158] Vgl. Monden (Toyota Production System), 1998, S. 199 ff.
[159] Vgl. Dickmann (Elemente schlanker Produktionssysteme), 2007, S. 10 f.
[160] Vgl. Dickmann (Poka Yoke), 2007, S. 46 f.
[161] Vgl. Monden (Toyota Production System), 1998, S. 224 f.

Andon: Andon ist das japanische Wort für eine Signalleuchte. Im Zusammenhang mit Lean Production steht dies für eine visualisierte Steuerung des Produktionsprozesses. So werden Abweichungen von Soll-Werten signalisiert und Verantwortungen auf die Arbeiter übertragen.[162]

Kanban: Kanban beschreibt eine Steuerungsmethode, welche das Pull-Prinzip unterstützt. Nachgelagerte Prozesse „bestellen" benötigte Teile bei den vorgelagerten Prozessen mithilfe von sogenannten Kanban-Karten, welche als eine Art Bestellschein fungieren.[163]

Wertstromanalyse: Die Wertstromanalyse ist ein Prozessvisualisierungs-Werkzeug, welches die Darstellung und Analyse des gesamten Wertstroms ermöglicht. Mithilfe von grafischen Bausteinen wird der Prozess erfasst und ausgewertet. [164]

Die meisten Methoden wurden speziell für den Produktionsprozess entwickelt. An dieser Stelle ist noch zu betonen, dass der gesamte Bereich des Lean Managements nicht nur als Sammlung von verschiedenen Methoden zu sehen ist. Eine nachhaltige Verbesserung setzt ein Umdenken und langfristiges Ändern der Denkweise voraus. Kontinuierliche Verbesserungen und das ständige Ausprobieren von neuen Lösungen sind erforderlich. Nur so kann eine langfristige und nachhaltige Optimierung der Geschäftsprozesse erreicht werden.[165]

2.1.3.3 Shopfloormanagement

Der Begriff des Shopfloormanagements ist wissenschaftlich nicht eindeutig definiert und kann deshalb auch nicht klar abgegrenzt werden. Allgemein wird darunter jedoch eine neue Form der Mitarbeiterführung verstanden.[166] Ziel des Shopfloormanagements ist eine Erhöhung der Verantwortung von Mitarbeitern auf der untersten Hierarchieebene bis hin zum Selbstmanagement auf dem Shopfloor, um die Fähigkeiten der Mitarbeiter voll nutzen zu können.[167] Die Ansätze des Shopfloormanagements sind maßgeblich durch Elemente des Lean Managements beeinflusst worden, beispielsweise durch die Elemente Kaizen, 5S oder Andon.[168]

Im Zuge des Taylorismus ist die Mitarbeiterverantwortung stark eingeschränkt und stetig verringert worden.[169] Diese Entwicklung ist im Rahmen des Fordismus noch intensiviert worden und führte letztlich zu austauschbaren Arbeitskräften. Diese führ-

---

162 Vgl. Sayer & Williams (Lean), 2007, S. 176
163 Vgl. Dickmann & Dickmann (Kanban), 2007, S. 11 ff.
164 Vgl. Dickmann (Prozesskostenrechnung), 2007, S. 86
165 Vgl. Ohno (Toyota-Produktionssysteme), 1993, S. 19 ff.
166 Vgl. Brunner (Japanische Erfolgskonzepte), 2011, S. 103 f.
167 Vgl. Brunner (Japanische Erfolgskonzepte), 2011, S. 103
168 Vgl. Flores (Shopfloor Management), 2015
169 Vgl. Suzaki (New Shopfloor Management), 1993, S. 1

ten stark separierte Aufgaben mit hoher Wiederholhäufigkeit aus.[170] Einher mit dieser Entwicklung ging die Schaffung einer Vielzahl von indirekten Arbeitsplätzen mit dem Ziel der Überwachung und Steuerung der repetitiven Arbeiten. Dies steigerte die Komplexität der Organisation und führte durch die mangelnde Verantwortung direkt wertschöpfender Mitarbeiter zu vielen Informations- und letztlich auch Effizienzverlusten.[171]

In Japan entwickelte sich nach dem Zweiten Weltkrieg aufgrund der insbesondere in der Automobilindustrie starken Verhandlungsposition von Mitarbeitern eine Form der Unternehmenskultur, welche stark auf den individuellen Fähigkeiten und Leistungen von Mitarbeitern basiert.[172] Die aus den Entwicklungen in Japan resultierende Idee des Lean Managements sieht deshalb die Lösung von Problemen direkt durch wertschöpfende Mitarbeiter selbst vor.[173] Dadurch kann die Anzahl indirekter Führungskräfte sowie damit auch die Komplexität entscheidend verringert werden. Probleme werden schneller erkannt und Lösungen können effizienter umgesetzt werden.[174]

Der Ansatz des Shopfloormanagements sieht eine hohe Verantwortung sowie ein weitestgehendes Selbstmanagement der Mitarbeiter auf dem Shopfloor vor. Dadurch sollen Mitarbeiter Vorgänge selbst mitgestalten und Schwachstellen direkt erkennen sowie abstellen können. Potenziale bestehen dadurch sowohl hinsichtlich einer Effizienzsteigerung als auch einer Motivationserhöhung der Mitarbeiter.[175] Ziel des Shopfloormanagements ist somit die Etablierung eines nachhaltigen Verbesserungsprozesses zur langfristigen Optimierung der Wettbewerbsposition.[176]

Hinsichtlich der Bestandteile des Managementansatzes bestehen unterschiedliche Lösungsansätze. Nach ENGROFF lässt sich Shopfloormanagement in die folgenden fünf zentralen Handlungsfelder gliedern (vgl. Abbildung 16):[177]

- Führung vor Ort
- Visualisierung
- Standardisierung
- Problemlösung
- Kommunikation

[170] Vgl. Womack et al. (Machine that changed the World), 1990, S. 30 f.
[171] Vlg. Womack et al. (Machine that changed the World), 1990, S. 32 f.
[172] Vgl. Womack et al. (Machine that changed the World), 1990, S. 53 f.
[173] Vgl. Womack et al. (Machine that changed the World), 1990, S. 53 f.
[174] Vgl. Suzaki (New Shopfloor Management), 1993, S. 1
[175] Vgl. Brunner (Japanische Erfolgskonzepte), 2011, S. 103
[176] Vgl. Schalk (Führungsverhalten), 2015, S. 65
[177] Vgl. AWF Arbeitsgemeinschaft für Wirtschaftliche Fertigung (Visuelles Management), 2012, S. 33

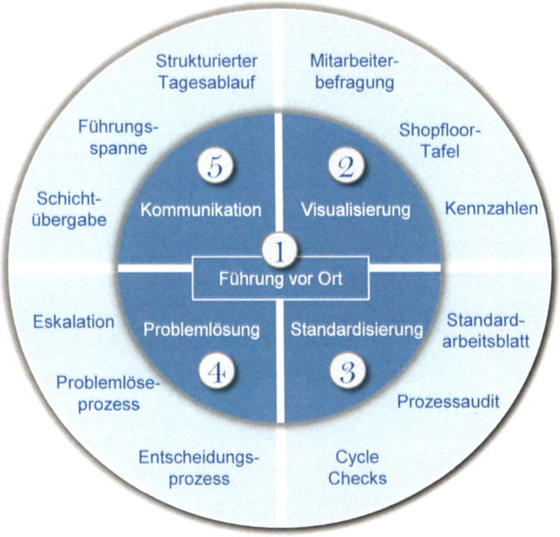

Abbildung 16: Bestandteile des Shopfloormanagements nach ENGROFF[178]

Die Führung vor Ort beschreibt vor allem die Zusammenarbeit der Mitarbeiter auf dem Shopfloor mit ihren Führungskräften.[179] Im Gegensatz zu klassischen Managementansätzen werden Führungskräfte aktiv in die Problembearbeitung eingebunden und dienen den Mitarbeitern als sogenannte Coaches. Dies ermöglicht direkte Eskalationen und erleichtert das Controlling.[180]

Die Visualisierung dient der Darstellung von Zielgrößen und Zuständen auf dem Shopfloor.[181] Ziel ist es, den Status jedes wichtigen Prozessschrittes sichtbar zu machen. Dies entspricht direkt dem Gedankengut des Lean Managements.[182] Durch die Verwendung intuitiver Symbolik können kritische Abweichungen auf dem Shopfloor zeitnah erfasst werden.[183]

Die Standardisierung dient der Absicherung der erreichten Ergebnisse. Sie stellt gleichzeitig die Basis für zukünftige Verbesserungen dar. Durch Standardprozessbeschreibungen, regelmäßige Prozessaudits und zyklusartig durchgeführte Überprüfungen können Arbeitsweisen vereinheitlicht werden.[184]

---

178 I.A.a. AWF Arbeitsgemeinschaft für Wirtschaftliche Fertigung (Visuelles Management), 2012, S. 33
179 Vgl. Flores (Shopfloor Management), 2015
180 Vgl. AWF Arbeitsgemeinschaft für Wirtschaftliche Fertigung (Visuelles Management), 2012, S. 33
181 Vgl. AWF Arbeitsgemeinschaft für Wirtschaftliche Fertigung (Visuelles Management), 2012, S. 33
182 Vgl. Mann (Lean Culture), 2015, S. 75
183 Vgl. AWF Arbeitsgemeinschaft für Wirtschaftliche Fertigung (Visuelles Management), 2012, S. 33
184 Vgl. AWF Arbeitsgemeinschaft für Wirtschaftliche Fertigung (Visuelles Management), 2012, S. 33

Das Handlungsfeld der Problemlösung beschreibt die nachhaltige Beseitigung von Abweichungen im Produktionsprozess durch definierte Entscheidungs- und Problemlöseprozesse sowie einen geregelten Eskalationsvorgang.[185] Es dient somit auch der Umsetzung eines kontinuierlichen Verbesserungsprozesses (KVP), welcher sowohl ein Element des Lean Managements als auch des Qualitätsmanagements darstellt.[186]

Das fünfte Handlungsfeld ist die Kommunikation der Mitarbeiter auf dem Shopfloor. Das Handlungsfeld beschreibt den strukturierten Informationsaustausch zwischen den Mitarbeitern über den Tagesablauf hinweg. Durch eine definierte Kommunikation der Mitarbeiter kann Wissen zur Erkennung und Lösung von Problemen und Abweichungen direkt miteinander geteilt werden.[187] Das Handlungsfeld umfasst somit auch Aspekte des Wissensmanagements.

2.2 Werkzeugbau

Die nachfolgende Beschreibung der Grundlagen des Werkzeugbaus erfolgt auf Basis der unter Mitwirkung des Autors durchgeführten Forschungs- und Industrieaktivitäten am Lehrstuhl für Produktionssystematik des Werkzeugmaschinenlabors WZL der RWTH Aachen. Die Struktur des Kapitels basiert deshalb auf unterschiedlichen vorangegangenen wissenschaftlichen Arbeiten, darunter den Arbeiten von PITSCH[188], KOMOREK[189] und ZISKOVEN[190].

Die Branche Werkzeugbau stellt das Bindeglied zwischen der Produktentwicklung und der industriellen Serienproduktion dar.[191] Als zentraler Befähiger einer leistungsstarken Industrie trägt sie signifikant zur Leistungsfähigkeit produzierender Unternehmen bei.[192] Im Rahmen dieses Teils des Kapitels wird der Werkzeugbau als Teilbereich der produzierenden Industrie vorgestellt. Dazu werden zunächst zentrale Begriffe erklärt und eingeordnet. Anschließend werden die Branchenstruktur und das Leistungsspektrum des Werkzeugbaus näher erörtert. Darauf aufbauend wird die Wertschöpfung im industriellen Werkzeugbau detailliert dargestellt, bevor abschließend zentrale Herausforderungen des Werkzeugbaus erläutert werden.

[185] Vgl. AWF Arbeitsgemeinschaft für Wirtschaftliche Fertigung (Visuelles Management), 2012, S. 33
[186] Vgl. Witt & Witt (KVP), 2007, S. 14
[187] Vgl. Witt & Witt (KVP), 2007, S. 14
[188] Vgl. Pitsch (Kompetenzfeldbasierte Vernetzung), 2014
[189] Vgl. Komorek (Kollaborative Wertschöpfung), 2014
[190] Vgl. Ziskoven (Getaktete Fertigung im Werkzeugbau), 2013
[191] Vgl. Eversheim & Klocke (Strategie und Technologie), 1998, S. 1
[192] Vgl. Holmes et al. (Innovation in the Tool and Die Industry), 2005, S. 120 ff.

2.2.1 Begriffsverständnis und Einordnung

Um die notwendigen Grundlagen hinsichtlich der Branche Werkzeugbau erläutern zu können, werden nachfolgend die Begriffe Werkzeug und Werkzeugbau definiert und im Gesamtkontext eingeordnet.

2.2.1.1 Werkzeug

Die im Rahmen von Kapitel 2.1.1 erläuterte industrielle Serienproduktion findet durch den Einsatz von Werkzeugen statt, deren Herstellung dem sogenannten Werkzeugbau obliegt. Jede Serienproduktion benötigt für ein Bauteil ein entsprechendes Werkzeug.[193] Die Herstellung von Werkzeugen findet prozessual zwischen der Produktentwicklung und der Serienproduktion statt. Somit besetzt der Werkzeugbau im Rahmen der industriellen Produktion eine Schlüsselposition.[194]

Die zur industriellen Serienfertigung notwendigen Hilfsmittel lassen sich grundsätzlich in zwei Gruppen gliedern:[195]

- Hilfsmittel, die nach dem Produktionsprozess Teil des Produkts sind, beispielsweise Werkstoffe oder Standardteile
- Hilfsmittel, die kein Bestandteil des Produktes werden

Letztere werden als Betriebsmittel bezeichnet. Gemäß VDI-Norm 2815 werden Betriebsmittel in Fertigungsmittel, Prüfmittel, Handhabungsmittel, Transportmittel und Lagermittel gegliedert (siehe Abbildung 17).[196]

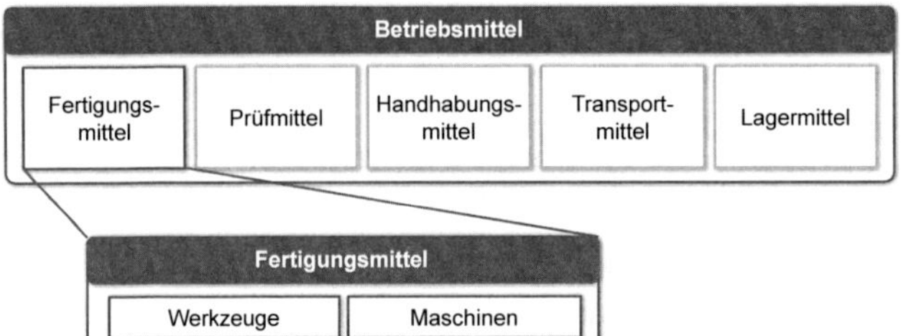

Abbildung 17: Einordnung von Fertigungsmitteln nach VDI-Norm 2815[197]

[193] Vgl. Komorek (Kollaborative Wertschöpfung), 2014, S. 38
[194] Vgl. Gaus (Logik eines Geschäftsmodells), 2010, S. 19 f.
[195] Vgl. Kuhlmann (Gestaltung von Geschäftsprozessen), 2011, S. 25
[196] Vgl. VDI (VDI-Richtlinie 2815), 1978
[197] Vgl. VDI (VDI-Richtlinie 2815), 1978

Neben Maschinen, Vorrichtungen und anderen Hilfsstoffen zählen Werkzeuge zu den Fertigungsmitteln. Als Werkzeug werden Fertigungsmittel bezeichnet, die mit dem Zweck der Form- und Substanzveränderung mechanisch oder physikalisch-chemisch auf ein bestimmtes Material einwirken.[198] Unter diese Definition fallen jedoch auch Standardwerkzeuge wie Fräser, Bohrer, Hammer, Drehmeißel oder Ähnliches.[199] Diese sind jedoch ausdrücklich nicht Betrachtungsbestandteil dieser Arbeit, aus diesem Grund wird im Folgenden die Definition nach EVERSHEIM und KLOCKE[200] verwendet. Demnach werden im Werkzeugbau Hohlformwerkzeuge hergestellt, welche durch die teilweise oder vollständige Abbildung der Werkstückform auf der Werkzeuggeometrie charakterisiert sind.[201] Dieser Kategorie der Hohlformwerkzeuge sind Spritzguss-, Druckguss-, Press-, Stanz- und Formwerkzeuge zuzuordnen.[202]

2.2.1.2 Werkzeugbau

Produzierende Unternehmen bzw. produzierende Abteilungen eines Unternehmens, welche die oben genannten Werkzeuge herstellen, werden mit dem Begriff Werkzeugbau beschrieben.[203] Nach FRICK dient der Begriff Werkzeugbau als Oberbegriff für die Begriffe Formenbau, Werkzeug- und Formenbau, Werkzeug- und Anlagenbau sowie für analoge Bezeichnungen.[204]

Werkzeugbaubetriebe lassen sich hinsichtlich ihres Marktzugangs in externe und interne Werkzeugbaubetriebe gliedern. Sie unterscheiden sich hinsichtlich ihrer Eigenschaften und Zielsetzungen.[205] Gemäß der gemeinsamen Datenbank des Werkzeugmaschinenlabors WZL der RWTH Aachen und des Fraunhofer-Instituts für Produktionstechnologie IPT teilt sich der deutsche Werkzeugbau auf ca. 48% interne und 52% externe Werkzeugbaubetriebe auf (vgl. Abbildung 18).

Abbildung 18: Marktzugang deutscher Werkzeugbaubetriebe[206]

[198] Vgl. VDI (VDI-Richtlinie 2815), 1978

[199] Vgl. Kuhlmann (Gestaltung von Geschäftsprozessen), 2011, S. 26

[200] Vgl. Eversheim & Klocke (Strategie und Technologie), 1998, S. 24 f.

[201] Vgl. Eversheim & Klocke (Strategie und Technologie), 1998, S. 25

[202] Vgl. Schleyer (Kooperationsmanagement), 2006, S. 20

[203] Vgl. Pitsch (Kompetenzfeldbasierte Vernetzung), 2014, S. 34

[204] Vgl. Frick (Geschäftsmodelle im Werkzeugbau), 2006, S. 20 f.

[205] Vgl. Pitsch (Kompetenzfeldbasierte Vernetzung), 2014, S. 34

[206] Vgl. Gemeinsame Datenbank des Werkzeugmaschinenlabors WZL der RWTH Aachen und des Fraunhofer-Instituts für Produktionstechnologie IPT, Stand Mai 2016)

Interne Werkzeugbaubetriebe sind Teil eines übergeordneten Unternehmens und in die entsprechende Aufbauorganisation integriert.[207] Die Aufgabe des Werkzeugbaus ist die Versorgung des Mutterunternehmens mit Werkzeugen für die Serienproduktion. Dies schließt kurzfristige Reparaturen und Wartungen ein. Im Gegenzug übernimmt das Mutterunternehmen die Rolle des Kapitalgebers und sichert die Existenz des Werkzeugbaus.[208] Die Ziele eines internen Werkzeugbaubetriebs umfassen die Sicherstellung der Produktionsverfügbarkeit, die Steigerung der Gesamtproduktivität, Know-how-Schutz, Unabhängigkeit von externen Anbietern sowie die Reduzierung und Optimierung von internen Schnittstellen.[209, 210]

Grundsätzlich werden drei Organisationsformen eines internen Werkzeugbaus unterschieden. Der Werkzeugbau kann als Abteilung, Cost-Center oder Profit-Center in eine Gesamtunternehmung integriert sein (vgl. Abbildung 19).[211]

	Abteilung	Cost-Center	Profit-Center
Ausrichtung	Aufgabenorientiert	Kostenorientiert	Leistungsorientiert
Arbeitsweise	Kostenumlage auf andere Bereiche	Eigenverantwortung bezüglich Kosten	Eigenverantwortung bezüglich Ergebnis
Vorteile	„Unbeschränkte" Finanzmittel	Kostensenkung durch Kostenverantwortung	Vergleichsmöglichkeit mit externen Anbietern
Nachteile	Hohe Kosten durch fehlende Verantwortung	Bedingter Rentabilitätsvergleich	Hoher administrativer Aufwand

Abbildung 19: Organisationsformen interner Werkzeugbaubetriebe[212]

Ein als **Abteilung** geführter interner Werkzeugbaubetrieb ist aufgabenorientiert ausgerichtet. Die entstehenden Kosten werden auf andere Unternehmensbereiche umgelegt, was zu „unbeschränkten" Finanzmitteln des Werkzeugbaus führt. Damit einher geht eine fehlende Kostenverantwortung. Wird der interne Werkzeugbaubetrieb als **Cost-Center** integriert, so ist er als Einheit für anfallende Kosten verantwortlich. Durch die Kostenverantwortung können anfallende Kosten gemessen und häufig gegenüber einer Organisation als Abteilung gesenkt werden. Eine Vergleichbarkeit hinsichtlich der Rentabilität ist jedoch nicht gegeben.

---

207 Vgl. Eversheim & Klocke (Strategie und Technologie), 1998, S. 74
208 Vgl. Eversheim & Klocke (Strategie und Technologie), 1998, S. 3
209 Vgl. Kuhlmann (Gestaltung von Geschäftsprozessen), 2011, S. 27
210 Vgl. Zwicker (Interner Werkzeugbau), 2009, S. 12 f.
211 Vgl. Eversheim & Klocke (Strategie und Technologie), 1998, S. 4

Durch eine Integration als **Profit-Center** wird der interne Werkzeugbaubetrieb leistungsorientiert aufgestellt. Die Eigenverantwortung bezüglich des Betriebsergebnisses ermöglicht den direkten Vergleich mit externen Anbietern. Der Vergleichsmöglichkeit gegenüber steht ein erhöhter administrativer Aufwand.[213, 214]

Aufgrund des steigenden Wettbewerbsdrucks werden interne Werkzeugbaubetriebe zunehmend als Cost- oder Profit-Center geführt, um eine Vergleichbarkeit zum Wettbewerb zu ermöglichen.[215] Aufgrund des Einflusses auf die Produktionsverfügbarkeit und die Gesamtproduktivität hat der interne Werkzeugbau eine hohe strategische Bedeutung für das Gesamtunternehmen.[216]

Externe Werkzeugbaubetriebe sind rechtlich eigenständige Unternehmen, welche das Ziel der Gewinnmaximierung verfolgen und dazu Werkzeuge im Auftrag verschiedener Unternehmen herstellen.[217, 218] Sie bedienen in der Regel ein breites Kunden- und Branchenspektrum, um Auslastungsschwankungen in spezifischen Segmenten entgegenwirken zu können.[219] Durch die vielfältigen Kundenbeziehungen mit unterschiedlichen Abnehmern von Werkzeugen verfügen externe Werkzeugbaubetriebe über ein umfassendes Wissen in Bezug auf die gefertigten Werkzeugtypen. Dieses Wissen stellt ein individuelles Differenzierungskriterium gegenüber der Konkurrenz dar.[220]

Die Unterscheidung zwischen internen und externen Werkzeugbaubetrieben ist insbesondere hinsichtlich der Kundenbeziehung relevant. Die Unterschiede hinsichtlich der Wertschöpfung sowie der operativen Abläufe zur Erstellung eines Werkzeugs sind zu vernachlässigen.[221] Aus diesem Grund werden nachfolgend im Rahmen dieser Arbeit die Begriffe Werkzeugbau und Werkzeugbaubetrieb sowohl für externe als auch für interne Werkzeugbaubetriebe verwendet.

2.2.2 Branche Werkzeugbau

Zur Erläuterung der Branche Werkzeugbau wird nachfolgend die Branchenstruktur beschrieben. Zusätzlich wird das Leistungsspektrum des Werkzeugbaus gegliedert und eingeordnet.

---

212 Vgl. Kuhlmann (Gestaltung von Geschäftsprozessen), 2011, S. 27
213 Vgl. Kuhlmann (Gestaltung von Geschäftsprozessen), 2011, S. 27
214 Vgl. Eversheim & Klocke (Strategie und Technologie), 1998, S. 74 ff.
215 Vgl. Eversheim & Klocke (Strategie und Technologie), 1998, S. 76 ff.
216 Vgl. Pitsch (Kompetenzfeldbasierte Vernetzung), 2014, S. 36
217 Vgl. Westekemper (Angebotspreisbildung), 2002, S. 7
218 Vgl. Eversheim & Klocke (Strategie und Technologie), 1998, S. 3
219 Vgl. Spennemann (Organisationsstrukturen im Werkzeugbau), 2001, S. 12
220 Vgl. Schleyer (Kooperationsmanagement), 2006, S. 22 f.
221 Vgl. Komorek (Kollaborative Wertschöpfung), 2014, S. 40

2.2.2.1 Branchenstruktur

Die mittelständisch geprägte Branche Werkzeugbau wird in Deutschland durch den Interessenverband VDMA (Verband Deutscher Maschinen- und Anlagenbau) vertreten und ist Teil des übergeordneten Bereichs der Präzisionswerkzeuge. In diesem Bereich sind laut Angaben des VDMA in Deutschland derzeit ca. 56.000 Mitarbeiter beschäftigt.[222]

Gemäß der gemeinsamen Datenbank des Werkzeugmaschinenlabors WZL der RWTH Aachen und des Fraunhofer-Instituts für Produktionstechnologie IPT beschäftigt ein Werkzeugbaubetrieb in Deutschland durchschnittlich 59 Mitarbeiter. Insgesamt beschäftigen jedoch mehr als 80% der deutschen Werkzeugbaubetriebe weniger als 20 Mitarbeiter (vgl. Abbildung 20).[223]

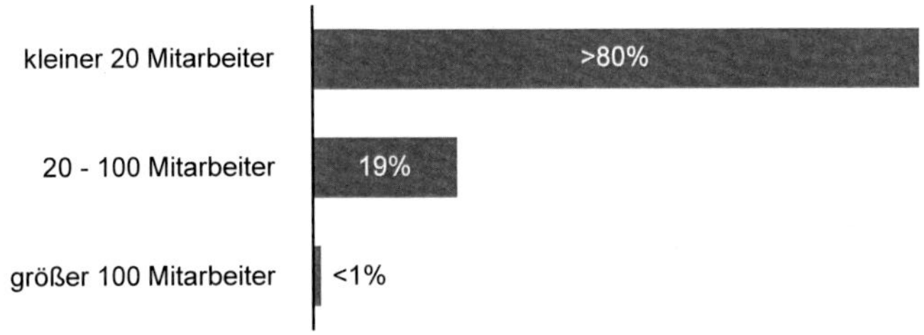

Abbildung 20: Mitarbeiteranzahl deutscher Werkzeugbaubetriebe[224]

Durch die geringe Betriebsgröße zählen die meisten deutschen Werkzeugbaubetriebe zu den kleinen und mittleren Unternehmen (KMU).[225] Dies resultiert in fließenden Übergängen zwischen direkten und unterstützenden Tätigkeiten der Mitarbeiter. Zudem verfügen kleine und mittlere Unternehmen häufig über begrenzte Finanzmittel.[226] Die Betriebsgröße ist bei der Entwicklung eines Gestaltungsmodells deshalb zwingend zu berücksichtigen.[227]

Der Werkzeugbau stellt mit 53% des Gesamtumsatzes den umsatzstärksten Teilbereich des Bereichs der Präzisionswerkzeuge dar (vgl. Abbildung 21).[228]

---

222 Vgl. VDMA (Prognose 2015), 2015

223 Vgl. Gemeinsame Datenbank des Werkzeugmaschinenlabors WZL der RWTH Aachen und des Fraunhofer-Instituts für Produktionstechnologie IPT, Stand Mai 2016)

224 Vgl. Gemeinsame Datenbank des Werkzeugmaschinenlabors WZL der RWTH Aachen und des Fraunhofer-Instituts für Produktionstechnologie IPT, Stand Mai 2016)

225 Vgl. Europäische Kommission (EU KMU-Definition), 2013

226 Vgl. Pichler et al. (Management in KMU), 2000, S. 11 ff.

227 Vgl. Komorek (Kollaborative Wertschöpfung), 2014, S. 43

228 Vgl. VDMA (Branchenbericht Präzisionswerkzeuge 2015), 2016

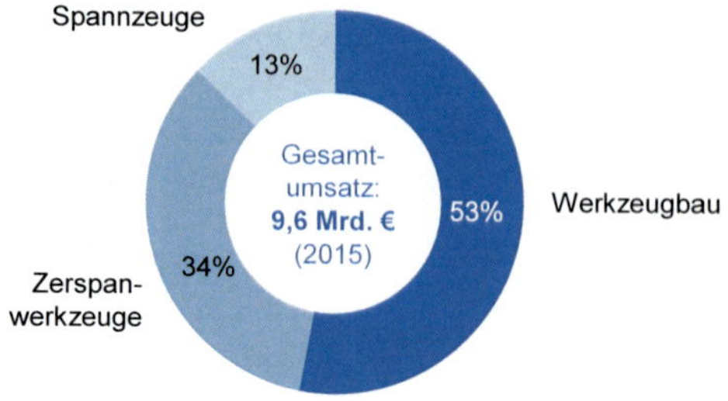

Abbildung 21: Umsatzverteilung des Bereichs Präzisionswerkzeuge[229]

2.2.2.2 Leistungsspektrum

Im Jahr 2015 wird der Umsatz im Bereich der Präzisionswerkzeuge auf 9,6 Milliarden Euro geschätzt, wobei 53% (5,1 Mrd. Euro) auf den Werkzeugbau, 34% (3,3 Mrd. Euro) auf Zerspanwerkzeuge und 13% (1,2 Mrd. Euro) auf Spannzeuge entfallen.[230] Nach einem deutlichen Umsatzrückgang im Bereich der Präzisionswerkzeuge im Jahr 2009 ist seitdem ein stetiges Umsatzwachstum zu verzeichnen. Für das Jahr 2015 wird eine Steigerung des Umsatzes um 3% im Vergleich zum Vorjahr geschätzt. Darüber hinaus wird eine weitere Umsatzsteigerung von 4% im Jahr 2016 prognostiziert (vgl. Abbildung 22).[231]

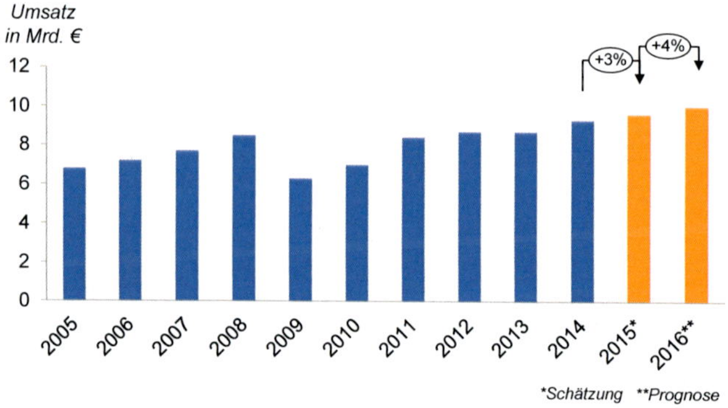

Abbildung 22: Umsatzentwicklung und -prognose des Bereichs Präzisionswerkzeuge[232]

---

[229] Vgl. VDMA (Branchenbericht Präzisionswerkzeuge 2015), 2016
[230] Vgl. VDMA (Branchenbericht Präzisionswerkzeuge 2015), 2016
[231] Vgl. VDMA (Branchenbericht Präzisionswerkzeuge 2015), 2016
[232] Vgl. VDMA (Branchenbericht Präzisionswerkzeuge 2015), 2016

Das zentrale Erzeugnis des Werkzeugbaus sind nach EVERSHEIM und KLOCKE Hohlformwerkzeuge.[233] Diese werden von Werkzeugbaubetrieben häufig ergänzt durch weitere Leistungen wie beispielsweise Vorrichtungen, Prüfmittel, Modelle und Prototypen oder systemische Anwendungen, welche den Betriebsmitteln zuzuordnen sind.[234] Zudem bieten Werkzeugbaubetriebe häufig unterstützende sonstige Leistungen an (vgl. Abbildung 23).[235, 236]

Abbildung 23: Leistungs- und Erzeugnisspektrum der Branche Werkzeugbau[237]

Hohlformwerkzeuge lassen sich unterteilen in Blechverarbeitungswerkzeuge, Kunststoffwerkzeuge, Massivumformwerkzeuge, (Druck-)Gießwerkzeuge und sonstige Werkzeuge.[238, 239] Nachfolgend werden die unterschiedlichen Hohlformwerkzeugarten näher erläutert:

- Bezüglich der **Blechverarbeitungswerkzeuge** kann zwischen Stanz-Biege-Werkzeugen und Tiefziehwerkzeugen unterschieden werden. Stanz-Biege-Werkzeuge führen durch Umformen, Stanzen oder Biegen eine gewünschte Form herbei. Dies geschieht in der Regel in mehreren Arbeitsgängen, bis die gewünschte Form erreicht wird. Aus diesem Grund werden Stanz-Biege-

[233] Vgl. Eversheim & Klocke (Strategie und Technologie), 1998, S. 25 f.
[234] Vgl. Brankamp (Betriebsmittelbau), 1991, S. 5
[235] Vgl. Frick (Geschäftsmodelle im Werkzeugbau), 2006, S. 20
[236] Vgl. Eversheim & Klocke (Strategie und Technologie), 1998, S. 25 ff.
[237] Vgl. Frick (Geschäftsmodelle im Werkzeugbau), 2006, S. 20; Vgl. Eversheim & Klocke (Strategie und Technologie), 1998, S. 25 ff.
[238] Vgl. Frick (Geschäftsmodelle im Werkzeugbau), 2006, S. 20
[239] Vgl. Eversheim & Klocke (Strategie und Technologie), 1998, S. 25 ff.

Werkzeuge häufig als Folgeverbund- oder Transferwerkzeuge hergestellt. Stanz-Biege-Werkzeuge werden beispielsweise für die Produktion von Karosserieteilen in der Automobilindustrie verwendet.[240] Tiefziehwerkzeuge hingegen werden zur Zugdruckumformung von Blechteilen verwendet. Zur Umformung wird ein Stempel verwendet, der die zur Umformung notwendige Presskraft auf das Blech überträgt und dieses in die Matrize presst. Dabei treten sowohl mehrdimensionale Spannungszustände im Material als auch Rückfederungen des Materials auf. Dies resultiert in einer hohen Komplexität des Tiefziehprozesses. Charakteristische Bauteile, welche durch Tiefziehen hergestellt werden, sind Hohlkörper aus Blech, beispielsweise Außenhautteile in der Automobilindustrie.[241, 242]

- **Kunststoffwerkzeuge** verwenden das Verfahren des Urformens.[243] Unter diesem Begriff werden unterschiedlichste Formverfahren zusammengefasst, welche verschiedene Formgebungen, Oberflächengestaltungen, Erzeugnisgrößen und Werkstoffe beinhalten.[244] Ein Beispiel für Kunststoffwerkzeuge sind Spritzgießwerkzeuge, mithilfe derer Kunststoff nach dessen Verflüssigung unter Druck in eine Form eingespritzt wird.[245]
- **Massivumformwerkzeuge** dienen der Umformung massiver, metallischer Werkstoffe. Sie werden auch als Schmiedegesenke bezeichnet. Die Verfahren unterscheiden sich hinsichtlich der vorliegenden Temperaturbereiche und beinhalten ein oder mehrere aufeinander folgende Kalt- oder Warmumformschritte.[246]
- **(Druck-)Gießwerkzeuge** werden zur Herstellung von Werkstücken aus schmelzflüssigem Metall verwendet. Dazu wird das Metall durch integrierte Kanäle in eine formgebende Kavität eingeführt. Nach der Erstarrung des Metalls wird das Werkzeug geöffnet, um das Bauteil zu entnehmen.[247] Aufgrund der thermischen Belastung ist die Lebensdauer von Druckgießformen im Vergleich zu anderen Werkzeugen deutlich geringer. Beispiele für Druckgussteile sind beispielsweise Möbelbeschläge oder Strukturteile in der Automobilindustrie.[248]
- Zu den **sonstigen Werkzeugen** zählen alle Werkzeuge, die keiner der oben genannten Kategorien zuzuordnen sind. Insbesondere zählen dazu Sinter-Pressformen, die eine Bauteilfertigung aus einem metallisch-pulverförmigen Material ermöglichen. Der urformende Fertigungsprozess erfolgt unter hohem

[240] Vgl. Schuler GmbH (Handbuch Umformtechnik), 1996, S. 123 ff.
[241] Vgl. Schuler GmbH (Handbuch Umformtechnik), 1996, S. 11 ff.
[242] Vgl. Eversheim & Klocke (Strategie und Technologie), 1998, S. 26
[243] Vgl. Eversheim & Klocke (Strategie und Technologie), 1998, S. 26
[244] Vgl. Menges et al. (Spritzgießwerkzeuge), 2007, S. 560 ff.
[245] Vgl. Eversheim & Klocke (Strategie und Technologie), 1998, S. 26
[246] Vgl. Schuler GmbH (Handbuch Umformtechnik), 1996, S. 436 f.
[247] Vgl. Brunhuber (Druckgußfertigung), 1991, S. 187
[248] Vgl. Bilsing (Bewertung der technologischen Leistungsfähigkeit), 2007, S. 5

Druck mit möglichst homogener Druckverteilung im Rohmaterial. Dies hat zur Folge, dass lediglich vergleichsweise einfache Geometrien mit porösem Gefüge hergestellt werden können. Beispielhafte Bauteile sind Lager oder Filter in der Automobilindustrie.[249]

Die beschriebenen Leistungen und Erzeugnisse besitzen in Deutschland sehr heterogene Anteile am Gesamtumsatz der Branche Werkzeugbau. Die beiden umsatzstärksten Werkzeugarten stellen Spritzgießwerkzeuge und Blechverarbeitungswerkzeuge dar (vgl. Abbildung 24).[250]

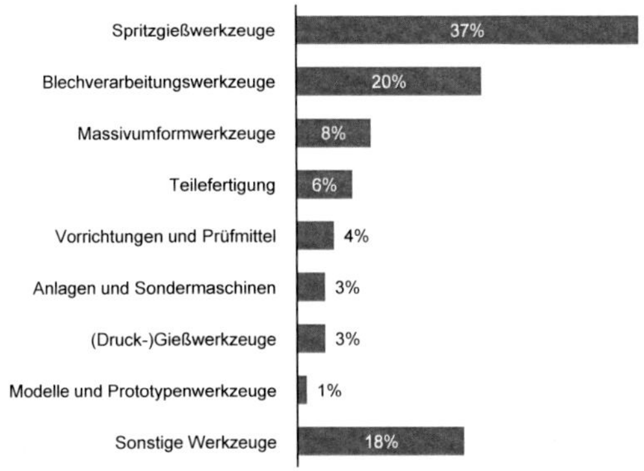

Abbildung 24: Umsatzverteilung des Werkzeugbaus nach Erzeugnissen[251]

Werkzeuge als Kernerzeugnis der Branche Werkzeugbau werden in der Regel als produkt- und kundenspezifische Unikate hergestellt.[252] Sie können ein Gewicht von unter 100 Kilogramm bis hin zu mehr als 40 Tonnen aufweisen und mehrere Meter Länge erreichen. Auftragswerte für Werkzeuge können zwischen einigen Tausend Euro bis hin zu einigen Hunderttausend Euro variieren. Charakteristisch für Werkzeuge sind besonders niedrige Toleranzen und hohe Oberflächengüten der formgebenden Teile. Zudem bestehen Werkzeuge häufig aus einer großen Anzahl von Einzelteilen.[253]

Aufgrund der Produkt- und Kundenindividualität ist der Werkzeugbau ein Projektgeschäft. Die Fertigung von Neuwerkzeugen ist mit dem Anlauf einer Serienproduktion

---

[249] Vgl. Bilsing (Bewertung der technologischen Leistungsfähigkeit), 2007, S. 5

[250] Vgl. Gemeinsame Datenbank des Werkzeugmaschinenlabors WZL der RWTH Aachen und des Fraunhofer-Instituts für Produktionstechnologie IPT, Stand Mai 2016)

[251] Vgl. Gemeinsame Datenbank des Werkzeugmaschinenlabors WZL der RWTH Aachen und des Fraunhofer-Instituts für Produktionstechnologie IPT, Stand Mai 2016)

[252] Vgl. Frick (Geschäftsmodelle im Werkzeugbau), 2006, S. 22

[253] Vgl. Klocke & Arntz (Technologien), 2004, S. 10 ff.

verknüpft.[254] Neben der Neuanfertigung von Werkzeugen existieren jedoch noch weitere Auftragsarten im Werkzeugbau. Allgemein können fünf unterschiedliche Auftragsarten unterschieden werden:[255, 256, 257]

- **Neuaufträge** stellen eine Neuentwicklung und Fertigung von Werkzeugen für die Serienproduktion dar und nehmen die gesamte Prozesskette in Anspruch. Die Möglichkeiten zur Standardisierung sind sehr begrenzt, deshalb muss auf Erfahrungswerte hinsichtlich der Entwicklung und Fertigung zurückgegriffen werden.
- **Änderungsaufträge** bedeuten eine Modifikation bestehender Werkzeuge, häufig aufgrund von Designänderungen des Endprodukts. Die Prozesskette wird dazu nur teilweise beansprucht.
- **Reparaturaufträge** werden im Fall eines Defekts des Werkzeugs ausgelöst. Da dieser in der Regel unerwartet auftritt, sind Reparaturaufträge unplanbar und schwer kalkulierbar. Um Stillstandszeiten in der Serienproduktion gering zu halten, sind Reparaturaufträge häufig sehr zeitkritisch. Sie beanspruchen größtenteils die mechanische Fertigung und die Montage.
- **Wartungsaufträge** bzw. Instandhaltungsaufträge sind planbare Instandhaltungsmaßnahmen bestehender Werkzeuge. Sie werden vorbeugend durchgeführt und beanspruchen ähnliche Prozesse wie Reparaturaufträge.
- Unter **sonstigen Aufträgen** werden Wiederhol- und Beratungsaufträge zusammengefasst. Aufgrund des speziellen Know-hows im Werkzeugbau wird dieser häufig von Kunden hinsichtlich der Herstellbarkeit von Produkten konsultiert. Wiederholaufträge treten auf, wenn ein bereits gefertigtes Werkzeug erneut gefertigt werden soll. In diesem Fall können Konstruktionen und NC-Programme häufig mit kleinen Änderungen übernommen werden.

Die verschiedenen Auftragsarten treten mit unterschiedlicher Häufigkeit in Werkzeugbaubetrieben auf, wobei sich externe von internen Werkzeugbaubetrieben hinsichtlich der Häufigkeitsverteilung unterscheiden. Abbildung 25 zeigt die prozentuale Umsatzverteilung der Auftragsarten.

---

[254] Vgl. Komorek (Kollaborative Wertschöpfung), 2014, S. 41
[255] Vgl. Ziskoven (Getaktete Fertigung im Werkzeugbau), 2013, S. 39
[256] Vgl. Eversheim & Klocke (Strategie und Technologie), 1998, S. 20 ff.
[257] Vgl. Pitsch (Kompetenzfeldbasierte Vernetzung), 2014, S. 41

	Externer Werkzeugbau	Interner Werkzeugbau
Neuaufträge	40,2%	23,6%
Änderungsaufträge	26,0%	20,8%
Reparaturaufträge	8,0%	25,8%
Wartungsaufträge	10,2%	19,4%
Sonstige Aufträge	15,6%	10,4%

Abbildung 25: Auftragsverteilung interner und externer Werkzeugbaubetriebe[258]

Externe Werkzeugbaubetriebe existieren zum Zweck der Gewinnmaximierung, weshalb sie sich vor allem auf Neu- und Änderungsaufträge fokussieren. Interne Werkzeugbaubetriebe hingegen stellen die Produktionsfähigkeit des Mutterunternehmens sicher. Dies resultiert in einer stärkeren Gewichtung von Reparatur- und Wartungsaufträgen.[259]

2.2.3 Wertschöpfung im industriellen Werkzeugbau

Zur Erläuterung der Wertschöpfung im industriellen Werkzeugbau wird nachfolgend zunächst die Industrialisierung des Werkzeugbaus beschrieben. Anschließend werden die Aktivitäten und Ressourcen des Werkzeugbaus dargestellt. Zuletzt wird der Shopfloor als zentraler Ort der Wertschöpfung im Werkzeugbau näher beschrieben.

2.2.3.1 Industrialisierung des Werkzeugbaus

Die im Rahmen einer Einzel- oder Kleinstserienfertigung durchgeführte Herstellung von Werkzeugen ist traditionell handwerklich geprägt, was sich in der Vergangenheit häufig in hohen Durchlaufzeiten, schlechter Termintreue sowie langen Liegezeiten und hohen Beständen widergespiegelt hat.[260] Der Grund dafür ist vor allem eine klassischerweise verrichtungsorientierte Werkstattfertigung mit breitem Ressourcenspektrum und einem hohen Wertschöpfungsanteil.[261] Die Vereinbarkeit der Unikatfertigung mit Prinzipien der industriellen Fertigung wurde lange Zeit zurückgewiesen.[262]

[258] Vgl. Gemeinsame Datenbank des Werkzeugmaschinenlabors WZL der RWTH Aachen und des Fraunhofer-Instituts für Produktionstechnologie IPT, Stand Mai 2016)

[259] Vgl. Pitsch (Kompetenzfeldbasierte Vernetzung), 2014, S. 42

[260] Vgl. Klotzbach (Industrieller Werkzeugbau), 2007, S. 80

[261] Vgl. Pitsch (Kompetenzfeldbasierte Vernetzung), 2014, S. 43

[262] Vgl. Klotzbach (Industrieller Werkzeugbau), 2007, S. 77

Ein in den vergangenen Jahren stetig angestiegener internationaler Wettbewerbsdruck zwang Werkzeugbaubetriebe jedoch schließlich zum Umdenken. Das heute handlungsleitende Paradigma des Werkzeugbaus beschreibt darauf aufbauend den Wandel vom handwerklich geprägten zu einem industriellen Werkzeugbau.[263] Im Fokus dessen steht eine Steigerung der operativen Exzellenz, welche mit der Beherrschung aller Prozesse entlang der Auftragsabwicklung und damit einer signifikanten Steigerung von Effizienz und Qualität einhergeht (vgl. Abbildung 26).[264, 265]

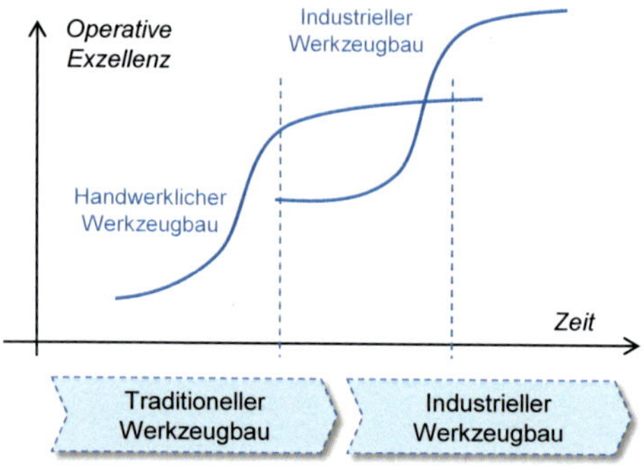

Abbildung 26: Vom handwerklichen zum industriellen Werkzeugbau[266]

Zur Beschreitung des Wegs der Industrialisierung muss der Werkzeugbau eine vollkommen neue Denkweise erlernen.[267] Laut SCHUH ist „eine Differenzierung über die Höherwertigkeit des Produktes alleine nicht mehr erfolgversprechend. Die Differenzierung über die Höherwertigkeit des Leistungserstellungsprozesses gewinnt zunehmend an Bedeutung."[268]

Zur Umsetzung des Paradigmenwechsels dient das Gestaltungsmodell für den industriellen Werkzeugbau von KLOTZBACH[269]. Es stellt einen Handlungsrahmen bereit, um den Weg von einem handwerklich geprägten hin zu einem industriellen Werkzeugbau beschreiten zu können. Kerninhalt des Modells sind acht Elemente (vgl. Abbildung 27).

[263] Vgl. Schuh et al. (Operative Exzellenz), 2010, S. 6 f.
[264] Vgl. Schuh et al. (Operative Exzellenz), 2010, S. 6 f.
[265] Vgl. Pitsch (Kompetenzfeldbasierte Vernetzung), 2014, S. 43
[266] Vgl. Schuh et al. (Operative Exzellenz), 2010, S. 6
[267] Vgl. Pitsch (Kompetenzfeldbasierte Vernetzung), 2014, S. 43
[268] Vgl. Schuh et al. (Operative Exzellenz), 2010, S. 17
[269] Vgl. Klotzbach (Industrieller Werkzeugbau), 2007, S. 163 ff.

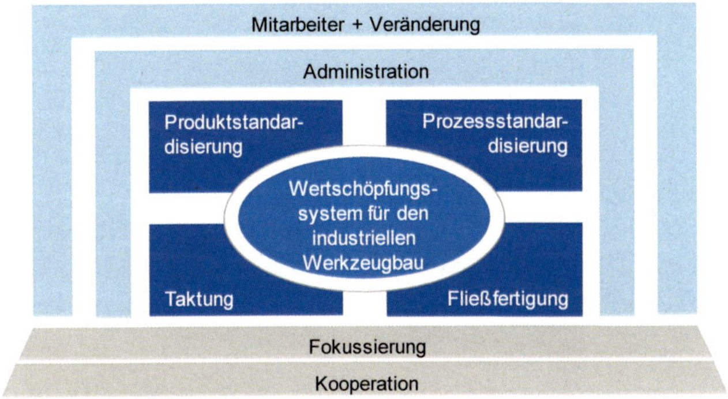

Abbildung 27: Gestaltungsmodell für den industriellen Werkzeugbau[270]

Voraussetzung für einen industriellen Werkzeugbaubetrieb ist die **Fokussierung** von Leistungen eines Werkzeugbaubetriebs auf die eigenen Kompetenzen in Verbindung mit der **Kooperation** mit Lieferanten und Wertschöpfungspartnern. Durch die Fokussierung kann die Produkt- und Prozessvarianz reduziert werden. Um Kunden weiterhin ein breites Leistungsspektrum anbieten zu können, ist eine systematische Kooperation mit Wertschöpfungspartnern unabdingbar.[271]

Das erste Kernfeld des Gestaltungsmodells ist die **Produktstandardisierung** auf Basis einer Ableitung von Ähnlichkeiten hinsichtlich Bauteilen zur Ableitung von Werkzeugmodulen. Dadurch können Wiederholeffekte genutzt werden, was Effizienzsteigerungen insbesondere in der Konstruktion mit sich bringt. Auf Basis standardisierter Werkzeugkomponenten können anschließend Standardprozessfolgen abgeleitet werden, um eine **Prozessstandardisierung** durchführen zu können.[272]

Sowohl Produkt- als auch Prozessstandardisierung dienen anschließend der Umsetzung einer **Fließfertigung**. Diese bedeutet die Anordnung der Maschinen und Arbeitsplätze im Fluss. Auf Basis dessen lässt sich schließlich eine **Taktung** realisieren, indem ein wiederkehrendes Zeitintervall festgelegt wird, innerhalb dessen unterschiedliche Bearbeitungsaufgaben durchgeführt werden.[273]

Die Industrialisierung des Werkzeugbaus stellt eine fundamentale Veränderung dar, welche sich nicht ohne die Unterstützung der **Mitarbeiter** vollziehen lässt. Zudem

---

270 Vgl. Klotzbach (Industrieller Werkzeugbau), 2007, S. 181
271 Vgl. Klotzbach (Industrieller Werkzeugbau), 2007, S. 165 ff.
272 Vgl. Klotzbach (Industrieller Werkzeugbau), 2007, S. 168 ff.
273 Vgl. Klotzbach (Industrieller Werkzeugbau), 2007, S. 173 ff.

werden unter dem Gestaltungselement **Administration** Unterstützungsprozesse wie das Controlling oder der Einkauf zusammengefasst. Auch diese Unterstützungsprozesse gilt es aktiv in den Wandel einzubinden.[274]

2.2.3.2 Aktivitäten und Ressourcen des Werkzeugbaus

Wie bereits in Kapitel 2.1.1.2 erläutert, kann Wertschöpfung als „Prozess des Schaffens von Mehrwert durch Bearbeitung“[275] definiert werden. Nach MÜLLER-STEWENS und LECHNER sind für diesen Prozess der betrieblichen Wertschöpfung Aktivitäten und Ressourcen erforderlich.[276] Diese wurden in allgemeiner Form bereits in Kapitel 2.1.1.2 erläutert und werden nachfolgend hinsichtlich der Wertschöpfung im Werkzeugbau detailliert.

Aktivitäten

Die detaillierte Zusammensetzung einer Wertkette ist von Branche zu Branche stark unterschiedlich und teilweise sogar innerhalb einer Branche heterogen.[277] Zur Beschreibung der Aktivitäten im Werkzeugbau kann die Wertkette nach PORTER (vgl. Kapitel 2.1.1.2) deshalb in eine generische Prozesskette für den Werkzeugbau überführt werden. Diese gliedert sich grundsätzlich in die Phasen Vertrieb, Werkzeugentwicklung, Arbeitsvorbereitung, mechanische Fertigung, Montage und Try-Out. Sie ist aufgrund der Schlüsselposition des Werkzeugbaus zwischen der Produktentwicklung des Serienbauteils und der Serienfertigung des Bauteils verortet (vgl. Abbildung 28).

Abbildung 28: Generische Prozesskette des Werkzeugbaus[278]

Die generische Prozesskette orientiert sich stark an der Auftragsabwicklung des Werkzeugbaus. Die Auftragsabwicklung fasst alle Aktivitäten zusammen, welche von

[274] Vgl. Klotzbach (Industrieller Werkzeugbau), 2007, S. 178 ff.
[275] Vgl. Müller-Stewens & Lechner (Strategisches Management), 2011, S. 287
[276] Vgl. Müller-Stewens & Lechner (Strategisches Management), 2011, S. 26
[277] Vgl. Porter (Wettbewerbsvorteile), 1996, S. 62 ff.
[278] I.A.a. Schuh et al. (Operative Exzellenz), 2010, S. 12

der Bearbeitung einer Kundenanfrage bis zur Übergabe der Leistung an Kunden notwendig sind.[279] Im Zuge des **Vertriebs** werden neue Aufträge für Werkzeuge akquiriert. Dies beinhaltet auch die Kalkulation sowie die Angebotserstellung. Insbesondere die Kalkulation ist aufgrund des Unikatcharakters von Werkzeugen sehr komplex. Viele Werkzeugbaubetriebe schätzen die zu erwartenden Werkzeugkosten lediglich grob ab. Im Anschluss an den Vertrieb erfolgt die **Werkzeugentwicklung**. Diese beinhaltet die Methodenplanung sowie die Konstruktion des Werkzeugs auf Basis von Produktdaten des Fertigteils. Das Ergebnis der Werkzeugentwicklung sind Zeichnungen oder CAD-Modelle des Werkzeugs sowie Stücklisten einzelner Komponenten. Diese werden im Rahmen der **Arbeitsvorbereitung** verarbeitet. In diesem Zuge werden NC-Programme erstellt sowie einzelne Arbeitsschritte zur Erstellung der Werkzeugbauteile geplant. Zudem werden Normalien und Standardbauteile zugekauft. Organisatorisch ist die NC-Programmierung in einigen Werkzeugbaubetrieben von der Arbeitsvorbereitung getrennt. Sie wird jedoch dennoch allgemein zu den arbeitsvorbereitenden Tätigkeiten gezählt. Im Anschluss an die Arbeitsvorbereitung erfolgt die **mechanische Fertigung** der Bauteile. Diese erfolgt heute in der Regel auf NC-gesteuerten Werkzeugmaschinen. Die einzelnen Bauteile werden anschließend im Zuge der **Montage** zusammengebaut. Die Montage umfasst im Werkzeugbau auch die Anpassung einzelner Werkzeugkomponenten sowie die Sicherstellung der Funktionalität. Im Zuge des **Try-Outs** wird das Werkzeug anschließend erprobt und eingefahren. Schließlich werden Änderungen eingearbeitet. Aufgrund der hohen Komplexität sind mehrere iterative Schleifen im Rahmen des Try-Outs notwendig, bis die notwendige Maß- und Formgenauigkeit hergestellt ist.[280]

Ressourcen

Neben den Aktivitäten sind nach MÜLLER-STEWENS und LECHNER für den Prozess der betrieblichen Wertschöpfung auch Ressourcen erforderlich.[281] Für den Werkzeugbau definiert FRICK Ressourcen als Finanzmittel, Mitarbeiter, Maschinen und IT-Systeme.[282]

Die Finanzmittel als Ressource des Werkzeugbaus werden nachfolgend anhand des generierten Umsatzes und der Investitionsquote beschrieben. Ein deutscher Werkzeugbaubetrieb generiert im Durchschnitt einen Umsatz von 132.036 € pro Mitarbeiter pro Jahr. Jährlich werden im Werkzeugbau durchschnittlich 8,3% des generierten

[279] Vgl. Bär (Produktionsplanung), 1977, S. 14
[280] Vgl. Boos (Gestaltung und Bewertung von modularen Werkzeugen), 2008, S. 42 ff.
[281] Vgl. Müller-Stewens & Lechner (Strategisches Management), 2011, S. 26
[282] Vgl. Frick (Geschäftsmodelle im Werkzeugbau), 2006, S. 51

Umsatzes investiert. Stellt man die Investitionen in Verbindung zu den Kosten, lässt sich feststellen, dass rund 11,5% der Kosten den Investitionen zuzurechnen sind.[283]

Ein deutscher Werkzeugbaubetrieb beschäftigt durchschnittlich 59 Mitarbeiter. Insgesamt beschäftigen jedoch mehr als 80% der deutschen Werkzeugbaubetriebe weniger als 20 Mitarbeiter. Das Durchschnittsalter der im deutschen Werkzeugbau beschäftigten Mitarbeiter beträgt 39,7 Jahre.[284]

Die Mitarbeiter sind verhältnismäßig gut ausgebildet. Die nachfolgende Abbildung 29 zeigt das Bildungsniveau, jeweils bezogen auf die höchste Bildungsstufe.

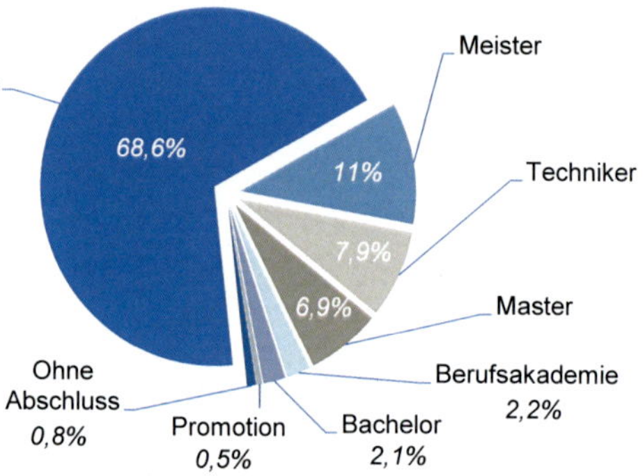

Abbildung 29: Höchster Abschluss von Mitarbeitern deutscher Werkzeugbaubetriebe[285]

Ca. 68,6% der Beschäftigten im Werkzeugbau weisen als höchste Bildungsstufe eine abgeschlossene Lehre auf. Der Anteil der Meister liegt bei 11%, der Anteil der Techniker bei 7,9%. Weitere 6,9% der Beschäftigten haben einen Masterabschluss an einer Fachhochschule oder einer Universität erlangt. Es folgen Absolventen der Berufsakademie mit 2,2% und Bachelor-Absolventen mit 2,1%. Einen sehr geringen Anteil von 0,5% stellten die promovierten Beschäftigten dar. Nur 0,8% der Beschäftigten des Werkzeugbaus haben keinen beruflichen Bildungsabschluss vorzuweisen.[286]

[283] Vgl. Gemeinsame Datenbank des Werkzeugmaschinenlabors WZL der RWTH Aachen und des Fraunhofer-Instituts für Produktionstechnologie IPT, Stand Mai 2016)

[284] Vgl. Gemeinsame Datenbank des Werkzeugmaschinenlabors WZL der RWTH Aachen und des Fraunhofer-Instituts für Produktionstechnologie IPT, Stand Mai 2016)

[285] Vgl. Gemeinsame Datenbank des Werkzeugmaschinenlabors WZL der RWTH Aachen und des Fraunhofer-Instituts für Produktionstechnologie IPT, Stand Mai 2016)

[286] Vgl. Gemeinsame Datenbank des Werkzeugmaschinenlabors WZL der RWTH Aachen und des Fraunhofer-Instituts für Produktionstechnologie IPT, Stand Mai 2016)

Im deutschen Werkzeugbau werden hauptsächlich die Technologien Fräsen, Drehen, Schleifen, Senkerodieren und Drahterodieren verwendet. In der nachfolgenden Abbildung 30 ist die durchschnittliche Anzahl der Fertigungsmaschinen deutscher Werkzeugbaubetriebe nach Technologie aufgeführt.

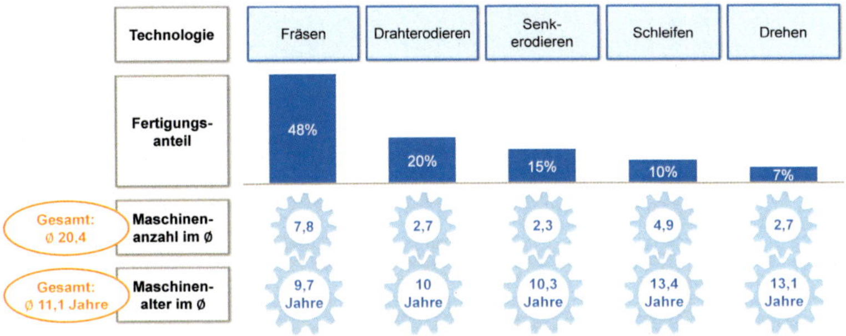

Abbildung 30: Durchschnittliche Maschinenausstattung deutscher Werkzeugbaubetriebe[287]

Das durchschnittliche Maschinenalter in deutschen Werkzeugbaubetrieben beträgt 11,1 Jahre. Die Fräsmaschinen, welche den größten Fertigungsanteil darstellen, sind durchschnittlich 9,7 Jahre alt. Die Drahterodiermaschinen sind durchschnittlich 10 Jahre, die Senkerodiermaschinen 10,3 Jahre, die Schleifmaschinen 13,4 Jahre sowie die Drehmaschinen 13,1 Jahre alt. Ein Werkzeugbaubetrieb verfügt darüber hinaus im Mittel über 20,4 Maschinen. Bezogen auf die einzelnen Technologien sind es durchschnittlich 7,8 Fräsmaschinen, 2,7 Drahterodiermaschinen, 2,3 Senkerodiermaschinen, 4,9 Schleifmaschinen und 2,7 Drehmaschinen.[288]

Hinsichtlich der Ressource IT-Systeme nutzt der deutsche Werkzeugbau derzeit hauptsächlich Finanz-Buchhaltungs-Systeme, Kalkulations-Systeme, Customer-Relation-Management-Systeme (CRM), Computer-Aided-Manufacturing-Systeme (CAM), Computer-Aided-Design-Systeme (CAD), Enterprise-Ressource-Planning-Systeme (ERP), Produktionsplanungs- und -steuerungssysteme (PPS), Product-Lifecycle-Management-Systeme (PLM) sowie Betriebsdatenerfassungssysteme (BDE). Insbesondere in kleinen Werkzeugbaubetrieben werden häufig ergänzend oder ersetzend individuelle und selbst entwickelte Excel- oder Access-Lösungen eingesetzt. [289]

---

287 Vgl. Gemeinsame Datenbank des Werkzeugmaschinenlabors WZL der RWTH Aachen und des Fraunhofer-Instituts für Produktionstechnologie IPT, Stand Mai 2016)

288 Vgl. Gemeinsame Datenbank des Werkzeugmaschinenlabors WZL der RWTH Aachen und des Fraunhofer-Instituts für Produktionstechnologie IPT, Stand Mai 2016)

289 Vgl. Gemeinsame Datenbank des Werkzeugmaschinenlabors WZL der RWTH Aachen und des Fraunhofer-Instituts für Produktionstechnologie IPT, Stand Mai 2016)

2.2.3.3 Der Shopfloor als zentraler Ort der Wertschöpfung

Der Shopfloor ist elementarer Bestandteil des Werkzeugbaus. Im Werkzeugbau ist der Shopfloor gekennzeichnet durch die Aktivitäten der Arbeitsvorbereitung, der maschinellen Fertigung, der Montage sowie des sogenannten Try-Outs, der Erprobung und Reifmachung der Werkzeuge. In diesen Bereichen sind durchschnittlich rund 77% der Mitarbeiter deutscher Werkzeugbaubetriebe beschäftigt (vgl. Abbildung 31).[290]

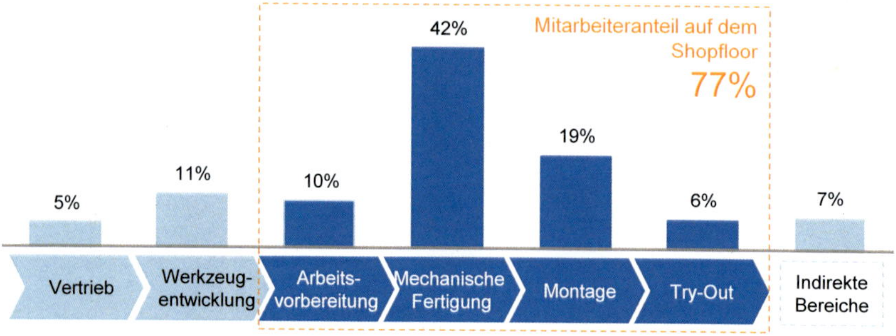

Abbildung 31: Mitarbeiterverteilung im Werkzeugbau[291]

In den vergangenen Jahren ist ein klarer Trend bezüglich einer Verschiebung der Mitarbeiteranteile erkennbar. Diese Verschiebung betrifft vor allem die direkte mechanische Fertigung, deren Mitarbeiter bedingt durch Automation und Mehrmaschinenbedienung zunehmend in der mechanischen Fertigung vor- und nachgelagerten Bereichen eingesetzt werden. Sie übernehmen dort vor allem Know-how-intensive Tätigkeiten, wie beispielsweise die Arbeitsplanung und Programmierung.[292] Damit einher geht der Trend zur Erhöhung der Mitarbeiterverantwortung im Werkzeugbau. Die durchschnittliche Führungsspanne wird derzeit mit ca. 12 Mitarbeitern pro Führungskraft angegeben.[293] Die steigende Mitarbeiterverantwortung wird beispielsweise bei der Auftragssteuerung und -vergabe ersichtlich. Während sie heute noch überwiegend durch Führungskräfte, beispielsweise Meister, durchgeführt wird, sollen Mitarbeiter diese zukünftig selbst übernehmen. Aktuelle Erkenntnisse aus Mitarbeiterbefragungen zeigen jedoch, dass Mitarbeiter sich dazu aufgrund einer mangelnden Informationsverfügbarkeit nicht in der Lage sehen.[294]

[290] Vgl. Gemeinsame Datenbank des Werkzeugmaschinenlabors WZL der RWTH Aachen und des Fraunhofer-Instituts für Produktionstechnologie IPT, Stand Mai 2016)

[291] Vgl. Gemeinsame Datenbank des Werkzeugmaschinenlabors WZL der RWTH Aachen und des Fraunhofer-Instituts für Produktionstechnologie IPT, Stand Mai 2016)

[292] Vgl. Schuh et al. (Operative Exzellenz), 2010, S. 51

[293] Vgl. Gemeinsame Datenbank des Werkzeugmaschinenlabors WZL der RWTH Aachen und des Fraunhofer-Instituts für Produktionstechnologie IPT, Stand Mai 2016)

[294] Vgl. Schuh et al. (Shopfloormanagement), 2015, S. 14

Die auf dem Shopfloor im Werkzeugbau stattfindende Auftragssteuerung ist geprägt von der kundenindividuellen Fertigung. Die großen Unterschiede zwischen einzelnen Werkzeugen resultieren in sehr unterschiedlichen Reihenfolgen der notwendigen Fertigungsoperationen. Zudem unterscheiden sich die Bearbeitungszeiten auf den Fertigungsmaschinen massiv. Der Informations- und Materialfluss im Werkzeugbau ist deshalb sehr komplex und häufig chaotisch. Dies führt zu hohen Effizienzverlusten durch große Durchlaufzeiten, bedingt durch lange Liegezeiten der Bauteile vor den einzelnen Arbeitssystemen.[295] Trotz hoher Planungsaufwände in Projektmanagement und Arbeitsplanung werden Fertigungsaufträge häufig und individuell durch Meister oder Vorarbeiter umpriorisiert.[296] Die sogenannte Meistersteuerung ist das derzeit am häufigsten eingesetzte Steuerungsprinzip im Werkzeugbau.[297] Die zur Priorisierung von Fertigungsaufträgen notwendigen Informationen stehen den Entscheidern jedoch häufig gar nicht oder nur unter hohen Aufwänden zur Verfügung.[298]

Informationen werden auf dem Shopfloor im Werkzeugbau in der Regel durch direkte Kommunikation der Mitarbeiter weitergegeben.[299] Zur Sicherstellung der Qualität der Werkzeuge sowie zur Steigerung der Effizienz sind der Umgang mit Fehlern und die Rückführung des im Fertigungsprozess erlangten Wissens immanent wichtig. Sowohl das Fehlermanagement als auch das Wissensmanagement im Werkzeugbau finden jedoch häufig unsystematisch statt und beruhen auf individuellem Handeln.[300] Häufig werden Checklisten, Richtlinien oder Prozessbeschreibungen genutzt, um Wissen für möglichst viele Mitarbeiter verfügbar zu machen. Diese werden jedoch nicht durchgehend von allen Mitarbeitern genutzt und entsprechen häufig nicht der Realität. [301] In der Regel mangelt es zudem im deutschen Werkzeugbau an einem systematischen und kontinuierlichen Verbesserungsprozess, um Optimierungspotenziale stetig realisieren zu können.[302]

2.2.4 Herausforderungen des industriellen Werkzeugbaus

Bedingt durch die Position in der industriellen Wertschöpfungskette ist der Werkzeugbau im hohen Maße von Entwicklungen seiner Kunden abhängig. Die Wettbewerbsfähigkeit deutscher Werkzeugbaubetriebe erfordert die Bewältigung zahlreicher

[295] Vgl. Dorninger (Kundenindividuelle Fertigung), 1991, S. 8

[296] Vgl. Boos et al. (Erfolgreich Planen im Werkzeugbau), 2015, S. 7

[297] Vgl. Gemeinsame Datenbank des Werkzeugmaschinenlabors WZL der RWTH Aachen und des Fraunhofer-Instituts für Produktionstechnologie IPT, Stand Mai 2016)

[298] Vgl. Schuh et al. (Shopfloormanagement), 2015, S. 14

[299] Vgl. Schuh et al. (Shopfloormanagement), 2015, S. 14

[300] Vgl. Komorek et al. (Wissensrückführung und Fehleranalyse), 2013, S. 75

[301] Vgl. Gemeinsame Datenbank des Werkzeugmaschinenlabors WZL der RWTH Aachen und des Fraunhofer-Instituts für Produktionstechnologie IPT, Stand Mai 2016)

[302] Vgl. Schuh et al. (Shopfloormanagement), 2015, S. 14 ff.

Herausforderungen, welche aus Trends der produzierenden Industrie resultieren. Die Herausforderungen lassen sich aktuell zusammenfassen in einem gestiegenen Kostendruck, einer im Vergleich zur Vergangenheit erhöhten Komplexität und einem Mitarbeiterwandel (vgl. Abbildung 32).

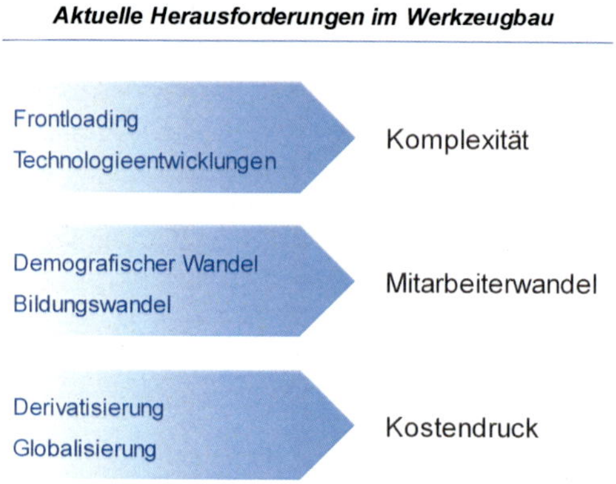

Abbildung 32: Aktuelle Herausforderungen im Werkzeugbau

Ein Trend der produzierenden Industrie ist die verkürzte Produktentwicklung als Reaktion auf verringerte Produktlebenszyklen. Durch die Lage des Werkzeugbaus auf dem kritischen Pfad zwischen Produktentwicklung und Serienproduktion schätzen Kunden insbesondere kurze Durchlaufzeiten.[303] Das Frontloading als Lösungsmöglichkeit des Werkzeugbaus beschreibt die frühe Integration des Werkzeugbaus in die Entwicklungsphasen des Kunden, um das Know-How frühestmöglich einbringen zu können und zeitintensive Try-Out-Schleifen zu vermeiden.[304] Die frühzeitige Integration in Kundenprozesse führt im Werkzeugbau gleichzeitig jedoch häufig zu Änderungen des Produkts während der Herstellung des Werkzeugs. Dies geht einher mit komplexen Änderungsprozessen und unterschiedlichen Datenständen im Werkzeugbau. Gleichzeitig existieren zahlreiche technologische Herausforderungen im Werkzeugbau. Diese resultieren zum einen aus neuen Produkttechnologien und -werkstoffen wie beispielsweise Faserverbundwerkstoffen sowie zum anderen aus neuen Fertigungstechnologien wie zum Beispiel generativen Fertigungsverfahren oder einer zunehmenden Automatisierung.[305] Dadurch steht der Werkzeugbau vor umfangreichen Veränderungen im Fertigungsprozess, die in Verbindung mit gestiegenen Kundenanforderungen hinsichtlich der Durchlaufzeit sowie zahlreichen Kundenänderungen während des Werkzeugerstellungsprozesses zu einer erhöhten **Komplexität** gegenüber dem Werkzeugbau der Vergangenheit führen.

[303] Vgl. Schuh et al. (Operative Exzellenz), 2010, S. 17
[304] Vgl. Pitsch (Kompetenzfeldbasierte Vernetzung), 2014, S. 54
[305] Vgl. Pitsch (Kompetenzfeldbasierte Vernetzung), 2014, S. 54

Eine weitere Herausforderung für den Werkzeugbau resultiert aus dem demografischen Wandel. Aufgrund anhaltend niedriger Geburtenraten wird eine Reduzierung der Zahl der Erwerbstätigen in Deutschland bis 2050 um mehr als ein Viertel prognostiziert.[306] Insbesondere für die wissensintensive Branche Werkzeugbau bedeutet dies erhöhte Anstrengungen, um qualifizierte Mitarbeiter an sich binden zu können. Gleichzeitig ändert sich das Anforderungsprofil hinsichtlich der Bildung im Werkzeugbau, insbesondere auf dem Shopfloor. Trends wie beispielsweise eine zunehmende Automatisierung erfordern besser ausgebildete Mitarbeiter.[307] Die Entwicklungen stellen die wissensintensive Branche Werkzeugbau vor umfangreiche Herausforderungen, beispielsweise hinsichtlich des Wissensmanagements zum Erhalt und zur Weitergabe von Wissen.[308] Die Herausforderungen lassen sich zusammenfassen unter der zentralen Herausforderung des **Mitarbeiterwandels**.

Kundenseitig lässt sich noch immer eine zunehmende Produktderivatisierung beobachten. Um kundenindividuelle Ansprüche erfüllen zu können, werden immer mehr Varianten von Produkten hergestellt. Durch die Produktunterschiede werden immer mehr Werkzeuge benötigt. Gleichzeitig sinkt jedoch die Losgröße einzelner Produktvarianten.[309] Der Bedarf an Werkzeugen steigt, während das Budget für Werkzeugkosten bezogen auf eine Produktvariante durch die verringerte Losgröße in der Regel sinkt.[310] Dies zwingt den Werkzeugbau dazu, kostengünstiger anzubieten, um den angepassten Budgetrestriktionen gerecht werden zu können.[311] Gleichzeitig sind durch die Globalisierung neue Märkte entstanden, welche sich durch Anbieter mit deutlich geringeren Faktorkosten auszeichnen.[312] Während in der Vergangenheit die Qualitätsdifferenz zu diesen Anbietern ausreichte, um eine Preisdifferenz rechtfertigen zu können, hat der internationale Wettbewerb sowohl technologisch als auch organisatorisch vielerorts aufgeschlossen.[313] Die zunehmende Produktderivatisierung führt in Verbindung mit Faktorkostenunterschieden und der international gestiegenen Werkzeugqualität zu einem hohen **Kostendruck** für deutsche Werkzeugbaubetriebe.

---

306 Vgl. Fuchs et al. (IAB-Kurzbericht), 2011, S. 2 f.

307 Vgl. Pitsch (Kompetenzfeldbasierte Vernetzung), 2014, S. 54

308 Vgl. Pitsch & Schippers (Wissensmanagement), 2012, S. 54

309 Vgl. Schuh et al. (Der ideale Werkzeugbau), 2013, S. 14

310 Vgl. Schuh et al. (Synchronisierung im industriellen Werkzeugbau), 2011, S. 375

311 Vgl. Pitsch (Kompetenzfeldbasierte Vernetzung), 2014, S. 52

312 Vgl. Schuh et al. (Der ideale Werkzeugbau), 2013, S. 14

313 Vgl. Pitsch (Kompetenzfeldbasierte Vernetzung), 2014, S. 52

2.3 Digitale Vernetzung

Im folgenden Kapitel werden die Grundlagen bezüglich der digitalen Vernetzung von Systemen produzierender Unternehmen erläutert. Dazu wird zunächst ein einheitliches Begriffsverständnis erarbeitet. Anschließend erfolgt eine Beschreibung des historischen Kontexts der Digitalisierung und Vernetzung. Diese wird darauf folgend in den Anwendungskontext eingeordnet. Abschließend erfolgt eine Darstellung grundlegender Chancen und Herausforderungen innerer Digitalisierung und Vernetzung.

2.3.1 Begriffsverständnis und Einordnung

Um die notwendigen Grundlagen hinsichtlich der digitalen Vernetzung erläutern zu können, werden nachfolgend die Begriffe Analoge Signale, Digitale Signale sowie Digitalisierung und Vernetzung definiert und im Gesamtkontext eingeordnet.

2.3.1.1 Analoge Signale

Der Begriff Signal beschreibt eine „von einer physikalischen Größe getragene Zeitfunktion, deren Informationsparameter den Wertverlauf einer technischen oder physikalischen Größe abbildet“[314]. Ein Signal ist also die Veränderung einer physikalischen Größe mit dem Ziel, etwas mitzuteilen. Signale können somit beispielsweise Veränderungen von Größen wie Strom, Druck, Kraft usw. sein. Die zu übertragende Information befindet sich in den sich ändernden Amplitudenwerten.[315]

Beschränkt man sich auf eindimensionale Signale, so lässt sich der Verlauf als Funktion der Zeit darstellen. Sowohl die Zeit- als auch die Wertachse eines Signals lassen sich nun mithilfe der Kriterien kontinuierlich und diskret beschreiben. Ein Signal ist zeitkontinuierlich, wenn es zu jedem Zeitpunkt definiert ist. Von wertkontinuierlichen Signalen spricht man, wenn das Signal jede Stelle auf der Wertachse annehmen kann. Ein Signal, welches sowohl zeitkontinuierlich als auch wertkontinuierlich ist, wird als analog bezeichnet. Sowohl der Definitions- als auch der Wertebereich entsprechen der Menge der reellen Zahlen.[316]

Ein Beispiel für ein analoges Signal ist das mechanische Tachometer eines Fahrzeugs. Während das Fahrzeug von 0 auf 100 km/h beschleunigt, überfährt das mechanische Tachometer unendlich viele Geschwindigkeitswerte auf der Skala von 0 bis 100 km/h. Da durch die physikalische Bewegung des mechanischen Tachome-

[314] Vgl. Beucher (Signale und Systeme), 2011, S. 16
[315] Vgl. Fricke (Digitaltechnik), 2014, S. 1
[316] Vgl. Meyer (Signalverarbeitung), 2014, S. 14

ters jede der unendlich vielen Geschwindigkeiten des Fahrzeugs dargestellt werden kann, wird das Signal der physikalischen Bewegung des Tachometers als analog bezeichnet.[317]

2.3.1.2 Digitale Signale

Neben zeit- und wertkontinuierlichen Signalen existieren sowohl zeit- als auch wertdiskrete Signale. Ein wertdiskretes oder auch quantisiertes Signal kann nur endlich viele unterschiedliche Werte annehmen.[318] Ein zeitdiskretes oder auch abgetastetes Signal existiert nur zu bestimmten Zeitpunkten. Ist ein Signal sowohl zeit- als auch wertdiskret, so spricht man von einem digitalen Signal.[319]

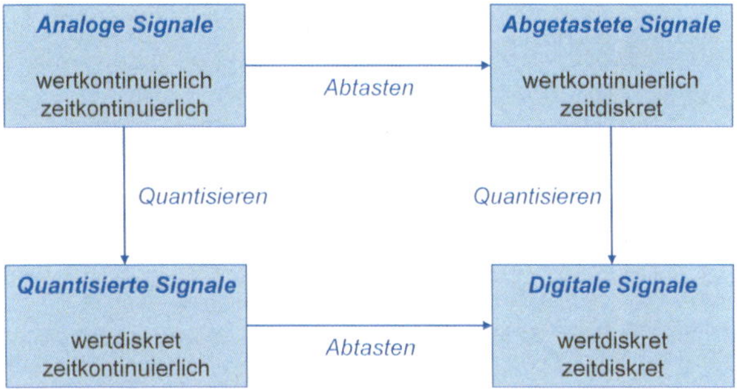

Abbildung 33: Kategorisierung von Signalen[320]

Eine Sonderform der digitalen Signale sind zweistufige Signale. Sie werden als Binärsignale bezeichnet und können nur zwei Zustände annehmen, beispielsweise an und aus oder 1 und 0.[321] Digitale Rechenanlagen arbeiten mit Binärsignalen. Da Binärsignale die mit Abstand häufigste Form digitaler Signale sind, werden die Begriffe „Digital" und „Binär" häufig analog verwendet.[322]

Die zwei möglichen Werte eines zweistufigen Signals können durch ein Binärzeichen visualisiert werden. In der Regel werden zur Darstellung der Zustände die beiden Zahlen 0 und 1 verwendet. Ein Binärzeichen ist die kleinste Informationseinheit digitaler Signale. Sie wird Bit als Abkürzung für Binary Digit genannt.[323] Werden 8 Binär-

[317] Vgl. Precht et al. (EDV-Grundwissen), 2004, S. 26
[318] Vgl. Fricke (Digitaltechnik), 2014, S. 2
[319] Vgl. Meyer (Signalverarbeitung), 2014, S. 14 f.
[320] Vgl. Meyer (Signalverarbeitung), 2014, S. 15
[321] Vgl. Plaßmann & Schulz (Handbuch Elektrotechnik), 2009, S. 521
[322] Vgl. Woitowitz et al. (Digitaltechnik), 2012, S. 2
[323] Vgl. Plaßmann & Schulz (Handbuch Elektrotechnik), 2009, S. 521

zeichen zusammen betrachtet, spricht man von einem Byte. Ein Byte besitzt also 2^8 (also 256) mögliche Kombinationen der Zustände 0 und 1.[324]

Binäre Signale bieten unterschiedliche Vorteile gegenüber analogen Signalen. Zum einen ist es technisch einfach, ein Element mit zwei möglichen Kennzuständen störsicher elektronisch darzustellen.[325] Ein Beispiel dafür ist ein Relais, welches durch eine Steuerspannung entweder ein- oder ausgeschaltet werden kann.[326] Zum anderen lassen sich binäre Signale mithilfe logischer und mathematischer Hilfsmittel, beispielsweise der formalen Logik und der Boolschen Algebra, miteinander verrechnen.[327] So können mithilfe von logischen Verknüpfungen mathematische Gleichungen durch elektrische Schaltkreise gelöst werden. Binär abgebildete Zustände können also elektronisch miteinander verrechnet, also digital verarbeitet, werden.[328]

2.3.1.3 Digitalisierung und Vernetzung

Um analoge Größen, also zeit- und wertkontinuierlich vorliegende Zustände, digital verarbeiten zu können, müssen sie zunächst in äquivalente Digitalwerte gewandelt werden. Man spricht auch von digitaler Signalverarbeitung analoger Signale (DSP). Der Wandlungs- bzw. Umsetzungsprozess besteht aus den drei Phasen Abtastung, Quantisierung und Codierung (vgl. Abbildung 34).[329]

[324] Vgl. Precht et al. (EDV-Grundwissen), 2004, S. 28
[325] Vgl. Woitowitz et al. (Digitaltechnik), 2012, S. 2
[326] Vgl. Precht et al. (EDV-Grundwissen), 2004, S. 28
[327] Vgl. Woitowitz et al. (Digitaltechnik), 2012, S. 2
[328] Vgl. Plaßmann & Schulz (Handbuch Elektrotechnik), 2009, S. 525
[329] Vgl. Karrenberg (Signale, Prozesse, Systeme), 2012, S. 280 f.

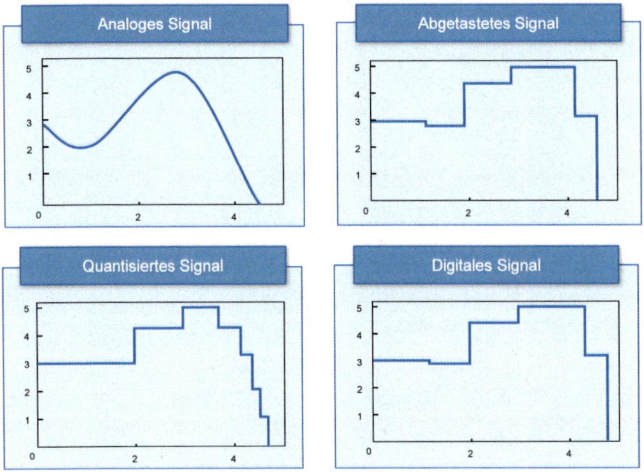

Abbildung 34: Digitalisierung eines Signals[330]

Der erste Schritt ist die Abtastung. Das analoge Signal wird in äquidistanten Zeitabschnitten aufgenommen und gespeichert.[331] Anschließend werden die gespeicherten Werte quantisiert, das heißt einem Wert aus dem definierten möglichen Werteraum des Digitalsignals zugeordnet.[332]

Bezüglich der Genauigkeit des Abtastvorgangs eines Analogsignals sind grundsätzlich zwei Auflösungen von zentraler Bedeutung. Zum einen kann der Zeitabstand zwischen zwei Abtastvorgängen variiert werden. Ein geringerer Zeitabstand erhöht die Genauigkeit des Abtastvorgangs. Ebenso kann der Wertebereich des Digitalsignals vergrößert oder verringert werden. Ein größerer Werteraum erhöht die Genauigkeit des Abtastvorgangs. Der im Rahmen der Abtastung eines Analogsignals entstehende Fehler wird Quantisierungsfehler genannt.[333]

Zu jedem Abtastzeitpunkt des Signals liegt der Digitalwert nach dem Abtasten und der Quantisierung in Form eines Wertes aus dem möglichen Wertebereich des Digitalsignals vor. Zur weiteren rechnergestützten Verarbeitung muss das digitalisierte Analogsignal codiert, also in ein Binärsignal gewandelt, werden. Grundlage dafür ist das duale Zahlensystem mit den möglichen Zeichen 0 und 1. So entspricht der Dezimalwert 22,375 dem Binärwert 10110,011. Jede Stelle der dualen Zahl stellt einen Bit dar und kann durch elektronische Bauelemente wie beispielsweise Schalter ver-

---

[330] I.A.a. Meyer (Signalverarbeitung), 2014, S. 15

[331] Vgl. Karrenberg (Signale, Prozesse, Systeme), 2012, S. 281

[332] Vgl. Meyer (Signalverarbeitung), 2014, S. 15

[333] Vgl. Czichos & Hennecke (Ingenieurwissen), 2012, S. H79 f.

arbeitet werden. Werden mehr Stellen nach dem Komma benötigt, so steigt der Bedarf an Bits. Zudem wird zu jedem Abtastzeitpunkt ein Datenpunkt generiert. Die Auflösung der Abtastung sowie der Quantisierung ist also für den Speicherbedarf eines digitalen Signals verantwortlich.[334]

Die Wandlung analoger Informationen in digitale Medien mit dem Zweck der Speicherung oder Verarbeitung durch EDV oder IT wird im Ursprung unter dem Begriff Digitalisierung verstanden. Beispiele dafür sind die Digitalisierung von Bibliotheken durch Google oder die Überführung von Jahrtausende alten Archiven in elektronische Medien durch den Vatikan.[335]

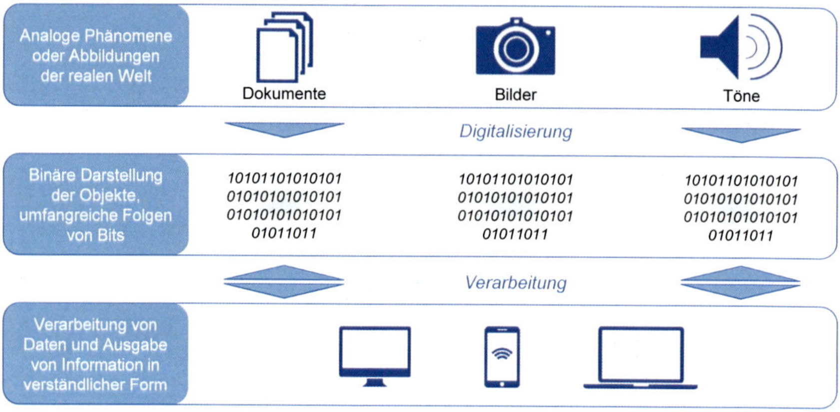

Abbildung 35: Digitalisierung und Verarbeitung analoger Signale[336]

Die Vorteile der Digitalisierung bestehen vor allem darin, dass die Daten durch intelligente Suchmechanismen und Indexierungen schneller gefunden und in Relation zueinander gesetzt werden können. Sie können weltweit genutzt, bearbeitet und verteilt werden. Die Verbreitung auch großer Datenmengen ist heute problemlos möglich. Informationen werden so mit geringem Aufwand für jedermann zugänglich.[337]

In den vergangenen 10 Jahren hat sich jedoch das Verständnis des Begriffs „Digitalisierung“ gewandelt. Digitale Daten sind zur Selbstverständlichkeit geworden, im Zentrum des Digitalisierungsbegriffs steht hingegen zunehmend die Übertragung des Menschen und seiner Lebens- und Arbeitswelten auf eine digitale Ebene. Kern der

[334] Vgl. Fricke (Digitaltechnik), 2014, S. 4
[335] Vgl. Keuper (Digitalisierung und Innovation), 2013, S. 5
[336] I.A.a. Precht et al. (EDV-Grundwissen), 2004, S. 26
[337] Vgl. Keuper (Digitalisierung und Innovation), 2013, S. 5

Digitalisierung ist heute die Vernetzung und Kollaboration. Menschen verstehen sich selbst zunehmend als Teil einer digitalen Gemeinschaft.[338]

In der privaten Lebensumgebung ist diese Vernetzung schon weit vorangeschritten. Menschen kommunizieren via Facebook, Twitter oder WhatsApp, teilen ihr Wissen über die Online-Enzyklopädie Wikipedia, empfehlen sich gegenseitig Produkte per Rezension auf Amazon.de und initiieren Liebesbeziehungen mit Tinder. In Deutschland verwenden 79% der über 14-Jährigen zumindest gelegentlich das Internet. Der Internetkonsum ist in den letzten Jahren stark gestiegen. Im Jahr 2014 war jeder Internetnutzer täglich durchschnittlich 166 Minuten lang online.[339] Die digitale Vernetzung ist insbesondere bei jungen Menschen inzwischen absoluter Standard. Digital Natives, also Menschen, die nach 1980 geboren wurden, sind mit neuen digitalen Medien und Möglichkeiten vertraut und in der Regel durchweg vernetzt.[340] Für die Altersgruppe der 16- bis 18-Jährigen sind inzwischen Smartphones der wichtigste Zugang zur digitalen vernetzten Welt. Ca. 89% der Jugendlichen in diesem Alter nutzen das Smartphone für den täglichen Internetzugang.[341] Das Hauptmotiv der Nutzung des Internets ist sowohl für junge als auch für ältere Nutzer die Kommunikation. Während Nutzer mit einem Alter von mehr als 30 Jahren jedoch insbesondere per Email kommunizieren, nutzen jüngere Nutzer zunehmend alternative Kommunikationsdienste wie soziale Netzwerke (z.B. Facebook), Microblogs (z.B. Twitter) oder Fotocommunities (z.B. Instagram).[342] Digital Natives tragen diese diversifizierte digitale Vernetzung zunehmend auch in die Arbeitswelt hinein.[343]

Nachfolgend wird unter dem Begriff Digitalisierung insbesondere die dargestellte Veränderung der Lebens- und Arbeitswelt im Sinne einer digitalen Vernetzung verstanden. Diese beruht selbstverständlich auf einer verstärkten Nutzung digitaler Systeme und damit implizit auch auf der Wandlung analog vorliegender Informationen und Signale in digitale Daten und Medien.

2.3.2 Historischer Kontext

Die zunehmende Digitalisierung und Vernetzung der Lebens- und Arbeitswelt ist eng verbunden mit der Entwicklung des Internets. Aus diesem Grund wird nachfolgend die Geschichte und die Entwicklung des Internets beschrieben. Diese lässt sich grob in drei Phasen gliedern. Die erste Phase umfasst die Entstehung des Internets bis zum Platzen der Dotcom-Blase im Jahr 2000. Anschließend wird die Entwicklung des

[338] Vgl. Keuper (Digitalisierung und Innovation), 2013, S. 5

[339] Vgl. Eimeren & Frees (ARD/ZDF-Onlinestudie), 2014, S. 382

[340] Vgl. Palfrey et al. (Generation Internet), 2008, S. 1

[341] Vgl. BITKOM, Bundesverband Informationswirtschaft, Telekommunikation und Neue Medien (Studie Kinder und Jugend 3.0), 2014, S. 2 ff.

[342] Vgl. Eimeren & Frees (ARD/ZDF-Onlinestudie), 2014, S. 386 f.

[343] Vgl. Wittmann et al. (Digitalisierung der Gesellschaft), 2014, S. 12

Web 2.0 beschrieben. Die dritte Phase ist die Weiterentwicklung zum Internet der Dinge.

2.3.2.1 Entstehung des Internets

Die Geschichte des Internets ist eng verbunden mit der US-amerikanischen Forschung sowie dem Kalten Krieg mit der Sowjetunion. Nachdem diese im Jahr 1957 mit Sputnik den ersten Satelliten auf eine Erdumlaufbahn brachte, fürchteten führende US-amerikanische Forscher und Politiker, die technologische Vormachtstellung zu verlieren. Daraufhin wurde im Februar 1958 die dem Verteidigungsministerium unterstellte Advanced Research Projects Agency (ARPA) gegründet. Sie sollte die angewandte Forschung in akademischen und universitären Einrichtungen koordinieren und finanziell unterstützen.[344]

Zu dieser Zeit arbeiteten die Forschungszentren mit einigen wenigen von Rechenzentren betriebenen Großcomputern, die über Terminals gesteuert wurden. Um die teuren Rechenanlagen möglichst effizient zu nutzen, wurde das Konzept des Time-Sharings entwickelt. Die Rechenzeit des Computers wurde so aufgeteilt, dass mehrere Benutzer gleichzeitig Berechnungen durchführen konnten. 1966 hatte der ARPA-Mitarbeiter BOB TAYLOR die Idee, von einem Terminal aus auf mehrere geographisch verteilte Großcomputer zugreifen zu können, um die teure Ressource besser nutzen zu können. Die Idee scheiterte zunächst an den benötigten Direktverbindungen zwischen allen Rechenzentren.[345] Möglich wurde die Verbindung der Rechenzentren erst mithilfe der von KLEINROCK und BARAN unabhängig voneinander publizierten Arbeiten, im Rahmen derer sie sich mit dem Datenaustausch in dezentralen Netzwerken auseinandersetzten. Statt einer Direktverbindung sollten Datenpakete ausgetauscht werden, die ihre Routen durch das dezentrale Netz selbst bestimmen.[346]

Auf Basis dieser Theorien ging 1969 das sogenannte Arpanet in Betrieb und verband zunächst 4 Computer in Kalifornien über Telefonleitungen. Nach und nach wurden weitere Rechenzentren verbunden. Mit der Vergrößerung des Netzwerks einher gingen umfangreiche Standardisierungsmaßnahmen, unter anderem die Entwicklung der Protokolle TCP und IP, welche bis heute den zuverlässigen Datenaustausch zwischen zwei angeschlossenen Computern sicherstellen. Weltweit wurden nach diesem Vorbild weitere Wissenschaftsnetzwerke errichtet, beispielsweise das EUnet (European UNIX Network), welches 1982 die Niederlande, Großbritannien, Schweden und Dänemark verband. In den USA wurde 1985 das Backbone-Netz der National Science Foundation (NSFNET) gegründet, um amerikanische Universitäten mit-

[344] Vgl. Braun (Entwicklung des Internets), 2010, S. 201
[345] Vgl. Braun (Entwicklung des Internets), 2010, S. 201 f.
[346] Vgl. Die Zeit (Medienkunde 2010/2011), 2011, S. 96

einander zu verbinden. Die einzelnen Netzwerke wurden mit der Zeit zum Internet zusammengeschlossen. Das Arpanet wurde schließlich 1989 abgeschaltet.[347]

Bis zu diesem Zeitpunkt war das Internet ein Netzwerk verschiedener Wissenschaftsnetzwerke, welches ausschließlich dem Austausch von Daten diente. Der am europäischen Kernforschungslabor CERN forschende Informatiker BERNERS-LEE entwickelte schließlich 1989 den bis heute wichtigsten Dienst des Internets: Das World Wide Web (WWW). Er suchte nach einer Lösung für den einheitlichen Informationsaustausch im Internet. Das zunächst nur auf Textform basierende System machte es möglich, Dokumente unabhängig von Dateien als heterogene Objekte zu betrachten, deren netzartige Struktur durch logische Verbindungen, sogenannte Hyperlinks, miteinander verbunden sind.[348] Nachdem das NSFNET im Jahr 1991 auch für private und kommerzielle Nutzer zugänglich wurde, führte schließlich die Entwicklung des ersten grafischen Browsers im Jahr 1993 zum Durchbruch des Internets.[349]

1994 erstellten erste Unternehmen eigene Websites. Mehr und mehr private Haushalte wurden an das Internet angeschlossen.[350] Die Verbreitung des Internets vollzog sich auch in Deutschland mit atemberaubender Geschwindigkeit (vgl. Abbildung 36).[351]

---

[347] Vgl. Braun (Entwicklung des Internets), 2010, S. 203 ff.
[348] Vgl. Die Zeit (Medienkunde 2010/2011), 2011, S. 96
[349] Vgl. Braun (Entwicklung des Internets), 2010, S. 205
[350] Vgl. Braun (Entwicklung des Internets), 2010, S. 205
[351] Vgl. Eimeren & Frees (ARD/ZDF-Onlinestudie), 2014, S. 380

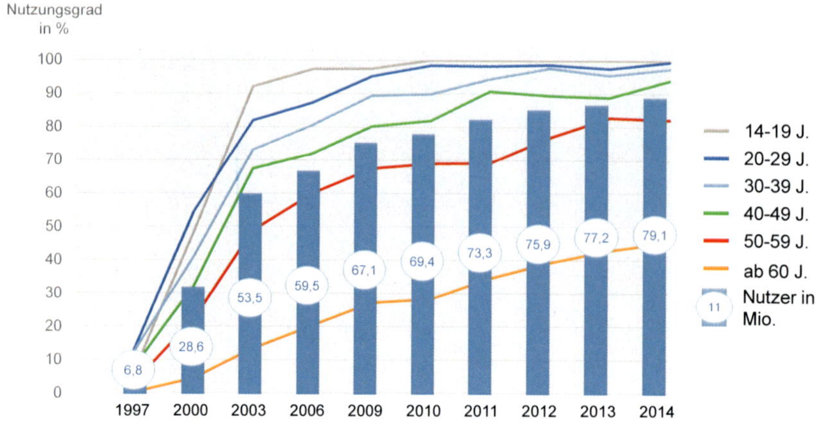

Abbildung 36: Internetnutzer in Deutschland (1997 bis 2014)[352]

Das Internet führte schließlich auch zu neuen Geschäftsmodellen, zahlreiche Start-ups wurden gegründet. Ein ganz neuer Wirtschaftsbereich, die sogenannte New Economy, entwickelte sich. Die Überschätzung von Gewinnerwartungen sowie die Spekulation mit zahlreichen Neuemissionen an den Börsen führten zu einer Spekulationsblase, welche schließlich im März 2000 platzte. Dies führte zu einer umfangreichen Marktbereinigung und markiert den Beginn eines neuen Zeitalters des Internets, das sogenannte „Web 2.0“.[353]

2.3.2.2 Web 2.0

Der Begriff „Web 2.0“ wurde 2005 maßgeblich durch einen von O'REILLEY veröffentlichten Artikel mit dem Titel „What is Web 2.0“ geprägt. Er ist angelehnt an Softwareaktualisierungen, im Rahmen derer die Erhöhung der Versionsnummer vor dem Komma auf eine grundlegende Veränderung schließen lässt.[354] Im Zentrum der Veränderungen des Word Wide Web standen nach der Jahrtausendwende vor allem neue Dienste und Anwendungen. Während der Nutzer noch bis zum Jahr 2000 vor allem Konsument war, wurde er in den vergangenen 15 Jahren zunehmend auch zum Produzenten. Von Nutzern selbst bereitgestellter Inhalt, sogenannter user-generated content, verbreitete sich immer mehr. Menschen erstellten Weblogs, kommentierten Texte und veröffentlichten große Mengen an Bildern und Videos auf

[352] Vgl. Eimeren & Frees (ARD/ZDF-Onlinestudie), 2014, S. 380
[353] Vgl. Die Zeit (Medienkunde 2010/2011), 2011, S. 97
[354] Vgl. Behrendt & Zeppenfeld (Web 2.0), 2008, S. 5

Plattformen wie MySpace, YouTube, Flickr oder Instagram.[355] Die Online-Enzyklopädie Wikipedia erfuhr in den Jahren nach 2000 ein rasantes Wachstum. Die Anzahl der von Nutzern erstellten Artikel stieg stark an, insbesondere zwischen den Jahren 2006 und 2009 (vgl. Abbildung 37).[356]

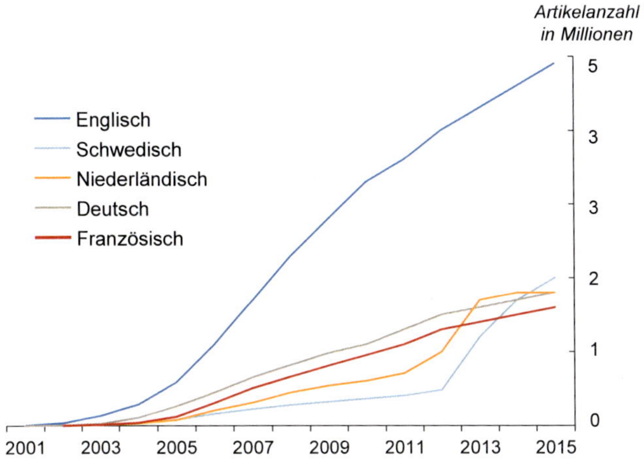

Abbildung 37: Entwicklung der Artikelanzahl der fünf größten Wikipedias[357]

Nutzer verwendeten das Internet zudem zunehmend zur direkten und indirekten Kommunikation.[358] Soziale Netzwerke wie Facebook erfuhren weltweit eine hohe Nachfrage, was sich in einer wachsenden Zahl aktiver Nutzer widerspiegelte (vgl. Abbildung 38). Bereits 2012 hatte Facebook mehr als 1 Mrd. aktive Nutzer weltweit.[359]

[355] Vgl. Alpar & Blaschke (Web 2.0), 2008, S. 3 f.

[356] Vgl. Wikipedia (Entwicklung Wikipedia Artikelzahlen), 2015

[357] Vgl. Wikipedia (Entwicklung Wikipedia Artikelzahlen), 2015

[358] Vgl. Alpar & Blaschke (Web 2.0), 2008, S. 3 f.

[359] Vgl. Statista (Anzahl Facebook Nutzer), 2015

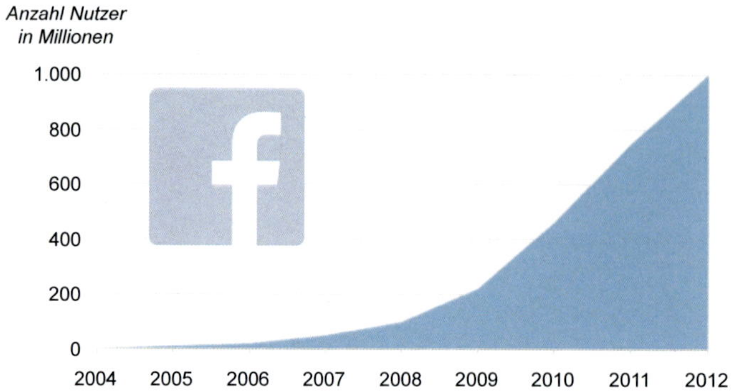

Abbildung 38: Monatlich aktive Nutzer von Facebook[360]

Neben einer inhaltlichen Veränderung des Internets wird unter dem Begriff Web 2.0 häufig auch ein technologischer Wandel verstanden. Web 2.0-Anwendungen werden in der Regel auf Plattformen angeboten, welche unabhängig von Software-Installationen sind. Zudem verfügen insbesondere große Anwendungen zunehmend über Programmierschnittstellen (sogenannte Application Programming Interfaces oder APIs), welche es Dritten ermöglichen, eigene Zusatzfunktionen zu implementieren. Beide Charakteristika beschleunigen neue Entwicklungen und Innovationen. Schnittstellen von Web 2.0-Anwendungen ermöglichen zudem sogenannte Mash-up-Dienste, welche die unterschiedlichen Anwendungen miteinander vernetzen. Ein Beispiel dafür ist Google Maps, dessen Kartenmaterial von zahlreichen anderen Diensten verwendet wird.[361]

Insgesamt hat sich das Internet im Zuge der Web 2.0-Bewegung zu einem interaktiven und kollaborativen Anwendungsraum gewandelt, im Rahmen dessen Nutzer Inhalte sowohl konsumieren als auch produzieren. Häufig wird im Rahmen von Web 2.0 auch von kollektiver Intelligenz oder einer Demokratisierung des Internets gesprochen, da Nutzer gestaltende Funktionen einnehmen. Unterschiedliche Dienste sind miteinander vernetzt und ermöglichen eine deutliche Beschleunigung von Innovationen.[362]

2.3.2.3 Internet der Dinge

Neben der steigenden Interaktivität des Internets, die bisher insbesondere in Verbindung mit Endkunden und privaten Nutzern von hoher Bedeutung ist, hat sich in den

[360] Vgl. Statista (Anzahl Facebook Nutzer), 2015
[361] Vgl. Alpar & Blaschke (Web 2.0), 2008, S. 5
[362] Vgl. Die Zeit (Medienkunde 2010/2011), 2011, S. 97

letzten 15 Jahren eine zweite wichtige Entwicklung des Internets vollzogen: Die Wandlung vom Internet der Computer hin zum Internet der Dinge. Der Begriff „Internet der Dinge", auf Englisch „Internet of Things" oder kurz „IoT", wurde ab 2002 populär, nachdem ASHTON im Forbes Magazine einen Beitrag mit dem Titel „The internet of things" veröffentlichte. Zunächst wurden mit dem Begriff überwiegend selbstorganisierende Logistiknetze mithilfe der RFID-Technologie beschrieben. Seit ca. 6 Jahren wird der Begriff jedoch auch im Sinne eines allgemeinen Wandels des Internets verstanden. Kern der Vision vom Internet der Dinge ist heute die digitale Aufrüstung klassischer Gegenstände mit dem Ziel der Kommunikationsfähigkeit.[363]

Die Idee der Informatisierung und Vernetzung der realen Welt wurde erstmals bereits 1991 von WEISER in einem Aufsatz namens „The Computer for the 21st Century" geäußert. WEISER vertrat die Idee, dass alltägliche Geräte in Zukunft allgegenwärtig derart miteinander vernetzt sein werden, dass niemand dies explizit wahrnehmen wird.[364] Im Kern entspricht dies der heutigen Vision des Internets der Dinge, alltägliche Gegenstände durch IT-Technologie miteinander zu vernetzen. Die unmerkliche Kommunikation der Objekte soll Dienste des Internets mit der realen Welt verbinden und den Menschen so unterstützen, ohne abzulenken oder aufzufallen.[365] Die grundlegende Veränderung dabei ist die Wesensveränderung der Gegenstände, die durch den Einsatz von Elektronik sowie durch die Vernetzung mit dem Internet neue Funktionen erhalten und intelligent werden.[366]

Ermöglicht wird die zunehmende Vernetzung von Gegenständen vor allem durch neue technische Entwicklungen, beispielsweise in den Bereichen der Radiofrequenzidentifikation (RFID), der Polymerelektronik und der Mikrosystemtechnik. Elektronische Sende- und Empfangseinheiten sowie Sensoren zur Umgebungswahrnehmung oder Datenspeicher werden immer günstiger und kleiner. Zusätzlich verbrauchen sie zunehmend weniger Energie. Dadurch wird es möglich, neben hochwertigen technischen Geräten auch Alltagsgegenstände mit IT-Technologie auszustatten.[367] Neue Entwicklungen hinsichtlich der künstlichen Intelligenz ermöglichen zudem ein zunehmend autonomes Handeln der vernetzten Objekte.

[363] Vgl. Mattern & Flörkemeier (Internet der Dinge), 2010, S. 107 f.
[364] Vgl. Weiser (Computer for the 21st Century), 1991, S. 94 ff.
[365] Vgl. Mattern & Flörkemeier (Internet der Dinge), 2010, S. 107 f.
[366] Vgl. Porter & Heppelmann (Smarte Produkte verändern Wettbewerb), 2014, S. 36
[367] Vgl. Mattern (Technische Basis), 2005, S. 45 ff.

Das zukünftige Internet der Dinge zeichnet sich vor allem durch die folgenden Aspekte aus:[368]

- **Einbettung:** Integration vernetzter Objekte in das Lebensumfeld des Menschen
- **Umgebungssensitivität:** Wahrnehmung des Nutzers im Situationskontext
- **Personalisierung/Individualisierung:** Konfiguration bzw. Anpassung der Objekte hinsichtlich der Nutzeranforderungen
- **Adaptierbarkeit:** Veränderung der Objekte entsprechend sich ändernder Anforderungen
- **Vorwegnahme:** Vorausahnende Objekte unterstützen den Nutzer

Die Einsatzmöglichkeiten des Internets der Dinge sind vielfältig. Beispielhaft sind zunächst zahlreiche Produkte für Endkonsumenten zu nennen, beispielsweise vernetzte Fahrzeuge, Produkte der Gesundheitstelematik oder Produkte im Bereich der Heimautomatisierung. Weitreichende Veränderungen wird das Internet der Dinge aller Voraussicht nach auch im Bereich der Logistik hervorrufen, welcher den ursprünglichen Einsatzbereich der RFID-Technologie darstellt. Eine erhebliche Relevanz der Entwicklung besteht jedoch auch im Bereich der industriellen Produktion. Das Internet der Dinge wird voraussichtlich eine stärkere Überwachung und Optimierung der Prozesse zulassen, beispielsweise durch die Vernetzung der Maschinen sowie der herzustellenden Produkte während des Produktionsprozesses.[369]

2.3.3 Anwendungskontext

In den vorangegangenen Abschnitten wurden zunächst die Begriffe Digitalisierung und Vernetzung erläutert, bevor anschließend die Entwicklung der Digitalisierung in den historischen Kontext eingeordnet wurde. Die dargestellten Entwicklungen werden nun nachfolgend im Kontext der Anwendung in produzierenden Unternehmen detailliert.

2.3.3.1 Unternehmensentwicklung

Wie schon in Kapitel 2.3.2 verdeutlicht wurde, hat die Digitalisierung und Vernetzung einen gesamtheitlichen Einfluss auf Unternehmen sowie die von ihnen verfolgte Strategie. Der größtenteils noch bevorstehende Wandel stellt hohe Anforderungen an die Unternehmensentwicklung. Deshalb sollen nachfolgend der Einfluss sowie mögliche Anwendungsfelder der Digitalisierung und Vernetzung für produzierende

[368] Vgl. Brand et al. (Internet der Dinge), 2009, S. 14 f.
[369] Vgl. Brand et al. (Internet der Dinge), 2009, S. 18 ff.

Unternehmen ganzheitlich, beginnend bei der Positionierung bis hin zu den Wertschöpfungsprozessen, untersucht werden.

Anschließend soll zunächst ein geeigneter Bezugsrahmen für die Überprüfung des Anwendungskontexts der Digitalisierung in produzierenden Unternehmen gewählt werden. Nach PÜMPIN und PRANGE beschreibt die Unternehmensentwicklung allgemein „die in einem Unternehmen im Zeitablauf erfolgenden Veränderungsprozesse“[370]. Dies beinhaltet neben Veränderungen der Unternehmenspolitik und -strategie auch strukturell-technologische Organisationsveränderungen von Unternehmen. Auch die Entwicklung des Wertverständnisses der Mitarbeiter ist Teil der beschriebenen Veränderungsprozesse.[371] MÜLLER-STEWENS und LECHNER beschreiben durch den General Management Navigator Unternehmensentwicklung mithilfe der fünf Handlungsfelder Initiierung, Positionierung, Wertschöpfung, Veränderung und Performance Messung. Ausgehend von der Initiierung ist eine prozessuale Betrachtung möglich, welche durch verschiedene Pfade durch den Navigator eine Methodik zur Entwicklung von Unternehmen darstellt.[372]

RÜEGG-STÜRM beschreibt die Unternehmensentwicklung als zweidimensionales Modell mit den Dimensionen „Normatives Management“ und „Strategisches Management“.[373] Diese übergeordnete Definition erweitert BLEICHER um die operative Ebene des St. Galler Management-Modells.[374]

Aus den Dimensionen des Managements leitet sich die Unternehmensentwicklung ab, die BLEICHER in eine innere Unternehmensentwicklung sowie eine äußere Unternehmensentwicklung gliedert. BLEICHER adressiert mit den Begriffen innere und äußere Unternehmensentwicklung die Quelle der Veränderung für Umsatzwachstum.[375] Die innere Unternehmensentwicklung ist somit ein Synonym für eine Entwicklung aus eigener Kraft, während die äußere Unternehmensentwicklung eine Entwicklung unter Mitwirkung von anderen Unternehmen darstellt.[376]

Anders als BLEICHER definiert HOHMANN die innere und äußere Unternehmensentwicklung hinsichtlich der gewünschten Wirkungsrichtung der Veränderung. Dementsprechend bedeutet die innere Unternehmensentwicklung eine in das Unternehmen hinein gerichtete Veränderung. Die äußere Unternehmensentwicklung ist eine in den Markt gerichtete Veränderung.[377]

---

370 Vgl. Pümpin & Prange (Unternehmensentwicklung), 1991, S. 15
371 Vgl. Pümpin & Prange (Unternehmensentwicklung), 1991, S. 15
372 Vgl. Müller-Stewens & Lechner (Strategisches Management), 2011, S. 24 ff.
373 Vgl. Rüegg-Stürm (Unternehmensentwicklung), 1989, S. 233
374 Vgl. Bleicher (Konzept Integriertes Management), 2011, S. 90 f.
375 Vgl. Bleicher (Konzept Integriertes Management), 2011, S. 91 ff.
376 Vgl. Hohmann (Methoden der Unternehmensentwicklung), 2012, S. 40
377 Vgl. Hohmann (Methoden der Unternehmensentwicklung), 2012, S. 40

Die Definition der Unternehmensentwicklung hinsichtlich der Wirkungsrichtung von Veränderungen soll nachfolgend den Bezugsrahmen für den Anwendungskontext der Digitalisierung und Vernetzung in produzierenden Unternehmen bilden. Demnach lässt sich die Digitalisierung hinsichtlich der inneren Unternehmensentwicklung von der die äußere Unternehmensentwicklung beeinflussenden Digitalisierung und Vernetzung unterscheiden. Diese beiden Formen der Digitalisierung und Vernetzung werden nachfolgend mit den Begriffen innere Digitalisierung und Vernetzung sowie äußere Digitalisierung und Vernetzung bezeichnet.

2.3.3.2 Äußere Digitalisierung und Vernetzung

Die in Kapitel 2.3.2 beschriebene Entwicklung des Internets hat in den vergangenen Jahrzehnten zu nutzerseitigen Verhaltensänderungen geführt. Während sich Produkte mit direktem IT-Bezug in diesem Rahmen stark verändert haben, blieben herkömmliche Produkte des Alltags trotz der beträchtlichen IT-Entwicklungen bisher weitgehend unverändert. Erst in den letzten Jahren vollzieht sich ein Wandel klassischer Produkte, die aus mechanischen und elektrischen Komponenten bestehen, hin zu komplexen Systemen mit Hardware, Sensoren, Datenspeichern und vernetzter Software.[378]

Die Digitalisierung von Produkten geht mit zahlreichen neuen Dienstleistungen einher. Diese Entwicklung hat sich zuerst in leicht digitalisierbaren Branchen wie Medien, Musik und Werbung gezeigt. Innerhalb kurzer Zeit haben Unternehmen wie Apple und Facebook bestehende Wettbewerber mit gänzlich neuen Geschäftsmodellen abgelöst.[379] Innerhalb von 10 Jahren hat sich die Anzahl der verkauften CDs mehr als halbiert, während die Anzahl der in iTunes heruntergeladenen Lieder rasant gestiegen ist. Im Jahr 2015 wurden 10 mal so viele Musikstücke über iTunes gekauft wie im gleichen Jahr auf CD.[380]

Auch im Bereich des Handels haben IT-basierte Entwicklungen im Zusammenhang mit dem Internet die Landschaft der Wettbewerber radikal verändert. Anhand der Branchenbeispiele Amazon, eBay und PayPal wird das große Potenzial der hybriden Kombination aus digitalen und physischen Diensten sichtbar. Die Waren werden auf einem digitalen Marktplatz gekauft, online bezahlt und anschließend physisch geliefert.[381] Dieses Wettbewerbsmodell wirkt sich zwangsweise auf bestehende Anbieter aus, was beispielsweise an sinkenden Umsätzen des klassischen Einzelhandels sichtbar wird.[382]

---

[378] Vgl. Porter & Heppelmann (Smarte Produkte verändern Wettbewerb), 2014, S. 36

[379] Vgl. acatech Deutsche Akademie der Technikwissenschaften (Smart Service Welt), 2014, S. 17

[380] Vgl. CNN Money (iTunes), 2015

[381] Vgl. acatech Deutsche Akademie der Technikwissenschaften (Smart Service Welt), 2014, S. 17

[382] Vgl. Eichholz-Klein (Handelsszenario 2020), 2014

Der Wandel klassischer Produkte hin zu einer IT-unterstützten Kombination aus Produkten und Dienstleistungen wird sich zukünftig in vielen Branchen weiter fortsetzen. In Zukunft werden internetbasierte und physische Dienstleistungen zunehmend kombiniert und dem Kunden bedarfsgerecht zur Verfügung gestellt. Die Individualisierung der Dienstleistungen und der Nutzen einzelner Kunden stehen dabei im Vordergrund.[383] Dadurch entstehen gänzlich neue Geschäftsmodelle, womit ein grundsätzlicher Paradigmenwechsel hinsichtlich der Rolle des Kunden einhergeht, der fortan nicht nur konsumiert, sondern mit dem Anbieter in Interaktion tritt. Kunden erwarten zunehmend jederzeit die passende Kombination aus Produkten und Dienstleistungen.[384] Der Wandel verändert ganze Branchen, bestehende Geschäftsmodelle werden abgelöst.[385] Er ist deshalb disruptiv.[386]

Die neue Erwartungshaltung des Kunden ist nicht nur im Bereich Business-to-Consumer (B2C) zu beobachten. Auch im Business-to-Business-Bereich (B2B) erwarten Kunden zunehmend eine bedarfsgerechte Kombination aus IT-basierten Dienstleistungen und physischen Produktleistungen. Dieser bevorstehende Wandel betrifft insbesondere den deutschen Mittelstand.[387]

Die Basis der bevorstehenden Veränderungen sind Smart Products, also intelligente Produkte. Viele Chancen bestehen zunächst in den großen Mengen von Produktnutzungsdaten, die heute zur Verfügung stehen. Intelligente Produkte bestehen aus drei Kernelementen:[388]

- **Physische Komponenten:** Mechanische und elektrische Bauteile bilden den Kern eines intelligenten Produkts.
- **Intelligente Komponenten:** Sensoren, Mikroprozessoren, Datenspeicher, Steuerungselemente, Software sowie häufig ein integriertes Betriebssystem bilden das zweite Kernelement intelligenter Produkte.
- **Vernetzungskomponenten:** Komponenten zur Vernetzung umfassen Schnittstellen, physische Sende- und Empfangsvorrichtungen sowie Protokolle und ermöglichen die Kommunikation mit einem Produkt sowie der Produkte untereinander.

Intelligente vernetzte Produkte stellen die Basis einer neuen digitalen Infrastruktur dar. Diese ist nachfolgend in Abbildung 39 dargestellt.

383 Vgl. acatech Deutsche Akademie der Technikwissenschaften (Smart Service Welt), 2014, S. 18
384 Vgl. acatech Deutsche Akademie der Technikwissenschaften (Smart Service Welt), 2014, S. 17 ff.
385 Vgl. Porter & Heppelmann (Smarte Produkte verändern Wettbewerb), 2014, S. 36
386 Vgl. Boes (Dienstleistung), 2014, S. 193 f.
387 Vgl. acatech Deutsche Akademie der Technikwissenschaften (Smart Service Welt), 2014, S. 18
388 Vgl. Porter & Heppelmann (Smarte Produkte verändern Wettbewerb), 2014, S. 36 f.

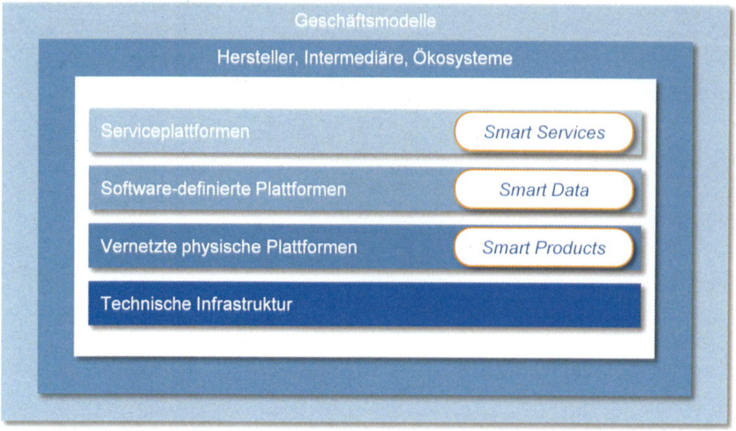

Abbildung 39: Ordnungsrahmen von Smart Products, Smart Data und Smart Services[389]

Aufbauend auf der Digitalisierung der Produkte können mithilfe von Software-definierten Plattformen Daten generiert werden, die durch ihren vernetzten Charakter als Smart Data bezeichnet werden. Im Rahmen von Serviceplattformen werden modular konfigurierbare Wertschöpfungsketten von verschiedensten Produkt- und Dienstleistungsanbietern zur Verfügung gestellt. Dadurch entstehen Smart Services.[390]

Mit dem Angebot von Smart Services eng verknüpft ist die Entwicklung neuer Geschäftsmodelle, die aus der modularen Konfigurierbarkeit der Wertschöpfungsketten hervorgehen. Die Trends, die die Geschäftsmodelle der Zukunft prägen werden, sind nach KAGERMANN:[391]

- **Digitale Branchenkonvergenz und Allianzen:** Um integrierte physische und digitale Produkte anbieten zu können, werden Kompetenzen unternehmensübergreifend gebündelt.
- **Everything as a Service:** Statt Produkte und Dienstleistungen zwangsläufig als Eigentum zu betrachten, werden sie bedarfsgerecht in Anspruch genommen.
- **Open Innovation-Plattformen und Crowdsourcing:** Das heute vielfach als dedizierte Spezialwissen vorhandene Potenzial wird zukünftig verstärkt durch die Bildung interdisziplinärer Teams sowie durch den Einsatz von Ökosystemen zur Wissensvermittlung gehoben.

[389] Vgl. acatech Deutsche Akademie der Technikwissenschaften (Smart Service Welt), 2014, S. 23
[390] Vgl. acatech Deutsche Akademie der Technikwissenschaften (Smart Service Welt), 2014, S. 22 f.
[391] Vgl. acatech Deutsche Akademie der Technikwissenschaften (Smart Service Welt), 2014, S. 21 f.

- **Sicherheit und Vertrauenswürdigkeit:** Basis neuer Geschäftsmodelle ist das Vertrauen in Sicherheit und Zuverlässigkeit von Smart Services. Insbesondere dem B2B-Bereich steht ein Umdenken bevor, für welches neue Spielregeln und ein neues Verständnis der unternehmensübergreifenden Zusammenarbeit notwendig sind.

Beispiele für erfolgreiche intelligente Produkte sind bereits heute verfügbar. Beispielsweise bietet das Unternehmen CLAAS Landmaschinen an, welche durch einen softwarebasierten Dienst miteinander verknüpft werden können. Dadurch können sich unterschiedliche Landmaschinen selbstständig an jeweilige Erntebedingungen anpassen. Ein Beispiel hierfür sind autonome Mähmaschinen.[392]

Auch für das Angebot von Smart Services sind bereits Praxisbeispiele vorhanden. Das Unternehmen TRUMPF stellt Produktions- und Werkzeugmaschinen her und bietet seinen Kunden und Partnern einen Technologiedatenmarktplatz an. Auf diesem können Kunden, Materiallieferanten und sonstige Marktteilnehmer Know-how in Form von Daten austauschen. Die angebotenen Maschinen werden durch den digitalen Service veredelt. Der Technologiedatenmarktplatz steigert die Kundenbindung und bietet den Kunden einen erweiterten Kundennutzen. Durch die Betrachtung von Daten als Ware werden zudem neue Geschäftsmodelle möglich.[393]

Die Digitalisierung und Vernetzung im Sinne der äußeren Unternehmensentwicklung stellt vor allem große strategische Herausforderungen an Unternehmen. Diesbezüglich sind nach PORTER insbesondere die folgenden Fragestellungen zu klären:[394]

- Wie sollen Wertschöpfung und Werterschließung zukünftig funktionieren?
- Wie sollen Unternehmen mit bestehenden und neuen Partnern zusammenarbeiten?
- Wie können Wettbewerbsvorteile in neu definierten Branchen gesichert werden?

Letztlich führt die äußere Digitalisierung und Vernetzung für viele Unternehmen zur Hinterfragung des gesamten Geschäftsmodells.[395]

2.3.3.3 Innere Digitalisierung und Vernetzung

Während die äußere Digitalisierung und Vernetzung insbesondere auf Innovationen hinsichtlich des Geschäftsmodells abzielt, stehen im Fokus der Digitalisierung und Vernetzung im Sinne der inneren Unternehmensentwicklung Produktivitätssteigerun-

---

[392] Vgl. Gausemeier et al. (it's OWL), 2014, S. 15

[393] Vgl. acatech Deutsche Akademie der Technikwissenschaften (Smart Service Welt), 2014, S. 38 f.

[394] Vgl. Porter & Heppelmann (Smarte Produkte verändern Wettbewerb), 2014, S. 37

[395] Vgl. Porter & Heppelmann (Smarte Produkte verändern Wettbewerb), 2014, S. 37

gen, die durch Verbesserungen der industriellen Wertschöpfung erzielt werden. Häufig wird besonders im deutschsprachigen Raum der Begriff der vierten industriellen Revolution in diesem Zusammenhang verwendet (vgl. Kapitel 2.1.2.4).[396]

Die prognostizierte Produktivitätssteigerung basiert hauptsächlich auf einer gesteigerten Ressourceneffizienz.[397] Erreicht wird diese durch die Verknüpfung bestehender physischer Systeme wie Produktionsmaschinen, Betriebsmittel und Logistik mit Informations- und Kommunikationstechnologie.[398] Die dadurch entstehenden cyberphysischen Systeme (CPS) verändern die Produktion grundlegend, sodass von einem Paradigmenwechsel gesprochen werden kann.[399] Der Neuheitswert der Industrie 4.0 liegt somit nicht im Vorhandensein einer neuen Technologie, sondern in der Kombination verfügbarer Technologien auf eine neue Weise.[400]

Als Treiber der inneren Digitalisierung und Vernetzung im Sinne der Industrie 4.0 gilt die steigende Komplexität der produzierenden Industrie. Sie kann aufgegliedert werden in eine interne und eine externe Komplexität (vgl. Abbildung 40).[401]

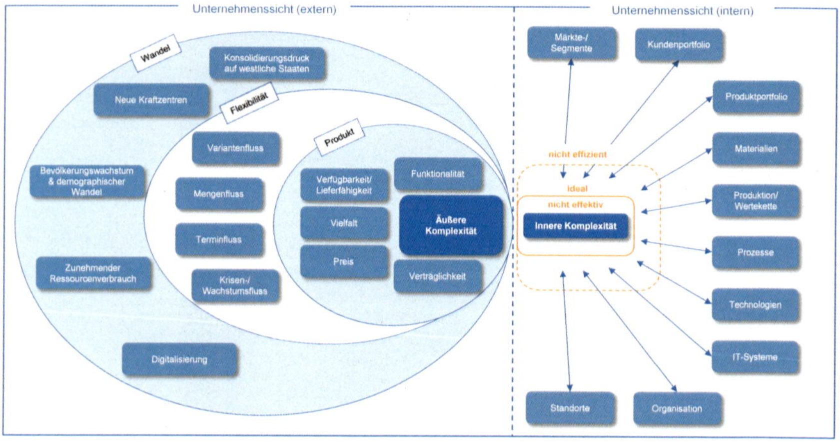

Abbildung 40: Gegenüberstellung innere und äußere Komplexität[402]

Die äußere Marktkomplexität steigt an, da insbesondere Kundenanforderungen hinsichtlich der Lieferfähigkeit, Verfügbarkeit und Funktionalität stark ansteigen.[403] In

[396] Vgl. Bauernhansl (Industrie 4.0 – Revolution), 2014, S. 105
[397] Vgl. Bauernhansl (Industrie 4.0 – Revolution), 2014, S. 105
[398] Vgl. Komorek (Kollaborative Wertschöpfung), 2014, S. 36
[399] Vgl. Bauernhansl (Industrie 4.0 – Revolution), 2014, S. 105
[400] Vgl. Drath (Einführung Industrie 4.0), 2014, S. 4
[401] Vgl. Bauernhansl et al. (Industrie 4.0), 2014, S. 14
[402] I.A.a. Bauernhansl et al. (Industrie 4.0), 2014, S. 14

diesem Zusammenhang steht auch eine steigende Varianz bei immer kleineren Stückzahlen mit einer wachsenden Einbindung des Kunden in den Produktionsprozess. Die sogenannte „mass customization“ wird zunehmend zur „mass personalization“.[404] Auf der anderen Seite werden Unternehmen von einer wachsenden inneren Komplexität beeinflusst. Diese resultiert vor allem aus Veränderungen hinsichtlich der Fertigungstechnologien und Fertigungsprozesse. Aber auch gestiegene Anforderungen durch neue Materialen, die wachsende Anzahl von Produktionsstandorten oder steigende gesellschaftliche Anforderungen an eine Fertigungsorganisation fördern die innere Komplexität.[405]

Die Lösung zur Bewältigung der steigenden Komplexität besteht in der Dezentralität und Autonomie der Systeme bei gleichzeitiger flächendeckender Vernetzung.[406] Dazu werden zukünftig cyber-physische Systeme eingesetzt. Im Kern basieren diese Systeme auf zwei konvergierenden Technologieentwicklungen: auf eingebetteten IT-Systemen sowie globalen Datennetzwerken.[407] Beide Entwicklungen sind derzeit von einer starken Preisdegression geprägt, was den Einsatz von cyber-physischen Systemen stark fördert und beschleunigt.[408]

Schon heute werden in nahezu allen Produkten und Systemen der Hochtechnologie eingebettete Software-intensive Systeme eingesetzt. Über Sensoren nehmen sie unmittelbar physikalische Daten auf und wirken durch Aktoren auf physikalische Vorgänge ein. Sie erfassen zudem Daten, speichern sie und werten diese aus. So reagieren und agieren eingebettete Systeme aktiv oder reaktiv mit der physikalischen Welt. Zeitgleich ermöglichen immer günstigere IT-Lösungen eine zunehmende Vernetzung der Systeme. Durch digitale Kommunikationseinrichtungen werden eingebettete Systeme in lokalen und globalen Netzen verbunden. Die ermöglicht die weltweite Verfügbarkeit und Nutzung von Daten und Diensten. Die derartige Verbindung aus eingebetteten Systemen mit Vernetzungstechnologie ermöglicht die Beherrschung der zunehmenden Komplexität und bietet darüber hinaus weitreichende Lösungs- und Anwendungsmöglichkeiten in produzierenden Unternehmen.[409]

Der Zusammenschluss einzelner cyber-physischer Systeme zu einem cyber-physischen Produktionssystem (CPPS) ermöglicht schließlich die gesamtheitliche Nutzung des Potenzials, wodurch Mitarbeiter hinsichtlich belastender Routineaufgaben unterstützt und entlastet werden können.[410] Der Einsatz von cyber-physischen

---

403 I.A.a. Bauernhansl et al. (Industrie 4.0), 2014, S. 14
404 Vgl. Bauernhansl (Industrie 4.0 – Revolution), 2014, S. 105
405 I.A.a. Bauernhansl et al. (Industrie 4.0), 2014, S. 14
406 Vgl. Bauernhansl et al. (Industrie 4.0), 2014, S. 17 f.
407 Vgl. Bundesministerium für Bildung und Forschung (Industrie 4.0: Zukunftsbild), 2014, S. 10
408 Vgl. Bullinger & Hompel (Internet der Dinge), 2007, S. XIX
409 Vgl. acatech Deutsche Akademie der Technikwissenschaften (Cyber-Physical Systems), 2011, S. 13
410 Vgl. Bundesministerium für Bildung und Forschung (Industrie 4.0: Innovation), 2014, S. 2 f.

Systemen in produzierenden Unternehmen bietet beispielsweise die Möglichkeit, jederzeit echtzeitnah Informationen über den Zustand von Maschinen und ihren Umgebungen abzurufen. Eine derartige Transparenz ist sogar auf den gesamten Produktlebenszyklus erweiterbar.[411] Die verbesserte Informationslage wirkt sich neben der eigenen Wertschöpfung auch auf die Zusammenarbeit mit Wertschöpfungspartnern aus. Die echtzeitnahe Transparenz ermöglicht beispielsweise eine durchgängige Produktionsplanung und Steuerung über Unternehmensgrenzen hinweg.[412]

Durch den Einsatz von cyber-physischen Systemen werden Maschinen, Lagersysteme und Betriebsmittel intelligent. Diese Veränderung ermöglicht grundlegende Verbesserungen klassischer industrieller Prozesse in der Produktion. Die Vernetzung eingebetteter Systeme ist die Basis für ein durchgängiges Engineering über die gesamte Wertschöpfungskette hinweg als auch für eine intelligente unternehmensübergreifende Produktionssteuerung in Echtzeit.[413]

Der Einsatz von cyber-physischen Systemen und die damit einhergehende Vernetzung sowie der durchgehende Einsatz von Echtzeitdaten stellen eine grundlegende Veränderung der industriellen Produktion dar. Die Ziele der inneren Digitalisierung und Vernetzung im Sinne der Industrie 4.0 lassen sich zusammenfassen zu:[414]

- Digitale Durchgängigkeit des Engineerings über die gesamte Wertschöpfungskette
- Horizontale Integration über Wertschöpfungsnetzwerke
- Vertikale Integration und vernetzte Produktionssysteme

Zur Umsetzung der Vision einer vernetzten und auf cyber-physischen Systemen basierenden industriellen Produktion am Standort Deutschland haben das Bundesministerium für Bildung und Forschung (BMBF) sowie die Deutsche Akademie der Technikwissenschaften (acatech) einen Arbeitskreis Industrie 4.0 gegründet, im Rahmen dessen der Forschungsbedarf detailliert wurde. Die definierten Forschungsfelder sind eng mit Handlungsfeldern für die Industrie und die Politik verbunden, um eine praktische Umsetzung der Industrie 4.0 sicherzustellen. Durch die Deutsche Akademie der Technikwissenschaften acatech wurden die folgenden Kernhandlungsfelder postuliert:[415]

- Standardisierung und Referenzarchitektur
- Beherrschung komplexer Systeme
- Breitbandinfrastruktur für die produzierende Industrie

[411] Vgl. Bundesministerium für Bildung und Forschung (Industrie 4.0: Zukunftsbild), 2014, S. 10
[412] Vgl. acatech Deutsche Akademie der Technikwissenschaften (Umsetzungsempfehlungen), 2013, S. 6
[413] Vgl. acatech Deutsche Akademie der Technikwissenschaften (Umsetzungsempfehlungen), 2013, S. 5
[414] Vgl. acatech Deutsche Akademie der Technikwissenschaften (Umsetzungsempfehlungen), 2013, S. 6
[415] Vgl. acatech Deutsche Akademie der Technikwissenschaften (Umsetzungsempfehlungen), 2013, S. 42 ff.

- Sicherheit
- Arbeitsorganisation und -gestaltung
- Aus- und Weiterbildung
- Rechtliche Rahmenbedingungen
- Ressourceneffizienz

Die zunehmende Digitalisierung und Vernetzung der industriellen Fertigung verändert neben den vorhandenen Technologien und der Organisation der Fertigungsprozesse vor allem die Arbeit des Menschen im Kontext der industriellen Produktion. Bereits im Rahmen der Umsetzungsempfehlungen des Bundesministeriums für Forschung und Bildung für das Zukunftsprojekt Industrie 4.0 wird die Veränderung der Rolle des Menschen thematisiert. Durch einen regelmäßigen Dialog zwischen den Sozialpartnern sollen Fortschritte, Problemfelder und Lösungsmöglichkeiten bei der Umsetzung von Industrie 4.0 entdeckt und entwickelt werden.[416] Insbesondere die Einbindung des Menschen in autonome Systeme und Prozesse sowie die Auswirkungen der Digitalisierung und Vernetzung auf Arbeitsinhalte, Aufgaben und Verantwortungsbereiche des Menschen sind zukünftig noch zu erforschende Themenkomplexe.[417] Absehbar ist jedoch bereits jetzt, dass der Mensch in einer digitalisierten und vernetzten Arbeitswelt zunehmend kurzfristigere, weniger planbare sowie wissensintensive Arbeitstätigkeiten übernehmen wird und dazu ausreichend qualifiziert werden muss.[418]

Auch wenn die Auswirkungen der Digitalisierung und Vernetzung auf die Arbeitswelt des Menschen noch diskutiert werden, sind sich Experten hinsichtlich einer Steigerung der Produktivität durch die digitale Vernetzung sowie Kollaboration einig. Das mit der Umsetzung der Vision verbundene Potenzial der Produktivitätssteigerung wird branchenabhängig auf bis zu 50 Prozent geschätzt.[419] Beispielsweise wird bis zum Jahr 2025 eine kumulierte Produktivitätssteigerung von 30 Prozent in der Branche des Maschinen- und Anlagenbaus durch den Einsatz von Industrie 4.0-Lösungen erwartet.[420] Insbesondere der deutsche Mittelstand bewertet die Digitalisierung und Vernetzung als wichtiges Zukunftsprojekt. In einer Studie der Wirtschaftsprüfungsgesellschaft Deloitte aus dem Jahr 2013 sehen 88% der befragten Mittelständler einen Zusammenhang zwischen einer Digitalisierung des Unternehmens und Unternehmenserfolg. Als Begründungen der Erfolgserwartung werden vor allem Wettbewerbsvorteile, zunehmende Transparenz und verbesserte Möglichkeiten der Unternehmenssteuerung genannt.[421]

[416] Vgl. acatech Deutsche Akademie der Technikwissenschaften (Umsetzungsempfehlungen), 2013, S. 58
[417] Vgl. Botthof & Hartmann (Zukunft der Arbeit), 2014, S. 6
[418] Vgl. Spath et al. (Produktionsarbeit der Zukunft), 2013, S. 6
[419] Vgl. Bauernhansl (Industrie 4.0 – Revolution), 2014, S. 105
[420] Vgl. Bauer et al. (Volkswirtschaftliches Potenzial), 2014, S. 31
[421] Vgl. Deloitte (Digitalisierung im Mittelstand), 2013, S. 28 f.

2.3.4 Chancen und Herausforderungen innerer Digitalisierung und Vernetzung

Im Rahmen von Kapitel 2.3.1 wurde zunächst ein einheitliches Begriffsverständnis sowie eine Einordnung der wichtigsten Begriffe im Zusammenhang mit der Digitalisierung geschaffen. Anschließend wurden die Entwicklung des Internets sowie der industriellen Wertschöpfung beschrieben und somit der historische Kontext erläutert. Daraufhin folgte eine Einordnung der Digitalisierung in den Anwendungskontext.

In diesem Rahmen wurde auf Basis der Gliederung in eine äußere und eine innere Unternehmensentwicklung nach BLEICHER[422] zwischen einer inneren und einer äußeren Digitalisierung im Unternehmensbezug unterschieden. Im Zuge dieser Arbeit soll auf die innere Digitalisierung fokussiert werden. Nachfolgend sind die in Kapitel 2.3 dargestellten Chancen und Herausforderungen der inneren Digitalisierung zusammenfassend dargestellt (vgl. Abbildung 41).

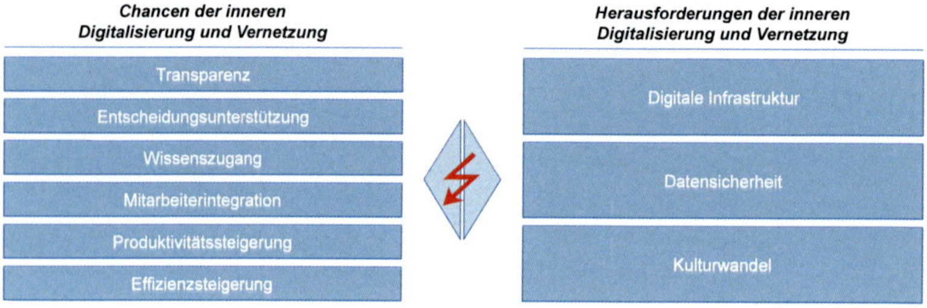

Abbildung 41: Chancen und Herausforderungen der inneren Digitalisierung

Die innere Digitalisierung und Vernetzung beschreibt den vermehrten Einsatz von cyber-physischen Systemen im Produktionsumfeld. Diese können durch immer kostengünstiger verfügbare Informations- und Kommunikationstechnologie miteinander vernetzt werden.[423] Durch den verstärkten Einsatz von vernetzten Systemen kann die Datendurchgängigkeit im Fertigungsumfeld verbessert werden.

Die bisher in zahlreichen unterschiedlichen Systemen vorliegenden Informationen werden so zentral einsehbar und können entsprechend verarbeitet werden. Dies führt bei gleichzeitigem Einsatz geeigneter Analyseinstrumente zu einer stark erhöhten Transparenz, da Daten jederzeit abrufbar sind und entsprechend dem Verwendungszweck aufbereitet werden können. Gleichzeitig wird es möglich, die aufbereiteten Daten bezogen auf konkret notwendige Entscheidungen zu beziehen. Dadurch werden Anwender bei wichtigen Entscheidungen maßgeblich unterstützt, beispielsweise hinsichtlich der Produktionsplanung und -steuerung. Die vorliegenden Informa-

[422] Vgl. Bleicher (Konzept Integriertes Management), 2011, S. 91
[423] Vgl. Broy (Cyber-Physical Systems), 2010, S. 21 f.

tionen erleichtern aber gleichzeitig auch die Ableitung von Erkenntnissen und Wissen aus Informationen sowie den Zugang zu Wissen für alle Beteiligten. Während Wissen derzeit im Produktionsumfeld lediglich dezentral in den Köpfen der Mitarbeiter gespeichert ist, ermöglicht die Digitalisierung und Vernetzung den einfachen Zugang zu Wissen für alle Mitarbeiter, beispielsweise durch den Einsatz von Wissensmanagement-Systemen. Diese können zudem durch eine partizipative Gestaltung die Mitarbeiterintegration stark verbessern. Die Potenziale der inneren Digitalisierung und Vernetzung resultieren letztlich sowohl in einer erwarteten Produktivitätssteigerung als auch einer Steigerung der Effizienz.

Um die dargestellten Chancen realisieren zu können, ist jedoch die Auseinandersetzung mit den wichtigsten Herausforderungen der inneren Digitalisierung und Vernetzung erforderlich. Wie in Kapitel 2.3.3 beschrieben ist zunächst eine digitale Infrastruktur erforderlich. In diesem Rahmen werden auch häufig IT-Standards erwähnt, welche zur Bewältigung von Schnittstellen erforderlich sind. Zudem sind entsprechende Maßnahmen vorzusehen, um die Datensicherheit im Rahmen der digitalen Revolution sicherzustellen. Gleichzeitig ist ein generelles Umdenken hinsichtlich der Mitarbeiter erforderlich, um die Chancen der inneren Digitalisierung und Vernetzung realisieren zu können. Diese Herausforderung wird häufig mit dem Begriff Kulturwandel beschrieben.

2.4 Handlungsbedarf aus der Praxis

Der Werkzeugbau steht aufgrund seiner Position in der Wertschöpfungskette aktuell vor drei zentralen Herausforderungen (vgl. Kapitel 2.2.4). Das kundenseitig geforderte Frontloading, also die frühzeitige Integration in Kundenentwicklungsprozesse, führt zusammen mit der zunehmenden Geschwindigkeit von neuen Technologieentwicklungen zu einer gesteigerten Komplexität im Werkzeugbau. Gleichzeitig ist der deutsche Werkzeugbau geprägt vom demografischen Wandel. Die Knappheit an gut ausgebildeten Mitarbeitern führt dazu, dass Werkzeugbaubetriebe immer größere Anstrengungen unternehmen müssen, um geeignete Mitarbeiter an sich binden zu können. Diese Herausforderung wird noch verstärkt durch den Wandel des Anforderungsprofils der Mitarbeiter hinsichtlich ihrer Ausbildung. Der demografische Wandel sowie die Veränderung des Anforderungsprofils können unter dem Begriff Mitarbeiterwandel zusammengefasst werden. Gleichzeitig ist kundenseitig eine zunehmende Produktderivatisierung zu verzeichnen. Sie führt bei gleichbleibenden Budgets für Werkzeugkosten zu einem erhöhten Kostendruck. Verstärkt wird dieser noch durch die Globalisierung und die zunehmende Transparenz hinsichtlich unterschiedlicher Faktorkosten. Die drei zentralen Herausforderungen des deutschen Werkzeugbaus sind zusammenfassend eine zunehmende Komplexität, der Mitarbeiterwandel sowie ein zunehmender Kostendruck.

Diesen drei zentralen Herausforderungen lässt sich insbesondere durch die Digitalisierung und Vernetzung begegnen. In Kapitel 2.3.3 wurde die Digitalisierung und Vernetzung allgemein sowie im Anwendungskontext produzierender Unternehmen beschrieben. Wie im Rahmen von Kapitel 2.3.4 aufgezeigt, ergeben sich insbesondere durch die innere Digitalisierung und Vernetzung zahlreiche Chancen für produzierende Unternehmen. Zu diesen Chancen zählen eine erhöhte Transparenz, eine verbesserte Entscheidungsunterstützung, der Wissenszugang für Mitarbeiter, die gesteigerte Mitarbeiterintegration sowie eine erhöhte Produktivität und Effizienz.

Die dargestellten Chancen der Digitalisierung können unmittelbar zur Bewältigung der zentralen Herausforderungen im Werkzeugbau dienen (vgl. Abbildung 42).

Abbildung 42: Handlungsbedarf aus der Praxis

Durch eine gesteigerte Transparenz sowie eine Unterstützung der Mitarbeiter bei anstehenden Entscheidungen kann der wachsenden Komplexität im Werkzeugbau begegnet werden. Ein einfacher und direkter Zugang zu Wissen für alle Mitarbeiter ermöglicht es zusammen mit einer stärkeren Integration der Mitarbeiter, den gesteigerten Anforderungen an Mitarbeiter im Werkzeugbau gerecht zu werden. Letztlich dient die Digitalisierung und Vernetzung einer Steigerung von Produktivität und Effizienz, welche es dem Werkzeugbau ermöglicht, einem gestiegenen Kostendruck gerecht zu werden. Es wird deutlich, dass die Digitalisierung und Vernetzung des Werkzeugbaus es ermöglicht, aktuellen Herausforderungen zu begegnen. In Kapitel 2.2.3.3 wurde der Shopfloor im Werkzeugbau als zentraler Ort der Wertschöpfung dargestellt. Dieser ist aufgrund seiner speziellen Gegebenheiten insbesondere von den beschriebenen Herausforderungen betroffen und kann besonders von den Chancen der Digitalisierung und Vernetzung der Wertschöpfung profitieren. Zur umfänglichen Realisierung dieser Chancen bedarf es eines systematischen Ansatzes der digitalen Vernetzung. Daher ist ein Gestaltungsmodell für den digital vernetzten Shopfloor im Werkzeugbau notwendig und **es besteht Handlungsbedarf aus der Praxis**.

3 Bewertung bestehender Ansätze

Zur Entwicklung eines Gestaltungsmodells für digitale Produktionssysteme auf dem Shopfloor im Werkzeugbau wird nachfolgend zunächst geprüft, ob bereits bestehende Ansätze zur Gestaltung der Wertschöpfung auf dem digital vernetzten Shopfloor im Werkzeugbau anwendbar sind. Gleichzeitig soll auch untersucht werden, ob vereinzelte Aspekte bestehender Ansätze auf den Werkzeugbau übertragbar sind. Diese Vorgehensweise adressiert die zweite sowie die dritte Phase der angewandten Forschung nach ULRICH zur Erfassung und Interpretation relevanter Theorien aus der Wissenschaft sowie zur Erfassung und Spezifizierung relevanter Verfahren aus der Wissenschaft (vgl. Kapitel 1.3).

Nachfolgend werden zunächst die Grundlagen der Bewertung erläutert. Dazu wird zunächst beschrieben, welches Bewertungssystem der Bewertung bestehender Ansätze zur Gestaltung von Wertschöpfung zugrunde liegt. Anschließend werden die Anforderungen an bestehende Ansätze hergeleitet und erläutert. In Kapitel 3.2 werden anschließend relevante bestehende Ansätze vorgestellt und bewertet. Die Einzelbewertungen werden in Kapitel 3.3 aggregiert. Das Kapitel wird mit der Detaillierung der in Kapitel 1 definierten Forschungsfrage abgeschlossen.

3.1 Grundlagen der Bewertung

Um die in Kapitel 3.2 genannten Ansätze einheitlich analysieren und bewerten zu können, werden nachfolgend die Grundlagen zur Bewertung erläutert. Diese beinhalten das Bewertungssystem sowie die an bestehende Ansätze zur Gestaltung von Wertschöpfung gestellten Anforderungen zur Gestaltung des digital vernetzten Shopfloors im Werkzeugbau. Das verwendete Bewertungssystem sowie die Struktur der Beschreibung der Anforderung ist angelehnt an die Vorgehensweise von KOMOREK[424]. Während das Bewertungssystem die Systematik der Bewertung festlegt, beschreiben die Anforderungen die Inhalte, hinsichtlich derer bestehende Ansätze bewertet werden.

3.1.1 Bewertungssystem

Die Bewertung bestehender wissenschaftlicher Ansätze kann auf unterschiedliche Art und Weise erfolgen.[425] In der Literatur wird für die Bewertung bestehender Ansätze häufig eine diskrete Skala verwendet. Eine diskrete Skala mit fünf verschiedenen Ausprägungen ermöglicht eine differenzierte und gleichzeitig robuste Bewertung

[424] Vgl. Komorek (Kollaborative Wertschöpfung), 2014, S. 63 ff.
[425] Vgl. Komorek (Kollaborative Wertschöpfung), 2014, S. 63

unterschiedlicher Ansätze.[426] Die diskrete Skala mit fünf Ausprägungen geht zurück auf LIKERT[427] und soll nachfolgend verwendet werden.

Zur Visualisierung der Bewertung sollen die in Abbildung 43 dargestellten Kreisformen verwendet werden. Diese stellen eine Abwandlung der Harvey Balls als übersichtliche Form der Darstellung von Bewertungsergebnissen dar.[428]

Abbildung 43: Darstellungsweise des Erfüllungsgrads der Anforderungen

Im Rahmen des nachfolgend verwendeten Bewertungssystems existieren demnach die Ausprägungen „Nicht vorhanden", „Sehr gering", „Gering", „Hoch" und „Sehr hoch" hinsichtlich des Erfüllungsgrads der Anforderungen.

3.1.2 Anforderungen

Der Handlungsbedarf aus der Praxis (vgl. Kapitel 2.3) resultiert in spezifischen Anforderungen, die an ein Gestaltungsmodell für den digital vernetzten Shopfloor im Werkzeugbau gestellt werden. Diese Anforderungen werden nachfolgend erläutert und sind in Abbildung 44 dargestellt.

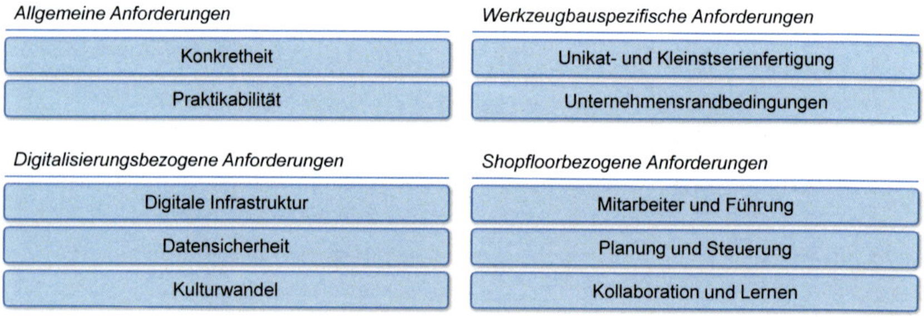

Abbildung 44: Anforderungen an ein Gestaltungsmodell zur Gestaltung von Wertschöpfung auf dem digital vernetzten Shopfloor

Die Anforderungen an ein Gestaltungsmodell können in die vier Dimensionen allgemeine Anforderungen, werkzeugbauspezifische Anforderungen, shopfloorbezogene Anforderungen sowie digitalisierungsbezogene Anforderungen gegliedert werden.

---

426 Vgl. Dawes (Point Scales), 2008, S. 76 f.

427 Vgl. Linacre (Optimizing Rating Scale), 2002, S. 86 ff.

428 Vgl. Kett & Schewe (Management Skills), 2010, S. 129

3.1.2.1 Allgemeine Anforderungen

Ein Modell zur Gestaltung der Wertschöpfung auf dem Shopfloor eines digitalen Werkzeugbaus muss allgemeinen Anforderungen aus wissenschaftlicher Sicht gerecht werden. Dies umfasst zum einen die Konkretheit sowie zum anderen die Praktikabilität.

Grundvoraussetzung der Umsetzung eines Gestaltungsmodells in der Realität ist die **Konkretheit**. Sie zeichnet sich vor allem durch eine stringente Struktur sowie durch eine anwendungsorientierte Beschreibung der Faktoren des Modells aus. Dazu werden idealerweise Umsetzungsbeispiele dargestellt und konkret erläutert. Nachfolgend werden die fünf Ausprägungen der Anforderung Konkretheit beschrieben:

- **Nicht vorhanden:** Ein Ansatz besitzt keine klare Struktur und beschreibt keine konkreten Faktoren zur Umsetzung in der Realität.
- **Sehr gering:** Ein Ansatz lässt eine Struktur erkennen. Es fehlt jedoch eine konkrete Beschreibung der Faktoren des Modells.
- **Gering:** Ein Ansatz folgt einer erkennbaren Struktur und beschreibt Faktoren des Modells. Die Beschreibung der Faktoren bleibt jedoch unkonkret und abstrakt.
- **Hoch:** Ein Ansatz beschreibt die konkrete Umsetzung, indem eine klare Struktur sowie eine konkrete Beschreibung der Faktoren vorhanden sind. Er lässt jedoch Beispiele der Umsetzung vermissen.
- **Sehr hoch:** Ein Ansatz beschreibt konkret, wie die Wertschöpfung gestaltet werden kann. Er besitzt eine klare Struktur und beschreibt konkret die Faktoren des Modells. Zudem beschreibt der Ansatz konkrete Beispiele der Umsetzung.

Neben der Konkretheit muss ein Gestaltungsmodell einen ausreichenden Bezug zur Realität besitzen, welcher ebenfalls eine Grundlage zur allgemeinen Umsetzbarkeit darstellt. Der Bezug zur Realität wird durch die **Praktikabilität** des Modells gewährleistet. Sie zeichnet sich durch eine einfache und eindeutige Umsetzung des Modells aus.[429] Dazu werden realistische Annahmen getroffen und realitätsnahe allgemeine Rahmenbedingungen berücksichtigt. Die fünf Ausprägungen der Anforderung Praktikabilität sind die folgenden:

- **Nicht vorhanden:** Ein Ansatz enthält keine realistischen Annahmen. Er berücksichtigt allgemeine Rahmenbedingungen der Realität nicht.
- **Sehr gering:** Ein Ansatz basiert auf Annahmen, die im Kern der Realität entsprechen. Er berücksichtigt allgemeine Rahmenbedingungen der Realität jedoch nicht.

---

[429] Vgl. Kuhlmann (Gestaltung von Geschäftsprozessen), 2011, S. 47

- **Gering:** Ein Ansatz beschreibt die Umsetzung in der Realität. Er basiert grundsätzlich auf realistischen Annahmen, berücksichtigt allgemeine Rahmenbedingungen der Realität jedoch nicht in ausreichendem Maße.
- **Hoch:** Ein Ansatz basiert auf realistischen Annahmen und berücksichtigt allgemeine Rahmenbedingungen der Realität in hohem Maße.
- **Sehr hoch:** Ein Ansatz basiert auf realistischen Annahmen. Allgemeine Rahmenbedingungen der Realität werden in höchstem Maße berücksichtigt.

Durch die Berücksichtigung der Anforderungen Konkretheit und Praktikabilität wird eine grundsätzliche Umsetzung eines Ansatzes zur Gestaltung von Wertschöpfung gewährleistet.

3.1.2.2 Werkzeugbauspezifische Anforderungen

Neben den allgemeinen Anforderungen an ein Gestaltungsmodell existieren Anforderungen, welche aus den in Kapitel 2.2 beschriebenen Besonderheiten der Branche Werkzeugbau resultieren. Diese werden nachfolgend werkzeugbauspezifische Anforderungen genannt. Zu diesen Anforderungen zählen die Eignung für die Unikat- und Kleinstserienfertigung und die Berücksichtigung von spezifischen Unternehmensrandbedingungen.

Wie in Kapitel 2.12.2 beschrieben, werden Werkzeuge im Rahmen einer Unikat- oder Kleinstserienfertigung gefertigt. Dies bedeutet, dass die Fertigungsprozessfolgen der zu fertigenden Werkzeugbauteile geringe bis gar keine Wiederholhäufigkeiten aufweisen, was wiederum in spezifischen Besonderheiten hinsichtlich der Gestaltung der Wertschöpfung auf dem Shopfloor resultiert. Deshalb ist die erste werkzeugbauspezifische Anforderung an einen Ansatz zur Gestaltung der Wertschöpfung auf dem digital vernetzten Shopfloor im Werkzeugbau die Eignung für die **Unikat- und Kleinstserienfertigung**. Die fünf Ausprägungen der Anforderung lauten:

- **Nicht vorhanden:** Ein Ansatz besitzt keinen spezifischen Branchenbezug.

- **Sehr gering:** Ein Ansatz beschreibt die Gestaltung der Wertschöpfung mit Bezug zu einem konkreten Objekt im Sinne einer Branche.

- **Gering:** Ein Ansatz berücksichtigt Besonderheiten der produzierenden Industrie im Rahmen der Gestaltung der Wertschöpfung auf dem Shopfloor.

- **Hoch:** Ein Ansatz dient speziell der Gestaltung der Wertschöpfung auf dem Shopfloor in der produzierenden Industrie. Neben der Serienfertigung werden vereinzelt Besonderheiten der Unikat- und Kleinstserienfertigung aufgegriffen und berücksichtigt.

- **Sehr hoch:** Ein Ansatz dient speziell der Gestaltung der Wertschöpfung auf dem Shopfloor in der Unikat- und Kleinstserienfertigung und berücksichtigt vollumfänglich dessen Besonderheiten.

Neben der Anforderung der Eignung für die Unikat- und Kleinstserienfertigung besteht die werkzeugbauspezifische Anforderung der Berücksichtigung von spezifischen **Unternehmensrandbedingungen**. Die Branche Werkzeugbau ist eine höchst heterogene Branche. Dies betrifft neben dem Produktspektrum, welches Werkzeuge für die Blechbearbeitung ebenso wie Spritzgießwerkzeuge umfasst, auch die Mitarbeiteranzahl und den Marktzugang. Der Anspruch eines Ansatzes zur Gestaltung der Wertschöpfung auf dem digital vernetzten Shopfloor im Werkzeugbau muss die Umsetzbarkeit in allen Betrieben des Werkzeugbaus sein. Dazu muss ein Ansatz zur Gestaltung spezifische Unternehmensrandbedingungen berücksichtigen. Die fünf Ausprägungen der Anforderung lauten:

- **Nicht vorhanden:** Ein Ansatz berücksichtigt keine spezifischen Unternehmensrandbedingungen. Der Ansatz ist universell verfasst und lässt keine Adaption auf die spezielle Situation und Ausrichtung von Unternehmen zu.

- **Sehr gering:** Ein Ansatz ist universell verfasst. Der Ansatz lässt vereinzelt erkennen, welche Faktoren grundsätzlich Möglichkeiten zur Adaption auf die spezielle Situation und Ausrichtung von Unternehmen bieten.

- **Gering:** Ein Ansatz ist universell verfasst. Der Ansatz zeigt jedoch unterschiedliche Ausprägungen auf und lässt dadurch eine bedingte Adaption auf die spezielle Situation und Ausrichtung von Unternehmen zu.

- **Hoch:** Ein Ansatz ist teilmodular aufgebaut und lässt dadurch eine weitreichende Adaption auf die spezifische Situation und Ausrichtung von Unternehmen zu.

- **Sehr hoch:** Ein Ansatz ist modular aufgebaut und berücksichtigt vollumfänglich spezifische Unternehmensrandbedingungen. Der Ansatz lässt eine gänzliche unternehmensspezifische Adaption zu und ermöglicht die Ausrichtung der Gestaltung auf die spezielle Situation und Ausrichtung von Unternehmen.

3.1.2.3 Shopfloorbezogene Anforderungen

Während die werkzeugbauspezifischen Anforderungen auf allgemeine Spezifika der Branche Werkzeugbau bezogen sind, existieren zusätzlich Anforderungen an ein Gestaltungsmodell zur Gestaltung der Wertschöpfung auf dem digital vernetzten Shopfloor im Werkzeugbau, welche sich aus dem Anwendungsfall des Shopfloors ergeben. Diese werden nachfolgend shopfloorbezogene Anforderungen genannt. Die erste shopfloorbezogene Anforderung ist die Berücksichtigung der Faktoren **Mitar-**

beiter und Führung. Im Rahmen von Kapitel 2.2.3.3 wurde deutlich, dass den Mitarbeitern auf dem Shopfloor eines Werkzeugbaubetriebs in Hochlohnländern eine besondere Bedeutung zukommt. Durch die zunehmende Automatisierung und die wachsende Komplexität verändert sich das Aufgabenprofil der Mitarbeiter hin zu anspruchsvollen Tätigkeiten und dem Treffen von Entscheidungen. Ein Ansatz zur Gestaltung der Wertschöpfung auf dem Shopfloor im Werkzeugbau muss die wachsende Verantwortung von Mitarbeitern berücksichtigen und Lösungen zur Führung dieser Mitarbeiter aufzeigen. Er muss zudem den Umgang mit Informationen, Kennzahlen und Zielzuständen der Mitarbeiter beschreiben und erläutern, wie zukünftig Entscheidungen auf dem digital vernetzten Shopfloor im Werkzeugbau getroffen werden. Hinsichtlich der Anforderung Mitarbeiter und Führung existieren die folgenden fünf Ausprägungen:

- **Nicht vorhanden:** Ein Ansatz beschreibt die Rolle der Mitarbeiter auf dem digital vernetzten Shopfloor nicht. Er erläutert keine Lösungsansätze zur Führung von Mitarbeitern auf dem digital vernetzten Shopfloor.

- **Sehr gering:** Veränderungen der Rolle der Mitarbeiter im Zuge der Digitalisierung und Vernetzung der Produktionssysteme auf dem Shopfloor werden erwähnt. Ein Lösungsansatz zur Führung von Mitarbeitern auf dem digital vernetzten Shopfloor wird nicht erläutert.

- **Gering:** Ein Ansatz beschreibt die Veränderungen der Rolle der Mitarbeiter im Zuge der Digitalisierung und Vernetzung von Produktionssystemen auf dem Shopfloor in geringem Maße. Einzelne Aspekte der Führung von Mitarbeitern werden im Ansatz erwähnt.

- **Hoch:** Ein Ansatz beschreibt detailliert die Veränderungen der Rolle der Mitarbeiter im Zuge der Digitalisierung und Vernetzung von Produktionssystemen auf dem Shopfloor. Er erläutert einzelne Aspekte der Führung von Mitarbeitern.

- **Sehr hoch:** Ein Ansatz beschreibt die Rolle der Mitarbeiter auf dem digital vernetzten Shopfloor und erläutert den Umgang mit Informationen, Kennzahlen und Zielzuständen. Er beschreibt die Verantwortung, welche die Mitarbeiter tragen und erläutert Lösungen zur Führung der Mitarbeiter.

Die zweite shopfloorbezogene Anforderung an einen Ansatz zur Gestaltung der Wertschöpfung auf dem digital vernetzten Shopfloor im Werkzeugbau ist die Berücksichtigung der **Planung und Steuerung**. In Kapitel 2.2.3.3 wurde aufgezeigt, dass der Auftragsplanung und -steuerung im Werkzeugbau aufgrund der komplexen Material- und Informationsflüsse auf dem Shopfloor eine hohe Bedeutung zukommt. Der digital vernetzte Shopfloor im Werkzeugbau wird geprägt durch den Einsatz von cyber-physischen Systemen und ermöglicht dadurch die Beherrschung der steigenden Komplexität durch leistungsfähige Informations- und Kommunikationssysteme. Dies betrifft vor allem die Planung und Steuerung von Bearbeitungsaufträgen auf dem digital vernetzten Shopfloor. Ein Gestaltungsansatz muss die hohe Auflösung der Planung im Sinne detaillierter Informationen beschreiben, die Dynamik von Umplanungen berücksichtigen und die echtzeitnahe Koordination von Bearbeitungsumfängen sowie Unterstützung der Steuerer und Maschinenbediener auf dem Shopfloor thematisieren. Dazu existieren die folgenden fünf Ausprägungen der Anforderung Planung und Steuerung:

- **Nicht vorhanden:** Ein Ansatz beschreibt die Planung und Steuerung von Bearbeitungsaufträgen auf dem digital vernetzten Shopfloor nicht.

- **Sehr gering:** Ein Ansatz beschreibt die Relevanz der Planung und Steuerung auf dem digital vernetzten Shopfloor in geringem Maße. Er erläutert jedoch keine Lösungsansätze zur Planung und Steuerung.

- **Gering:** Ein Ansatz beschreibt die Planung und Steuerung auf dem digital vernetzten Shopfloor. Er berücksichtigt in geringem Maße die hohe Auflösung der Planung und die Dynamik von Umplanungen. Eine Beschreibung der echtzeitnahen Koordination von Bearbeitungsumfängen sowie der Unterstützung von Steuerern und Maschinenbedienern erfolgt nicht in ausreichendem Maße.

- **Hoch:** Ein Ansatz beschreibt detailliert die Planung und Steuerung auf dem digital vernetzten Shopfloor. Er erläutert die hohe Auflösung der Planung, die Dynamik von Umplanungen und die echtzeitnahe Koordination von Bearbeitungsumfängen sowie die Unterstützung von Steuerern und Maschinenbedienern in ausreichendem Maße.

- **Sehr hoch:** Ein Ansatz beschreibt detailliert die Planung und Steuerung von Bearbeitungsaufträgen auf dem digital vernetzten Shopfloor. Er beschreibt vollumfänglich eine hohe Auflösung der Planung, die Dynamik von Umplanungen, die echtzeitnahe Koordination von Bearbeitungsumfängen sowie die Unterstützung der Steuerer und Maschinenbediener auf dem Shopfloor.

Die dritte shopfloorbezogene Anforderung ist die Berücksichtigung von **Kollaboration und Lernen**. In Kapitel 2.2.3.3 wurde aufgezeigt, dass die Kommunikation und Zusammenarbeit der Mitarbeiter auf dem Shopfloor sowie der Umgang mit und die stetige Erweiterung von Wissen eine zentrale Bedeutung besitzen. Um die in Kapitel 2.3 beschriebene Komplexität beherrschen zu können und gleichzeitig der Spezialisierung der Mitarbeiter auf verantwortungsvolle Entscheidungstätigkeiten gerecht zu werden, ist auf dem digital vernetzten Shopfloor eine zunehmende Kollaboration der Mitarbeiter nötig. Gleichzeitig sind das kontinuierliche Lernen sowie der Umgang mit erworbenem Wissen sehr wichtig. Ein Ansatz zur Gestaltung des digital vernetzten

Shopfloors muss die Vernetzungsmechanismen und somit die Zusammenarbeit durch gezielte Interaktion von Mitarbeitern und Abteilungen beschreiben. Dazu muss er digitale Instrumente zur Erhöhung der Kollaborationsproduktivität aufzeigen und erläutern. Zudem muss er die Möglichkeiten des Lernens durch das Mitarbeiterkollektiv und Lösungen zum Umgang mit Wissen aufzeigen. Die folgenden fünf Ausprägungen existieren hinsichtlich der Anforderung Kollaboration und Lernen:

- **Nicht vorhanden:** Ein Ansatz beschreibt die Kollaboration und das Lernen von Mitarbeitern im Bezug zum digital vernetzten Shopfloor nicht.
- **Sehr gering:** Im Rahmen eines Ansatzes wird die Existenz von Kollaboration und Lernen von Mitarbeitern erwähnt. Eine Erläuterung der Vernetzungsmechanismen und Lernmethoden bleibt jedoch aus.
- **Gering:** Ein Ansatz beschreibt die Vernetzungsmechanismen und Lernmethoden von Mitarbeitern auf dem digital vernetzten Shopfloor in Teilen. Digitale Instrumente zur Erhöhung der Kollaborationsproduktivität werden nicht erläutert.
- **Hoch:** Ein Ansatz beschreibt detailliert die Vernetzungsmechanismen und Lernmethoden von Mitarbeitern auf dem digital vernetzten Shopfloor und erläutert vereinzelt digitale und vernetzte Instrumente zur Erhöhung der Kollaborationsproduktivität.
- **Sehr hoch:** Ein Ansatz beschreibt vollumfänglich die Vernetzungsmechanismen und Lernmethoden von Mitarbeitern auf dem digital vernetzten Shopfloor und erläutert zudem detailliert digitale und vernetzte Instrumente zur Erhöhung der Kollaborationsproduktivität.

3.1.2.4 Digitalisierungsbezogene Anforderungen

Neben den allgemeinen Anforderungen, den werkzeugbauspezifischen Anforderungen und den shopfloorbezogenen Anforderungen an ein Gestaltungsmodell für den digital vernetzten Shopfloor im Werkzeugbau existieren digitalisierungsbezogene Anforderungen, welche sich auf die Digitalisierung und Vernetzung der Wertschöpfung beziehen.

Die erste digitalisierungsbezogene Anforderung ist die Thematisierung der **digitalen Infrastruktur**. Wie in Kapitel 2.3 erläutert, ist die Bereitstellung einer geeigneten digitalen Infrastruktur eine zentrale Herausforderung hinsichtlich der Digitalisierung und Vernetzung. Die Vernetzung unterschiedlicher Systeme kann nur auf Basis von geeigneter Informations- und Kommunikationstechnik erfolgen. Zusätzlich sollte das Themenfeld der technischen Standards im Bezug auf Sensorik, Aktorik und Netzwerktechnik erläutert werden. Die fünf Ausprägungen der Anforderung der digitalen Infrastruktur lauten:

- **Nicht vorhanden:** Ein Ansatz beschreibt den Einsatz von digitaler Infrastruktur sowie notwendige Voraussetzungen nicht.
- **Sehr gering:** Im Rahmen eines Ansatzes wird die Notwendigkeit von digitaler Infrastruktur erwähnt. Eine Erläuterung der Voraussetzungen, die diese mit sich bringt, sowie möglicher Lösungsansätze erfolgt nicht.
- **Gering:** Ein Ansatz beschreibt die Notwendigkeit digitaler Infrastruktur in Teilen. Es erfolgt eine Erläuterung notwendiger Voraussetzungen hinsichtlich der digitalen Infrastruktur. Die Darstellung möglicher Lösungsansätze erfolgt jedoch nicht.
- **Hoch:** Ein Ansatz beschreibt detailliert die Notwendigkeit digitaler Infrastruktur zur Gestaltung des digital vernetzten Shopfloors im Werkzeugbau. Es erfolgt zudem eine umfangreiche Erläuterung notwendiger Voraussetzungen. Zusätzlich werden erste Lösungsansätze beschrieben.
- **Sehr hoch:** Ein Ansatz beschreibt vollumfänglich die Notwendigkeit digitaler Infrastruktur auf dem digital vernetzten Shopfloor. Es erfolgt zudem eine umfassende Erläuterung notwendiger Voraussetzungen. Zusätzlich werden detailliert mögliche Lösungsansätze beschrieben.

Die zweite digitalisierungsbezogene Anforderung ist die Berücksichtigung der **Datensicherheit**. Wie in Kapitel 2.3.4 beschrieben resultiert die Digitalisierung häufig in Ängsten bezüglich der Datensicherheit und der Wahrung von Persönlichkeitsrechten. Zudem ist mit der Digitalisierung ein umfassender Kulturwandel verbunden. Ein Ansatz zur Gestaltung des digital vernetzten Shopfloors muss das Thema Sicherheit explizit thematisieren und Lösungen zur Sicherstellung der IT-Sicherheit und zur Wahrung von Persönlichkeitsrechten aufzeigen. Die fünf Ausprägungen der Anforderung Datensicherheit lauten:

- **Nicht vorhanden:** Im Rahmen eines Ansatzes werden die Datensicherheit sowie die Wahrung von Persönlichkeitsrechten nicht thematisiert.
- **Sehr gering:** Ein Ansatz erwähnt die Notwendigkeit von Datensicherheit im Zuge der Digitalisierung und Vernetzung. Ein Lösungsansatz zur Wahrung von Datensicherheit und Persönlichkeitsrechten wird nicht erläutert.
- **Gering:** Ein Ansatz beschreibt die Notwendigkeit von Datensicherheit im Zuge der Digitalisierung und Vernetzung. Erste Lösungsansätze werden erwähnt, jedoch nicht näher erläutert.

- **Hoch:** Ein Ansatz beschreibt detailliert die Themen Datensicherheit und Wahrung der Persönlichkeitsrechte im Zusammenhang mit der Digitalisierung und Vernetzung. Zudem zeigt der Ansatz vereinzelt Lösungen zur Sicherstellung von Datensicherheit und zur Wahrung von Persönlichkeitsrechten auf und erläutert diese.

- **Sehr hoch:** Ein Ansatz beschreibt vollumfänglich die Notwendigkeit von Datensicherheit und der Wahrung von Persönlichkeitsrechten im Zusammenhang mit der Digitalisierung und Vernetzung. Zudem zeigt er detailliert entsprechende Lösungen auf und erläutert diese.

Die dritte digitalisierungsbezogene Anforderung ist die Thematisierung eines **Kulturwandels** im Zusammenhang mit der Digitalisierung. Wie in Kapitel 2.3.4 beschrieben stellt die Digitalisierung und Vernetzung der Wertschöpfung einen umfassenden Kulturwandel in Unternehmen dar. Deshalb ist dieser auch eine der zentralen Herausforderungen, die mit der Digitalisierung und Vernetzung der Wertschöpfung in der produzierenden Industrie verbunden ist. Ein Ansatz zur Gestaltung der Wertschöpfung auf dem digital vernetzten Shopfloor muss deshalb ein Verständnis der Digitalisierung und Vernetzung als fundamentale Veränderung der Unternehmenskultur aufweisen. Er muss zudem Lösungsansätze hinsichtlich der Bewältigung des Kulturwandels aufzeigen und erläutern. Die fünf Ausprägungen lauten:

- **Nicht vorhanden:** Im Rahmen eines Ansatzes wird der Wandel der Unternehmenskultur im Zuge der Digitalisierung und Vernetzung der Wertschöpfung nicht beschrieben.

- **Sehr gering:** Ein Ansatz erwähnt den Wandel der Unternehmenskultur im Zusammenhang mit der Digitalisierung und Vernetzung. Ein Lösungsansatz zur Bewältigung des Kulturwandels wird jedoch nicht beschrieben.

- **Gering:** Ein Ansatz beschreibt den Kulturwandel, der durch die Digitalisierung und Vernetzung der Wertschöpfung auf dem Shopfloor eingeleitet wird. Erste Lösungsansätze zur Bewältigung des Kulturwandels werden erwähnt, jedoch nicht näher erläutert.

- **Hoch:** Ein Ansatz beschreibt detailliert den Kulturwandel im Zusammenhang mit der Digitalisierung und Vernetzung der Wertschöpfung. Zudem zeigt der Ansatz vereinzelt Lösungen zur Bewältigung des Kulturwandels auf und erläutert diese.

- **Sehr hoch:** Ein Ansatz beschreibt vollumfänglich den durch die Digitalisierung und Vernetzung der Wertschöpfung auf dem Shopfloor eingeleiteten Kulturwandel im Unternehmen. Zudem zeigt er detailliert entsprechende Lösungen zur Bewältigung des Kulturwandels auf und erläutert diese.

3.2 Vorstellung und Bewertung bestehender Ansätze

In der Theorie existieren zahlreiche Ansätze zur Beschreibung oder Gestaltung der Wertschöpfung produzierender Unternehmen im Kontext der Digitalisierung und Vernetzung von Produktionssystemen. Nachfolgend werden deshalb grundlegende Ansätze vorgestellt und mit Fokus auf deren Zielsetzung und deren Kerninhalten beschrieben.

3.2.1 Digitale Fabrik (KÜHN, 2006)

Die VDI-Richtlinie 4499 fasst unter dem Begriff der digitalen Fabrik „ein umfassendes Netzwerk von digitalen Modellen, Methoden und Werkzeugen [...], die durch ein durchgängiges Datenmanagement integriert werden“[430] zusammen. Die digitale Fabrik nach KÜHN ist ein Ansatz zur Planung, Modellierung und Simulation aller Bereiche einer Fabrik mit dem Ziel der Unterstützung der realen Fabrikplanung. Die Unterstützung bezieht sich schwerpunktmäßig auf die Produktentwicklung, die Produktionsplanung sowie die Gestaltung und Inbetriebnahme der Fabrik.[431]

Die zentralen Elemente der digitalen Fabrik sind die gemeinsame Datenbasis aller digitalen Anwendungen, die die einzelnen Planungswerkzeuge miteinander verknüpft, sowie die Integration mit der realen Fabrik. Die digitale Fabrik stellt eine virtuelle Abbildung realer Produkte und Prozesse dar, um die geplante Produktion entsprechend zu verbessern, damit zum Zeitpunkt des Anlaufs ein ausgereifter Prozess zur Verfügung steht. Sie ist dahin gehend eine Bezeichnung für die virtuelle Fabrik und deren Integration in die reale Fabrik. Essenziell ist in diesem Zusammenhang die Entwicklung von Konzepten zur Nutzung entsprechender digitaler Werkzeuge.[432]

Zur Definition der digitalen Fabrik besteht nach KÜHN ein Ebenen-Modell in Form einer Pyramide (vgl. Abbildung 45). Die Spitze der Pyramide stellen die Ziele der digitalen Fabrik dar, die sich grundsätzlich in organisatorische, technische und betriebswirtschaftliche Ziele gliedern. KÜHN nennt als konkrete Ziele der digitalen Fabrik die Verbesserung der Wirtschaftlichkeit und Planungssicherheit, die Verkürzung der Produkteinführungszeit, die Transparenzsteigerung der Kommunikation, die Standardisierung von Planungsprozessen sowie ein kompetentes Wissensmanagement.[433]

---

[430] Vgl. VDI (VDI-Richtlinie 4499), 2008
[431] Vgl. Kühn (Digitale Fabrik), 2006, S. 1 ff.
[432] Vgl. Kühn (Digitale Fabrik), 2006, S. 2
[433] Vgl. Kühn (Digitale Fabrik), 2006, S. 5

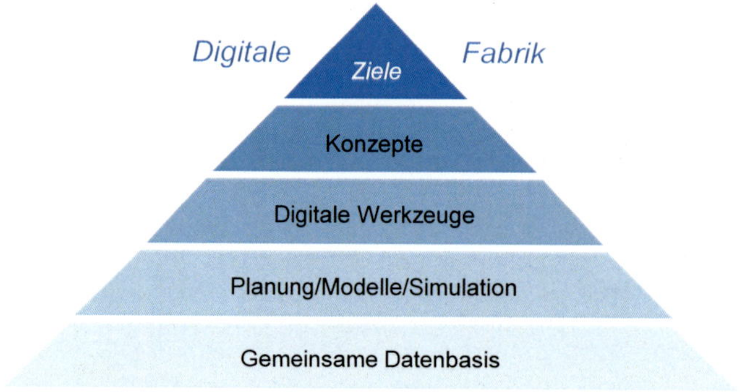

Abbildung 45: Ebenen der digitalen Fabrik nach KÜHN[434]

Erreicht werden diese Ziele durch die Anwendung geeigneter Konzepte, die wiederum aus digitalen Werkzeugen bestehen. Mithilfe digitaler Werkzeuge können wiederum Planungen durchgeführt, Modelle entwickelt und Simulationen getätigt werden. Basis für all dies ist eine gemeinsame Datenbasis. Die Aufgaben der digitalen Fabrik sind nach KÜHN in Produktentwicklungsprozesse, Produktionsprozesse und Auftragsprozesse gegliedert. Dafür werden Planungsinformationen und -ergebnisse unternehmensintern und extern, aber auch in unterschiedlichen Phasen von verschiedenen Zielgruppen verwendet. Die Beteiligten sind Mitarbeiter aus den Bereichen der Produktentwicklung, Fabrik- und Produktionsplanung, Inbetriebnahme und Anlauf der Produktion sowie dem Produktionsbetrieb und Auftragsmanagement.[435]

Die Bewertung des Modells der digitalen Fabrik nach KÜHN anhand der in Kapitel 3.1.2 definierten Anforderungen ist nachfolgend in Abbildung 46 dargestellt.

Abbildung 46: Bewertung des Modells der digitalen Fabrik nach KÜHN

[434] Vgl. Kühn (Digitale Fabrik), 2006, S. 1

[435] Vgl. Kühn (Digitale Fabrik), 2006, S. 10 f.

Das Modell der digitalen Fabrik nach KÜHN stellt eine Unterstützung von Fabrikplanungsprozessen dar. Es ist in seiner Ausgestaltung relativ unkonkret und deshalb auch nur eingeschränkt praktikabel. Zudem lässt es sich durch seinen Fokus auf die Serienproduktion nur sehr schwer auf den Werkzeugbau übertragen, zudem unternehmensspezifische Randbedingungen lediglich unzulänglich zu berücksichtigen sind. Ferner werden zwar Werkzeuge zur Abbildung, Planung und Simulation der Prozesse beschrieben. Die Planung und Steuerung sowie der Umgang mit Mitarbeitern und das Führen werden aber lediglich oberflächlich betrachtet. Das Themenfeld der Kollaboration und des Lernens wird nicht betrachtet. Während die digitalen Werkzeuge im Sinne einer digitalen Infrastruktur erläutert werden, wird die Datensicherheit nicht näher erläutert. Auch der mit der Digitalisierung verbundene Kulturwandel wird nicht ausreichend thematisiert.

Zusammenfassend lässt sich feststellen, dass das Modell der digitalen Fabrik nach KÜHN wertvolle konzeptionelle Ansätze hinsichtlich der virtuellen Abbildung von Planungsanwendungen bietet. Eine direkte Anwendung zur Gestaltung des digital vernetzten Shopfloors im Werkzeugbau ist jedoch nicht möglich.

3.2.2 Smart Factory (LUCKE, 2008)

Das Konzept der Smart Factory nach LUCKE wurde 2008 am Fraunhofer-Institut für Produktionstechnik und Automatisierung IPA entwickelt.[436] LUCKE definiert die Smart Factory als eine Fabrik, „die Menschen und Maschinen in der Ausführung ihrer Aufgaben kontextbezogen unterstützt“[437]. Unter kontextbezogen wird in diesem Zusammenhang die Verwendung von Informationen verstanden, welche Objekte in der Fabrik charakterisieren und Zusammenhänge wie Ort oder Zustand nutzbar machen. Objekte können diesbezüglich beispielsweise Produkte, Ressourcen, Prozesse oder Aufträge sein. Mithilfe der Smart Factory wird eine Optimierung des Fabrikbetriebs durch die Optimierung der Kommunikation angestrebt.[438]

Das Konzept der Smart Factory basiert auf kontextbezogenen technischen Anwendungen und Systemen in der Produktion, beispielsweise entsprechenden Informationssystemen. Die Informationen können auch dezentral vorliegen, beispielsweise auf RFID-Chips oder in Manufacturing Execution Systems (MES).[439]

Nach LUCKE existieren zwei Ausprägungen kontextbezogener Anwendungen:[440]

---

[436] Vgl. Lucke et al. (Kontextbezogene Anwendungen), 2008, S. 138 ff.
[437] Vgl. Lucke (Smart Factory), 2011, S. 254
[438] Vgl. Lucke (Smart Factory), 2011, S. 253 f.
[439] Vgl. Lucke (Smart Factory), 2011, S. 254
[440] Vgl. Lucke (Smart Factory), 2011, S. 254

- Integrierte, autonome Anwendungen, die in physische und logische „Smart Objects“ gekapselt sind.
- Verteilte Anwendungen, die sich physisch und logisch auf mehrere Informationssysteme erstrecken. Vernetzte „Smart Objects“ besitzen eigene Kommunikationsfähigkeiten.

Insbesondere verteilte Anwendungen weisen häufig eine Integrationsproblematik auf. Die Lösung dieser Problematik können Förderationsansätze sein, welche eine dezentrale Verteilung von Informationen über eine gemeinsame zentrale Schnittstelle ermöglichen (vgl. Abbildung 47).[441]

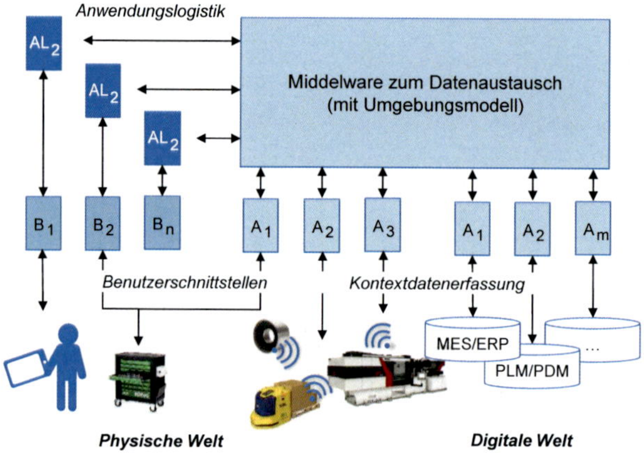

Abbildung 47: Konzept der Smart Factory nach LUCKE[442]

Der dargestellte Förderationsansatz sieht eine Verteilung von Aufgaben auf dezentrale IT-Systeme vor, welche über ein Middelware-System synchronisiert werden. Ein übergeordnetes Informationsmodell, das sogenannte Umgebungsmodell, bildet die Fabrik und die enthaltenen Objekte sowie Zusammenhänge virtuell und dynamisch ab. Es dient als eine Art Verzeichnis, um Informationen schnell und einfach verteilen zu können.[443]

Die Bewertung des Konzepts der Smart Factory nach LUCKE anhand der in Kapitel 3.1.2 definierten Anforderungen ist nachfolgend in Abbildung 48 dargestellt.

[441] Vgl. Lucke (Smart Factory), 2011, S. 254
[442] I.A.a. Lucke (Smart Factory), 2011, S. 255
[443] Vgl. Lucke (Smart Factory), 2011, S. 254 f.

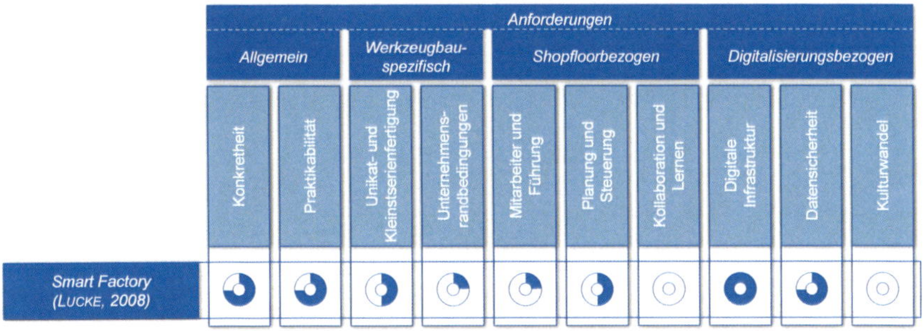

Abbildung 48: Bewertung des Konzepts der Smart Factory nach LUCKE

Das Konzept der Smart Factory nach LUCKE ist fokussiert auf die Erläuterung der notwendigen digitalen Infrastruktur. Diesbezüglich ist es sehr konkret und praktikabel ausgestaltet. Aufgrund des breit formulierten Anwendungsgebiets lässt es sich in Teilen auf den Werkzeugbau übertragen. Eine Berücksichtigung spezifischer Unternehmensrandbedingungen ist jedoch nur sehr begrenzt möglich, da das Konzept eine vollständige Umsetzung voraussetzt. Hinsichtlich der shopfloorbezogenen Anforderungen lässt sich feststellen, dass die Mitarbeiterintegration sowie die Führung von Mitarbeitern lediglich geringfügig thematisiert werden. Eine Beschreibung der Kollaboration sowie des Lernens findet nicht statt. Im Rahmen der Fokussierung auf die digitale Infrastruktur wird die Datensicherheit erläutert. Der mit der Digitalisierung zusammenhängende Kulturwandel wird jedoch nicht thematisiert.

Zusammenfassend lässt sich feststellen, dass das Konzept der Smart Factory nach LUCKE wertvolle Ansätze hinsichtlich der digitalen Infrastruktur im Werkzeugbau darstellt. Eine unmittelbare Anwendung zur Gestaltung des digital vernetzten Shopfloors im Werkzeugbau ist jedoch nicht möglich.

3.2.3 Lemgoer Modellfabrik (JASPERNEITE, 2009)

Die zunehmende Digitalisierung der Produktion lässt sich auch bezüglich neuer Lösungen der Automation erkennen. Diese werden dadurch zunehmend komplexer. Um komplexe Automatisierungstechnik weiter beherrschbar zu machen, wurden Ansätze zur intelligenten Automation am Fraunhofer-Anwendungszentrum Industrial Automation IOSB-INA und am Institut für industrielle Informationstechnik inIT in Lemgo entwickelt. Während Automation bisher die Definition von Abhängigkeiten durch Programmierer voraussetzt, ist das Ziel der intelligenten Automation die Interpretation von Zielen des Anwenders durch das Automationssystem. Dazu muss die Anlage über formalisiertes Problemlösungswissen verfügen.[444] Um die Ansätze auch

[444] Vgl. Niggemann et al. (Intelligente Fabrik), 2014, S. 173 ff.

im realitätsnahen Fabrikbetrieb einsetzen zu können, wird seit 2009 die Lemgoer Modellfabrik betrieben. Diese folgt den in Abbildung 49 dargestellten Handlungsfeldern nach JASPERNEITE.

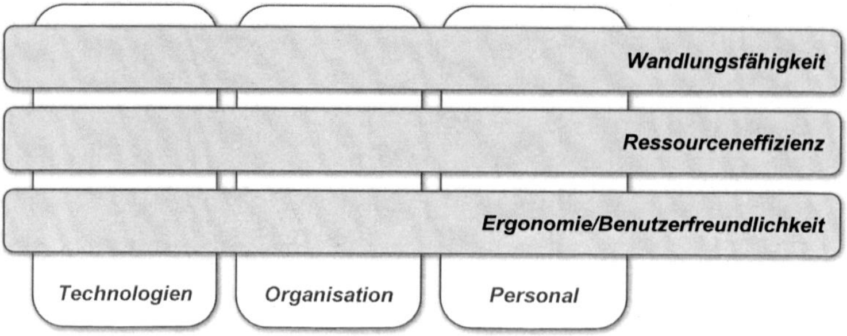

Abbildung 49: Handlungsfelder der Lemgoer Modellfabrik nach JASPERNEITE[445]

Die Handlungsfelder Wandlungsfähigkeit, Ressourceneffizienz und Ergonomie bzw. Benutzerfreundlichkeit werden bezüglich der Gestaltungsbereiche Technologie, Organisation und Personal betrachtet. Unter Wandlungsfähigkeit wird die Eigenschaft einer schnellen Anpassungsfähigkeit an neue Anforderungen verstanden. Mithilfe der Selbstkonfiguration von Maschinen und Anlagen soll diese Wandlungsfähigkeit erreicht werden. Das Handlungsfeld Ressourceneffizienz beschreibt die Echtzeitoptimierung der Maschinen und Anlagen. Die Selbstoptimierung der Maschinen führt zu ressourceneffizienten Produktionssystemen. Das Handlungsfeld Ergonomie bzw. Benutzerfreundlichkeit beschreibt allgemein die erlebte Nutzungsqualität bezogen auf die Interaktion mit einem System. Durch die Selbstdiagnose der intelligenten technischen Systeme wird das menschliche Einwirken minimiert. Sie ermöglicht gleichzeitig eine hohe Benutzerfreundlichkeit. Schließlich kann das Defizit der heutigen Automatisierungstechnik durch die Selbstkonfiguration, Selbstoptimierung und Selbstdiagnose behoben und der Mensch geeignet unterstützt werden.[446]

Die Bewertung des Konzepts der Lemgoer Modellfabrik nach JASPERNEITE anhand der in Kapitel 3.1.2 definierten Anforderungen ist nachfolgend in Abbildung 50 dargestellt.

---

445 Vgl. Jasperneite (Lemgoer Modellfabrik), 2013

446 Vgl. Institut für industrielle Informationstechnik inIT (Intelligente Automation), 2015

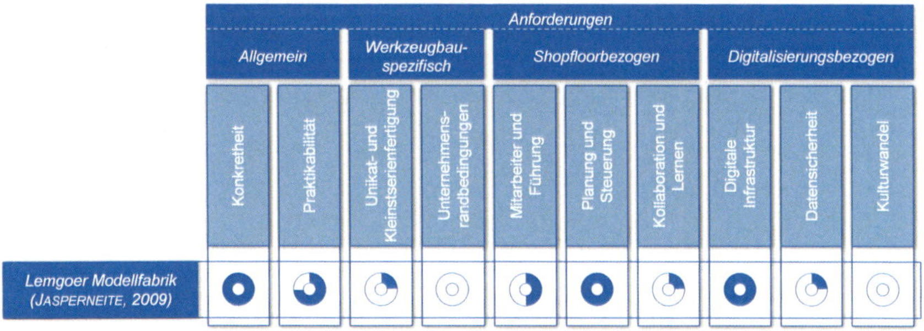

Abbildung 50: Bewertung des Konzepts der Lemgoer Modellfabrik nach JASPERNEITE

Das Konzept der Lemgoer Modellfabrik nach JASPERNEITE besitzt einen klaren Fokus auf die Optimierung der Automatisierung durch digitale Infrastruktur. Durch die erfolgreiche Anwendung im Rahmen der Demonstrationsfabrik ist das Konzept sehr konkret. Die Praktikabilität ist trotz des Forschungscharakters hoch. Die Anwendungen sind jedoch rein auf die Serienfertigung bezogen entwickelt worden, weshalb das Konzept nicht auf die Unikat- und Kleinstserienfertigung übertragbar ist. Die Möglichkeiten der Berücksichtigung spezieller Unternehmensrandbedingungen sind aufgrund der konkreten Anwendung auf Montageprozesse gering. Durch die Beschreibung der Ergonomie werden die Themen Mitarbeiter und Führung geringfügig betrachtet. Das Thema Planung und Steuerung ist Kern des Konzepts, weshalb die entsprechende Anforderung voll erfüllt ist. Die Themen Kollaboration und Lernen werden sehr geringfügig im Rahmen des Handlungsfelds der Wandlungsfähigkeit bearbeitet. Durch den Fokus auf die digitale Infrastruktur ist die entsprechende Anforderung voll erfüllt. Gleichzeitig wird die Datensicherheit jedoch nur geringfügig thematisiert. Die Bearbeitung des mit der Digitalisierung einhergehenden Kulturwandels bleibt aus.

Zusammenfassend lässt sich feststellen, dass das Konzept der Lemgoer Modellfabrik interessante Ansätze hinsichtlich der Planung und Steuerung von Montageprozessen bietet. Diese sind jedoch nicht direkt auf den Werkzeugbau übertragbar. Insgesamt ist eine direkte Anwendung des Konzepts zur Gestaltung des digital vernetzten Shopfloors im Werkzeugbau nicht möglich.

3.2.4 Erweitertes Strategic Alignment Model (GAUSEMEIER ET AL., 2009)

Die Verwendung von Informationstechnologie im geschäftlichen Umfeld hat sich im Laufe der vergangenen Jahrzehnte grundlegend verändert. Während der Einsatz sich zunächst auf die administrative Unterstützung der Mitarbeiter von Unternehmen beschränkte, besitzt der richtige Einsatz von IT-Systemen heute eine strategische

Komponente.[447] Zur Gestaltung der Informationstechnik sowie dem damit verbundenen Management haben GAUSEMEIER ET AL. 2009 ein Modell aus dem Referenzmodell zur zukunftsorientierten Unternehmensgestaltung abgeleitet. Dieses basiert auf dem bereits 1993 von HENDERSON und VENKATRAMAN entwickelten Strategic Alignment Model[448] und wurde von GAUSEMEIER ET AL. insbesondere um die Wechselwirkungen und Abstimmungsbedarfe von Geschäft (Business) und Informationstechnologie (IT) erweitert (vgl. Abbildung 51).[449]

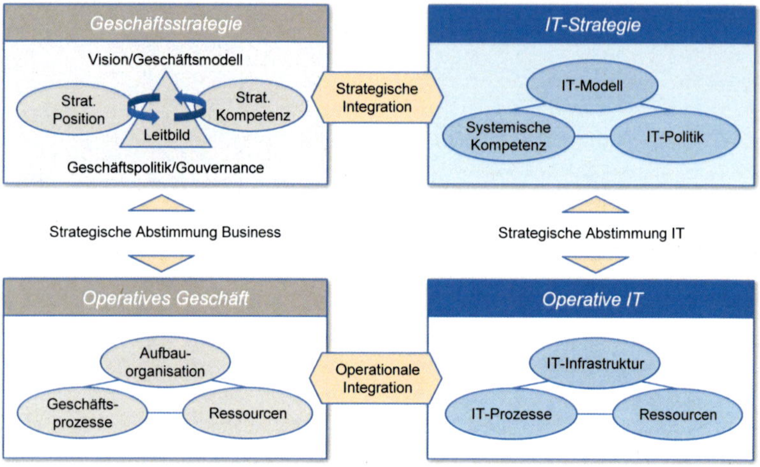

Abbildung 51: Erweitertes Strategic Alignment Model[450]

Nach GAUSEMEIER ET AL. sind zur integralen Gestaltung der Informationstechnik im Rahmen eines Managementkonzepts die Aspekte Geschäftsstrategie, operatives Geschäft, IT-Strategie und operative IT zu betrachten. Die Geschäftsstrategie besteht aus einem zentralen Leitbild, welches von der strategischen Kompetenz sowie der strategischen Position im Sinne einer Produkt-Markt-Kombination beeinflusst wird. Die Vorgaben der Geschäftsstrategie werden durch das operative Geschäft gesteuert und durch Geschäftspläne umgesetzt. Dazu bedarf es einer Aufbauorganisation, einer Ablauforganisation im Sinne von Geschäftsprozessen sowie geeigneter Ressourcen. Zur Gestaltung von Informationstechnik existiert eine IT-Strategie, welche die technologischen Möglichkeiten mit den Erfordernissen der Geschäftsstrategie in Einklang bringt. Dies geschieht im Rahmen eines IT-Modells. Im Zusammenhang mit diesem stehen eine systemische Kompetenz sowie eine entsprechende IT-

[447] Vgl. Henderson & Venkatraman (Strategic alignment), 1993, S. 472
[448] Vgl. Henderson & Venkatraman (Strategic alignment), 1993, S. 472 ff.
[449] Vgl. Gausemeier et al. (Zukunftsorientierte Unternehmensgestaltung), 2009, S. 370
[450] I.A.a. Gausemeier et al. (Zukunftsorientierte Unternehmensgestaltung), 2009, S. 370

Politik. Nach GAUSEMEIER ET AL. ist die IT-Strategie eine Substrategie einer Geschäftsstrategie. Diese IT-Strategie wird anschließend im Rahmen der operativen IT mit dem Ziel der Leistungserbringung umgesetzt. Dazu dienen die IT-Infrastruktur, IT-Prozesse und entsprechende Ressourcen.[451]

Die Auseinandersetzung mit den beschriebenen Handlungsfeldern ist nach GAUSEMEIER ET AL. essenziell für den Unternehmenserfolg. Diesbezüglich müssen beide Seiten des Modells gemeinsam betrachtet werden. Die kontinuierliche Abstimmung der Seiten aufeinander sowie die anschließende Anpassung der Gestaltungsfelder ist aufgrund des technologischen Fortschritts unentbehrlich. Dazu erläutern GAUSEMEIER ET AL. die vier Handlungsmuster Strategie-Umsetzung, technologische Transformation, IT als Enabler und Service-Orientierung.[452]

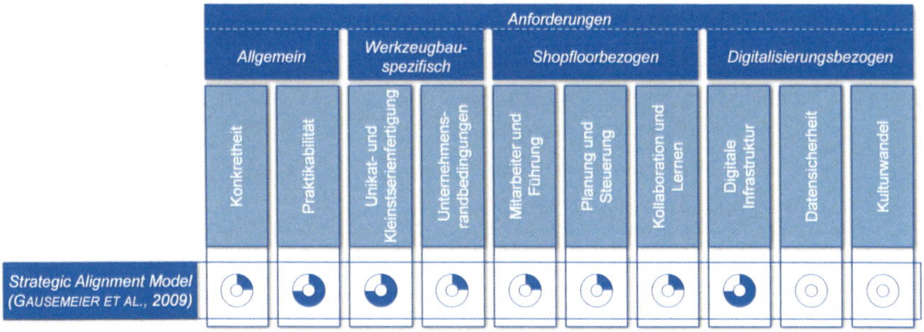

Abbildung 52: Bewertung des erweiterten Strategic Alignment Model

Das erweiterte Strategic Alignment Model nach GAUSEMEIER ET AL. fokussiert auf die Integration der Informationstechnologie als fester Bestandteil der Unternehmensführung. Die Konkretheit des Modells ist jedoch sehr gering. Aufgrund der geschilderten Integration in das Managementsystem ist es jedoch zur strategischen Verwendung sehr praktikabel. Es ist zudem nicht auf die Serienfertigung beschränkt, da es die Unternehmensführung allgemein beschreibt. Damit ist es sehr gut in der Unikat- und Kleinstserienfertigung einsetzbar. Das Modell eignet sich aufgrund seiner umfangreichen und komplexen Struktur insgesamt insbesondere für den Einsatz in großen Unternehmen. Deshalb ist die Anpassbarkeit an spezifische Unternehmensrandbedingungen als sehr gering zu bewerten. Shopfloorbezogene Anwendungsfelder des Modells werden allenfalls hinsichtlich der Beschreibung von Beispielen thematisiert. Daher sind alle shopfloorbezogenen Anforderungen als sehr gering zu bewerten. Die operative Ausgestaltung der digitalen Infrastruktur wird ausführlich beschrieben.

[451] Vgl. Gausemeier et al. (Zukunftsorientierte Unternehmensgestaltung), 2009, S. 370

[452] Vgl. Gausemeier et al. (Zukunftsorientierte Unternehmensgestaltung), 2009, S. 370 ff.

Deshalb wird die entsprechende Anforderung hoch bewertet. Die Themenfelder Datensicherheit und Kulturwandel werden nicht thematisiert.

Ingesamt lässt sich feststellen, dass das erweiterte Strategic Alignment Model nach GAUSEMEIER ET AL. aufgrund der Konzentration auf Management-Aspekte nicht direkt zur Gestaltung des digital vernetzten Shopfloors im Werkzeugbau angewendet werden kann. Ansätze zur Gestaltung von Aspekten der Unternehmensführung lassen sich aber hinsichtlich der Integration digitaler Infrastruktur verwerten.

3.2.5 Internet der Dinge in der Intralogistik (GÜNTHNER ET AL., 2010)

Wie bereits in Kapitel 2.3 beschrieben hat die Entwicklung des Internets bereits weitreichende Veränderungen im Rahmen der Logistik produzierender Unternehmen nach sich gezogen. Insbesondere innerbetriebliche Materialflusssysteme haben sich vor dem Hintergrund des Internets der Dinge in den vergangenen Jahren stark verändert. Das Konzept der Intralogistik im Zeitalter des Internets der Dinge nach GÜNTHNER ET AL. thematisiert entsprechend die Materialflusssteuerung und Intralogistik in der Fertigung und Montage produzierender Unternehmen.[453] Das Vorbild einer solchen Intralogistik der Zukunft ist das Internet als „Netzwerk aus Netzwerken“[454], welches auf dezentralen Strukturen basiert und laut GÜNTHNER ET AL. hochgradig robust und skalierbar ist. Die Intralogistik der Zukunft ist nach GÜNTHNER ET AL. durch eine hierarchielose und dezentrale Materialflusssteuerung charakterisiert, im Rahmen derer sich Behälter autonom steuern (vgl. Abbildung 53).[455]

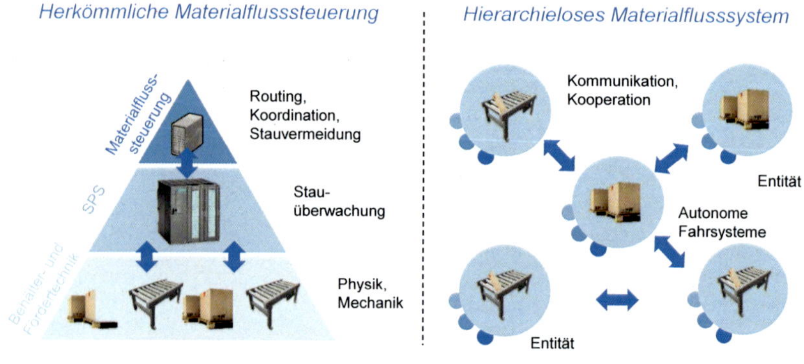

Abbildung 53: Konzept des Internets der Dinge in der Intralogistik nach GÜNTHNER AT AL.[456]

[453] Vgl. Günthner et al. (Vision vom Internet der Dinge), 2010, S. 41
[454] Vgl. Günthner et al. (Vision vom Internet der Dinge), 2010, S. 42
[455] Vgl. Günthner et al. (Vision vom Internet der Dinge), 2010, S. 42 f.
[456] I.A.a. Günthner et al. (Vision vom Internet der Dinge), 2010, S. 43

Mithilfe eingebetteter Systeme können die beteiligten Entitäten des Materialflusses unmittelbar auf ihre Umwelt reagieren. Entitäten sind Transporteinheiten, Module und Softwaredienste. Nach GÜNTHNER ET AL. übernimmt jede Entität Aufgaben aus allen Ebenen heutiger Steuerungshierarchien. Bereits jetzt besitzen vieler dieser Entitäten Ethernet-Schnittstellen zur Kommunikation über TCP/IP. Durch die fortschreitende Entwicklung im Bereich der RFID-Technologie kann neben Entscheidungskompetenz auch die Datenhaltung dezentralisiert werden. Ein Data-On-Chip-Prinzip auf Basis von RFID-Tag ermöglicht es, alle relevanten Transportdaten auf dem RFID-Tag zu speichern. Dies hat eine Verringerung der Kommunikation im System sowie eine Datenredundanz zur Folge. Mithilfe intelligenter Transporteinheiten auf Basis neuester RFID-Technologie nähern sich die Materialflüsse immer mehr an die Funktionsweise des Internets an. Materialflussmodule übernehmen die Aufgaben der Wegberechnung, Wegreservierung, Stauvermeidung und das Schalten von Wegelementen. Schließlich sind übergeordnete Leitsysteme nicht mehr erforderlich und die herkömmliche Materialflusssteuerung wird vollständig durch das hierarchielose Materialflusssystem ersetzt.[457]

Die Bewertung des Konzepts des Internets der Dinge in der Intralogistik nach GÜNTHNER ET AL. anhand der in Kapitel 3.1.2 definierten Anforderungen ist nachfolgend in Abbildung 54 dargestellt.

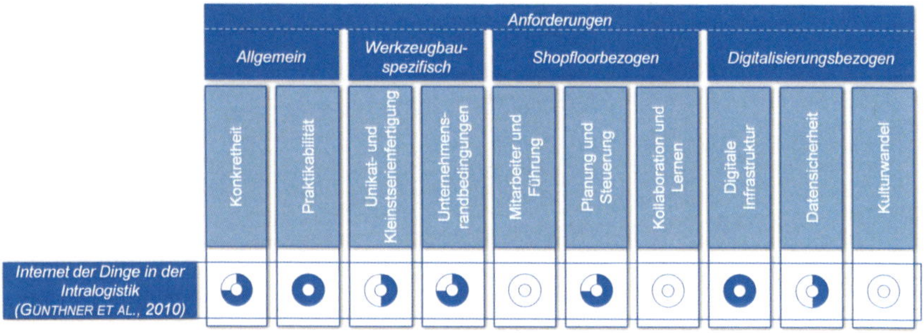

Abbildung 54: Bewertung des Konzepts des Internets der Dinge in der Intralogistik nach GÜNTHNER ET AL.

Das Konzept des Internets der Dinge in der Intralogistik fokussiert auf die digitale Materialflusssteuerung. Aufgrund der konkreten Formulierung des Konzepts ist die Konkretheit als hoch zu bewerten. Die Praktikabilität ist aufgrund der weiten Verbreitung von RFID-Tags sowie der hohen Praktikabilität als sehr hoch zu bewerten. Aufgrund der begrenzten Relevanz in der Unikat- und Kleinstserienfertigung (vgl. Kapitel 2.2.3.3) ist die Anwendungsmöglichkeit dort als gering einzustufen. Spezifische Un-

457 Vgl. Günthner et al. (Vision vom Internet der Dinge), 2010, S. 43

ternehmensrandbedingungen können jedoch durch die bereits verfügbare Technologie weitgehend berücksichtigt werden. Hinsichtlich der shopfloorbezogenen Anforderungen werden die Themenfelder Mitarbeiter und Führung sowie Kollaboration und Lernen nicht bearbeitet. Deshalb sind die entsprechenden Ausprägungen der Anforderungen als nicht vorhanden einzustufen. Das Themenfeld Planung und Steuerung wird jedoch hinsichtlich der Materialflusssteuerung umfassend bearbeitet. Aus diesem Grund kann die Anforderung durch die Ausprägung hoch bewertet werden. Die für die Materialflusssteuerung notwendige digitale Infrastruktur wird umfassend beschrieben und ist bereits in der Praxis erprobt. Die Eignung des Konzepts ist diesbezüglich als sehr hoch zu bewerten. Das Thema Datensicherheit wird jedoch nur geringfügig bearbeitet. Eine Berücksichtigung des mit der Digitalisierung und Vernetzung einhergehenden Kulturwandels findet nicht statt.

Ingesamt lässt sich feststellen, dass das Konzept des Internets der Dinge in der Intralogistik nach GÜNTHNER ET AL. aufgrund des Fokus auf die Materialflusssteuerung nicht direkt zur Gestaltung der Wertschöpfung auf dem digital vernetzten Shopfloor im Werkzeugbau angewendet werden kann. Ansätze zur Materialflusssteuerung lassen sich aber auf die Planung und Steuerung von Produktionsprozessen im Werkzeugbau übertragen.

3.2.6 Manufacturing Service Bus (MINGUEZ, 2010)

Im Rahmen des Modells des Manufacturing Service Bus nach MINGUEZ wird die Umsetzung der Wandlungsfähigkeit informationstechnischer Ressourcen in einer Fabrik thematisiert. Dazu dient eine flexible Verknüpfung verschiedener Produktionsanwendungen, der sogenannte Manufacturing Service Bus (MSB).[458] Dieser ist eine Erweiterung des Enterprise Service Bus (ESB) für Produktionsumgebungen (vgl. Abbildung 55).[459] Der ESB stellt eine Kommunikationsinfrastruktur zur Verfügung, um Nachrichten zwischen Dienstanbietern und Dienstkonsumenten auszutauschen.[460]

[458] Vgl. Minguez et al. (Manufacturing Service Bus), 2010

[459] Vgl. Minguez (Manufacturing Service Bus), 2011, S. 276

[460] Vgl. Chappell (Enterprise service bus), 2004, S. 1 ff.

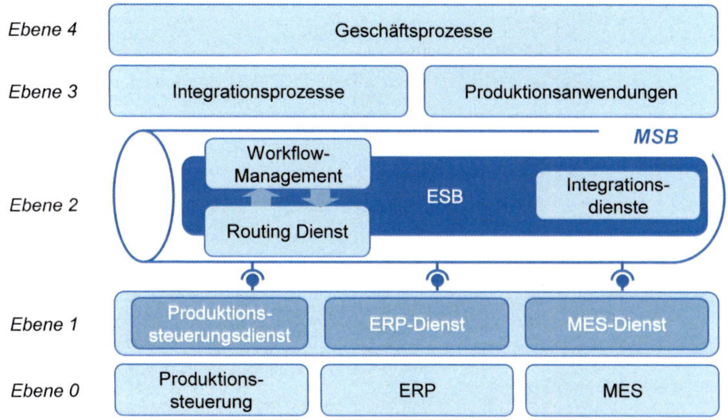

Abbildung 55: Konzept des Manufacturing Service Bus nach MINGUEZ[461]

Entsprechend dem Modell des Manufacturing Service Bus nach MINGUEZ lässt sich ein Produktionsumfeld in fünf Abstraktionsebenen überführen. Der MSB als zentrales Element ist in der zweiten Ebene angeordnet. Die Aufgabe des MSB ist es, Routing- und Integrationsdienste zur Verfügung zu stellen, um eine Weiterleitung der Daten aus der Produktion an digitale Werkzeuge zu gewährleisten. Ferner verfügt der MSB über einen Orchestrierungsdienst (in der Regel ein Workflowmanagementsystem), welcher die Ausführung von vordefinierten Abläufen auf spezifische Produktionsereignisse ermöglicht. Die realen Produktionsdaten werden aus der Produktionssteuerung, dem ERP-System sowie dem MES-System entnommen (Ebene 0). Über eine Dienstschnittstelle (Ebene 1) werden die Informationen an den MSB kommuniziert. Ebene 3 stellt die Integrationsprozesse und Produktionsanwendungen dar, die den MSB mit den Geschäftsprozessen (Ebene 4) verbinden.[462]

Die Bewertung des Modells des Manufacturing Service Bus nach MINGUEZ anhand der in Kapitel 3.1.2 definierten Anforderungen ist nachfolgend in Abbildung 56 dargestellt.

[461] I.A.a. Minguez (Manufacturing Service Bus), 2011, S. 278
[462] Vgl. Minguez (Manufacturing Service Bus), 2011, S. 276 ff.

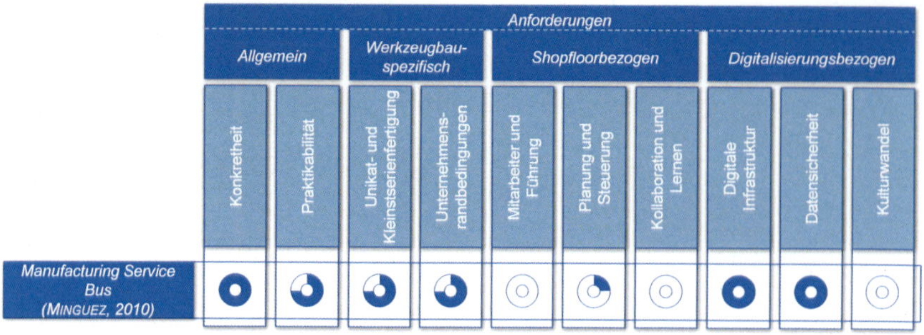

Abbildung 56: Bewertung des Modells des Manufacturing Service Bus nach MINGUEZ

Der Fokus des Modells des Manufacturing Service Bus nach MINGUEZ besteht in der Umsetzung der flexiblen Integration informationstechnischer Ressourcen in ein Produktionsumfeld. Die diesbezügliche Konkretheit ist sehr hoch. Durch die Verwendung bereits eingesetzter Systeme besteht zudem eine hohe Praktikabilität. Die Möglichkeit der Verwendung in der Unikat- und Kleinstserienfertigung ist grundsätzlich gegeben, weshalb diesbezüglich die Ausprägung hoch vergeben werden kann. Zudem ist das Modell durch die Modularität der Systeme gut an spezifische Unternehmensrandbedingungen anpassbar. Hinsichtlich der shopfloorbezogenen Anforderungen wird lediglich die Planung und Steuerung geringfügig thematisiert. Die Themen Mitarbeiter und Führung sowie Kollaboration und Lernen werden hingegen nicht bearbeitet. Der Fokus des Modells führt zur sehr hohen Erfüllung der Anforderungen digitale Infrastruktur und Datensicherheit. Der durch die Digitalisierung und Vernetzung ausgelöste Kulturwandel wird jedoch nicht thematisiert.

Insgesamt lässt sich feststellen, dass das Modell des Manufacturing Service Bus nach MINGUEZ nicht zur ganzheitlichen Gestaltung des digital vernetzten Shopfloors im Werkzeugbau eingesetzt werden kann. Es können jedoch Teilaspekte hinsichtlich der digitalen Infrastruktur aufgegriffen werden, da diese grundsätzlich eine hohe Anwendbarkeit im Werkzeugbau versprechen.

3.2.7 Management vernetzter Produktionssysteme (KEMPER ET AL., 2012)

Moderne Produktionssysteme zeichnen sich durch eine zunehmende Vernetzung aus. Um sich verändernden Rahmenbedingungen und Anforderungen gerecht zu werden, wurde 2012 das Konzept des Managements vernetzter Produktionssysteme von KEMPER ET AL. veröffentlicht. Es soll Lösungen für verschiedene Managementbereiche bieten, welche sich an den Kernpunkten Innovation, Nachhaltigkeit und Risikomanagement orientieren. Unter dem Begriff Innovation wird diesbezüglich über die grundlegende Neuausrichtung von Produkten und Dienstleistungen hinaus die Wandlungsfähigkeit des gesamten Produktionssystems verstanden. Nachhaltigkeit umfasst neben ökologischen Aspekten auch die selbstkritische Reflexion der Rolle des Unternehmens. Risikomanagement schließlich dient dazu, das Unternehmen in diesem Sinne resilient zu gestalten. Zur Einordnung der Handlungsfelder für das Management vernetzter Produktionssysteme wurde der in Abbildung 57 dargestellte Bezugsrahmen entwickelt, der auch die Eckpfeiler des Lösungskonzepts enthält.[463]

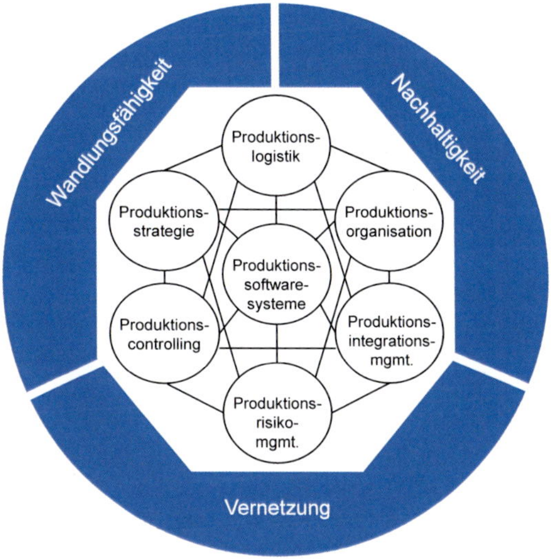

Abbildung 57: Bezugsrahmen für das Management vernetzter Produktionssysteme nach KEMPER ET AL.[464]

Das Lösungskonzept betrachtet das Management vernetzter Produktionssysteme grundsätzlich aus den folgenden Perspektiven:[465]

- Strategien in Produktionsnetzwerken
- Optimierung des Produktionsverbunds
- Innovation und Dienstleistungen
- Risiko- und Resilienzmanagement

Aus Sicht dieser Perspektiven beschreiben KEMPER ET AL. die Handlungsfelder Produktionsstrategie, Produktionslogistik, Produktionsorganisation, Produktionssoftwaresysteme, Produktionsintegrationsmanagement, Produktionscontrolling und Produktionsrisikomanagement.[466] Die Bewertung des Konzepts für das Management

---

[463] Vgl. Kemper et al. (Produktionssysteme), 2012, S. 1 f.
[464] I.A.a. Kemper et al. (Produktionssysteme), 2012, S. 2
[465] Vgl. Kemper et al. (Produktionssysteme), 2012, S. 2
[466] Vgl. Kemper et al. (Produktionssysteme), 2012, S. 2

vernetzter Produktionssysteme nach KEMPER ET AL. anhand der in Kapitel 3.1.2 definierten Anforderungen ist nachfolgend in Abbildung 58 dargestellt.

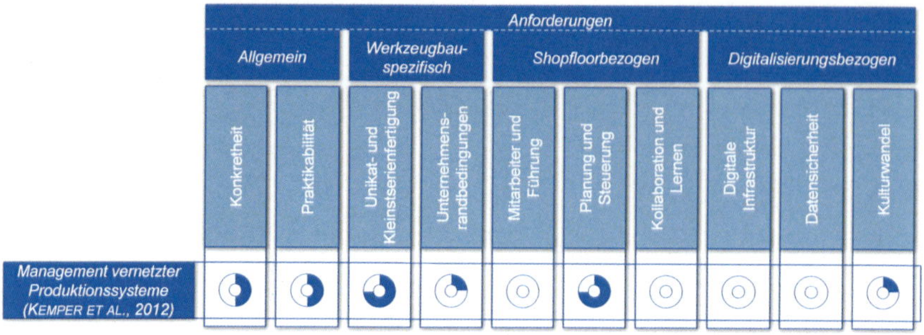

Abbildung 58: Bewertung des Konzepts des Managements vernetzter Produktionssysteme nach KEMPER ET AL.

Das Konzept des Managements vernetzter Produktionssysteme bezieht alle Handlungsfelder auf vernetzte Produktionssysteme. Wenngleich KEMPER ET AL. diese Produktionssysteme als globales Produktionsnetzwerk interpretieren, so bietet dieser Ansatz wichtige konzeptionelle Denkanstöße für Handlungsfelder digitaler Produktionsnetzwerke.

Die Autoren verstehen das Konzept nicht als konkreten Handlungsleitfaden. Dementsprechend ist die Konkretheit als gering zu bewerten. Ebenso ist die Praktikabilität aufgrund der teilweise idealistischen Betrachtungsweise gering. Grundsätzlich lässt sich der Ansatz jedoch auch in der Unikat- und Kleinstserienfertigung anwenden, da kein Bezug auf Losgrößen genommen wird. Deshalb wird die entsprechende Anforderung mit der Ausprägung hoch bewertet. Da der Ansatz aufgrund des Fokus auf globale Produktionsnetzwerke lediglich auf global agierende Unternehmen anwendbar ist, ist die Anforderung der Berücksichtigung von spezifischen Unternehmensrandbedingungen als sehr gering zu bewerten. Die Themenfelder Mitarbeiter und Führung sowie Kollaboration und Lernen werden im Sinne der shopfloorbezogenen Anforderung nicht bearbeitet. Das Themenfeld der Planung und Steuerung wird thematisiert, jedoch bezogen auf globale Produktionsnetzwerke. Es lässt sich aber trotzdem in Teilen auch shopfloorbezogen anwenden. Hinsichtlich der Digitalisierung kann keine Anforderung erfüllt werden.

Zusammenfassend lässt sich feststellen, dass der Ansatz des Managements vernetzter Produktionssysteme nicht zur Gestaltung des digital vernetzten Shopfloors im Werkzeugbau anwendbar ist. Er bietet aber interessante Denkanstöße hinsichtlich der Managementperspektive, da der digital vernetzte Shopfloor in Teilen ebenfalls als Netzwerk verstanden werden kann.

3.2.8 Modell des Managements in der digitalen, vernetzten Welt (Brenner & Herrmann, 2012)

Laut Brenner & Herrmann lassen sich Trends wie Vernetzung, Individualisierung, Echtzeit, Datennutzung und -auswertung, Dienstleistungsorientierung sowie eine anhaltende rechtliche Unsicherheit innerhalb der heutigen digitalen, vernetzten Welt erkennen.[467] Um den Trends gerecht zu werden, wurde das Modell des Managements in der digitalen vernetzten Welt entwickelt. Es basiert auf dem St. Galler Management-Modell[468, 469] und soll das Zusammenwirken der zentralen Objekte Kunde, Unternehmen und Produkte bzw. Dienstleistungen sowie entsprechende Beziehungen erklären. Das Modell erweitert das St. Galler Management-Modell insbesondere um eine Datenperspektive. Daten ermöglichen nach Brenner & Hermann nicht nur die Verbesserung bestehender Produkte und Dienstleistungen, sondern ermöglichen auch gänzlich neue Geschäftsmodelle.[470]

Das Modell des Managements in der digitalen, vernetzten Welt nach Brenner & Herrmann ist nachfolgend in Abbildung 59 dargestellt.

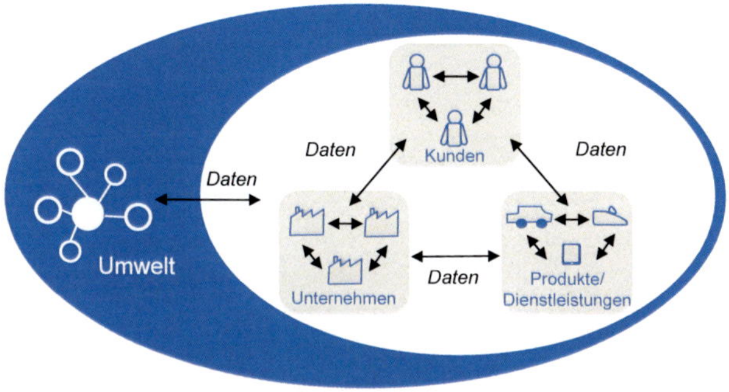

Abbildung 59: Modell des Managements in der digitalen, vernetzten Welt nach Brenner & Herrmann[471]

Die Beziehungen zwischen den Objekten lassen sich nach Brenner & Herrmann in zwei Kategorien einteilen. Die erste Kategorie beschreibt Beziehungen innerhalb einer Gruppe, beispielsweise Verbindungen von Kunden untereinander im Rahmen von sozialen Netzwerken. Die zweite Kategorie beinhaltet Beziehungen zwischen Objekten, beispielsweise den Austausch zwischen dem Kunden und dem Unternehmen oder dem Produkt. Diese Beziehungen werden durch den Austausch von Daten

[467] Vgl. Brenner & Herrmann (Management in der digitalen vernetzten Welt), 2012, S. 15 ff.
[468] Vgl. Rüegg-Stürm (St. Galler Management-Modell), 2003
[469] Vgl. Ulrich & Krieg (St. Galler Management-Modell), 1972
[470] Vgl. Brenner & Herrmann (Management in der digitalen vernetzten Welt), 2012, S. 18 ff.
[471] I.A.a. Brenner & Herrmann (Management in der digitalen vernetzten Welt), 2012, S. 20

geprägt. Zudem lassen sich Daten aus der Umwelt hinzuziehen. BRENNER & HERRMANN beschreiben im Rahmen des Modells die Beziehungen im Detail und erläutern notwendige Maßnahmen für das erfolgreiche Management dieser Beziehungen.[472]

Die Bewertung des Modells des Managements in der digitalen, vernetzten Welt nach BRENNER & HERRMANN anhand der in Kapitel 3.1.2 definierten Anforderungen ist nachfolgend in Abbildung 60 dargestellt.

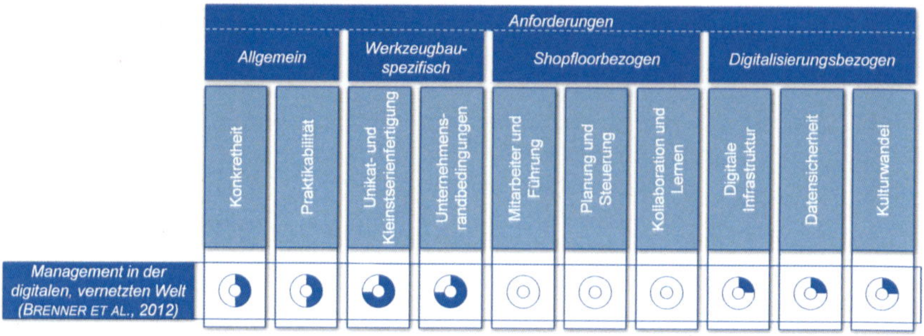

Abbildung 60: Bewertung des Modells des Managements in der digitalen, vernetzten Welt nach BRENNER & HERRMANN

Das Modell des Managements in der digitalen, vernetzten Welt nach BRENNER & HERRMANN fokussiert auf die Managementperspektive und erläutert hauptsächlich Beziehungen zwischen Objekten im Unternehmen. Dadurch sind sowohl die Konkretheit als auch die Praktikabilität gering. Da die Beziehungen sehr allgemein beschrieben worden sind, lässt es sich grundsätzlich auch in der Unikat- und Kleinstserienfertigung anwenden. Deshalb wird die entsprechende Anforderung als hoch bewertet. Ebenso lassen sich unterschiedliche Unternehmensrandbedingungen berücksichtigen. Das Modell bietet jedoch keinen Shopfloorbezug, weshalb alle drei diesbezüglichen Anforderungen als nicht vorhanden bewertet werden. Digitalisierungsbezogen werden die notwendige digitale Infrastruktur, die Datensicherheit sowie der Kulturwandel lediglich geringfügig erläutert. Die entsprechenden Anforderungen werden deshalb mit sehr gering bewertet.

Insgesamt lässt sich feststellen, dass das Modell aufgrund seiner mangelnden Konkretheit sowie dem fehlenden Shopfloorbezug nicht zur Gestaltung der Wertschöpfung auf dem digital vernetzten Shopfloor im Werkzeugbau anwendbar ist. Bezogen auf die Managementperspektive sind jedoch interessante Ansätze vorhanden, welche sich auf ein Gestaltungsmodell übertragen lassen.

472 Vgl. Brenner & Herrmann (Management in der digitalen vernetzten Welt), 2012, S. 20 ff.

3.2.9 Industry 4.0 Framework (CAPGEMINI, 2014)

Der Industry 4.0 Framework wurde von CAPGEMINI CONSULTING entwickelt, um den bevorstehenden Herausforderungen der vierten industriellen Revolution zu begegnen und die Potenziale der Industrie 4.0 realisieren zu können.[473] Dazu wurden verschiedene Handlungsfelder identifiziert und anschließend im Rahmen eines Modells veröffentlicht (vgl. Abbildung 61).

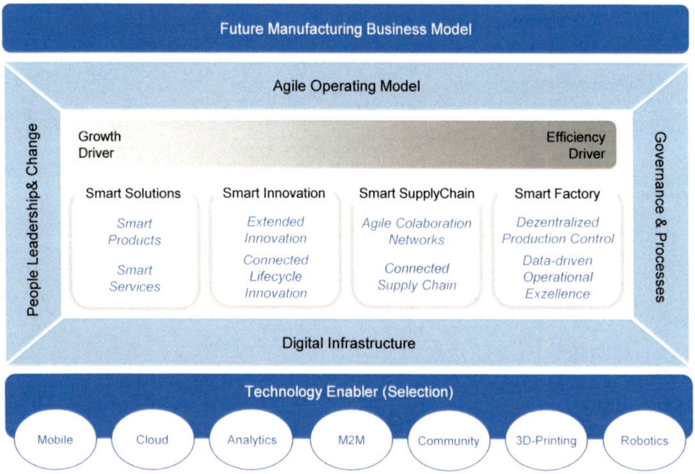

Abbildung 61: Industry 4.0 Framework nach CAPGEMINI[474]

Die Basis des Frameworks sind die Technologiebefähiger, welche durch mobile Endgeräte, Cloud-Services, analytische IT-Systeme, M2M-Kommunikatoren, Community-Plattformen, 3D-Drucktechnologie und Robotik repräsentiert werden. Diese Technologiebefähiger spiegeln Möglichkeiten für das Unternehmen wider, digitale Technologien in der Produktion einzusetzen.[475] Auf diese Befähiger setzt die digitale Infrastruktur auf, die laut CAPGEMINI CONSULTING leistungsstark, sicher, verlässlich und skalierbar sein muss. Den Kern des Industry 4.0 Frameworks bilden die Elemente Smart Solutions, Smart Innovation, Smart Supply Chains und Smart Factory. Unter Smart Solutions sind intelligente Produkte und intelligente Dienstleistungen zusammengefasst. Smart Innovation sind erweiterte Innovationen sowie Innovationen über den Lebenszyklus. Smart Supply Chains legen den Fokus auf agile Kollaborationsnetzwerke sowie verknüpfte Lieferketten. Schließlich wird unter Smart Factory eine dezentralisierte Produktionsüberwachung sowie datengetriebene operationale Exzel-

---

473 Vgl. Bechthold et al. (Industry 4.0), 2014, S. 5

474 I.A.a. Bechthold et al. (Industry 4.0), 2014, S. 5

475 Vgl. Bechthold et al. (Industry 4.0), 2014, S. 20

lenz in der Produktion verstanden.[476] Weitere Module des Elements stellen die Elemente Mitarbeiterführung und Veränderung, welches einen stärkeren Mitarbeitereinbezug sowie eine größere Mitarbeiterverantwortung beschreibt, sowie Steuerung und Prozess dar.[477] Zudem wird im Rahmen des Modells die Agilität als Fähigkeit des schnellen Wandels beschrieben, um auf unvorhersehbare und kontinuierliche Veränderung reagieren zu können. Dazu müssen sich insbesondere produzierende Unternehmen um Dezentralisierung, Modularisierung, Grenzenlosigkeit und Flexibilität bemühen. Eine Berücksichtigung aller Elemente unterstützt produzierende Unternehmen beim Aufbau eines zukünftigen Geschäftsmodells zur Adressierung der Herausforderungen der Industrie 4.0.[478]

Die Bewertung des Industry 4.0 Framework nach CAPGEMINI anhand der in Kapitel 3.1.2 definierten Anforderungen ist nachfolgend in Abbildung 62 dargestellt.

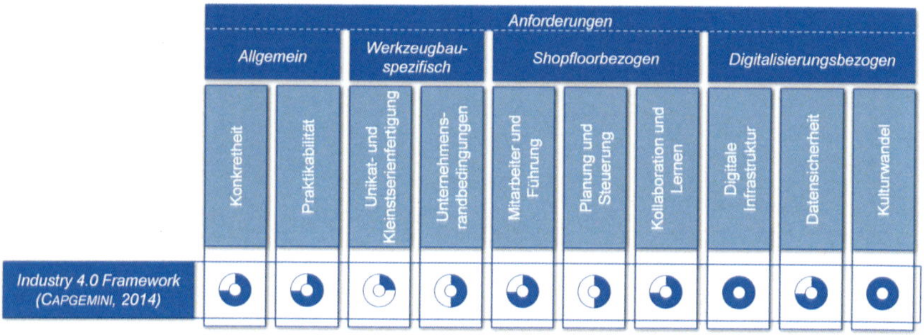

Abbildung 62: Bewertung des Industry 4.0 Framework nach CAPGEMINI

Der Industry 4.0 Framework von CAPGEMINI CONSULTING stellt einen konkreten Handlungsleitfaden dar, welcher eine hohe Praktikabilität besitzt. Die shopfloorbezogenen Themen Mitarbeiter und Führung sowie Kollaboration und Lernen werden umfangreich bearbeitet, weshalb die diesbezügliche Anforderung mit hoch bewertet werden kann. Die Auftragsplanung und -steuerung wird nur am Rande thematisiert, weshalb die entsprechende Anforderung nur geringfügig erfüllt wird. Die digitale Infrastruktur sowie der mit der Digitalisierung einhergehende Kulturwandel werden detailliert bearbeitet, sodass die Anforderungen vollständig erfüllt sind. Auch die Datensicherheit wird thematisiert und ist mit hoch zu bewerten. Lediglich die Anwendbarkeit auf die Unikat- und Kleinstserienfertigung ist kritisch zu betrachten, da der Ansatz einen Fokus auf die Serienproduktion besitzt. Zudem ist der Ansatz nur begrenzt auf spezifische Unternehmensrandbedingungen anpassbar.

[476] Vgl. Bechthold et al. (Industry 4.0), 2014, S. 7 ff.
[477] Vgl. Bechthold et al. (Industry 4.0), 2014, S. 26
[478] Vgl. Bechthold et al. (Industry 4.0), 2014, S. 27

Insgesamt lässt sich feststellen, dass der Ansatz nicht zur Gestaltung des digital vernetzten Shopfloors im Werkzeugbau dienen kann, da er nicht direkt auf die Unikat- und Kleinstserienfertigung anwendbar ist und zudem ein klarer Shopfloorbezug hinsichtlich der Auftragsplanung und -steuerung fehlt. Insbesondere hinsichtlich der Themenfelder Mitarbeiter und Führung sowie Kollaboration und Lernen bietet er jedoch interessante Ansatzpunkte, die sich auf den Werkzeugbau übertragen lassen.

3.3 Aggregation der Bewertung

Im Rahmen von Kapitel 3.2 wurden neun Ansätze zur Beschreibung oder Gestaltung der Wertschöpfung produzierender Unternehmen im Kontext der Digitalisierung und Vernetzung von Produktionssystemen vorgestellt. Die Ansätze wurden bereits einzeln hinsichtlich der in Kapitel 3.1.2 definierten Anforderungen bewertet. Die Bewertung ist aggregiert in Abbildung 63 dargestellt.

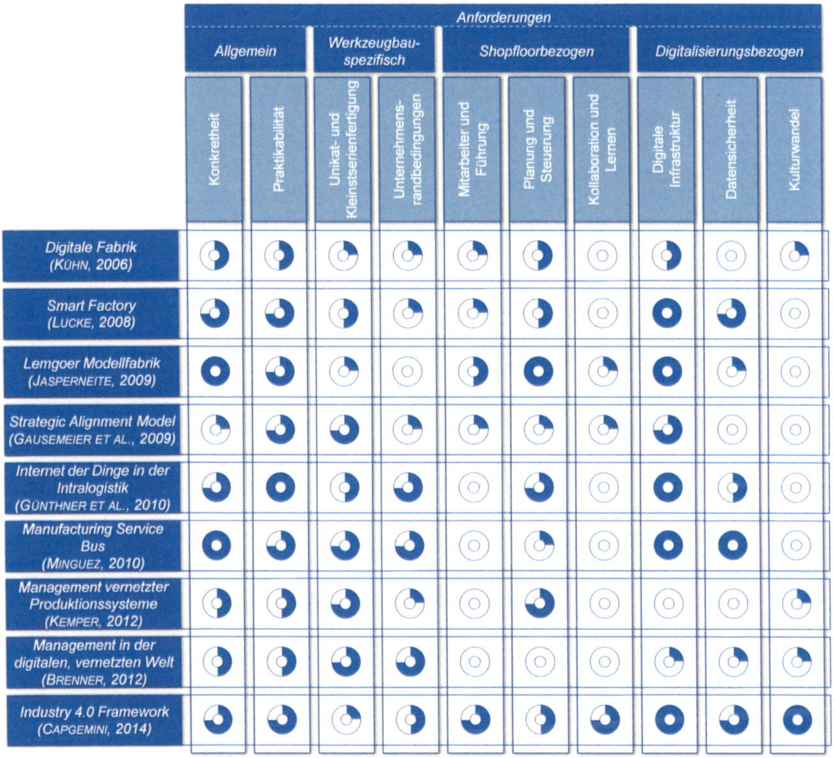

Abbildung 63: Aggregierte Bewertung der vorgestellten bestehenden Ansätze

Die allgemeinen Anforderungen umfassen die Anforderung der **Konkretheit** sowie die Anforderung der **Praktikabilität**. Die meisten vorgestellten Ansätze weisen eine hohe Praktikabilität auf, da sie mit einem Praxisbezug entwickelt wurden. Lediglich der Ansatz des Managements vernetzter Systeme nach KEMPER und der Ansatz des Managements in der digitalen, vernetzten Welt nach BRENNER weisen eine geringe Praktikabilität auf, da es sich um theoretische Modelle handelt. Die Konkretheit ist ebenfalls bei den meisten Ansätzen als hoch oder sehr hoch bewertet. Lediglich die Ansätze nach GAUSEMEIER ET AL., KEMPER und BRENNER weisen eine sehr geringe oder geringe Ausprägung dieser Anforderung auf. Die **allgemeinen Anforderungen** können also von den meisten Ansätzen erfüllt werden.

Die werkzeugbauspezifischen Anforderungen hingegen werden lediglich von den Ansätzen nach GAUSEMEIER ET AL., GÜNTHER ET AL., MINGUEZ, KEMPER und BRENNER erfüllt. Insbesondere die Berücksichtigung **spezifischer Unternehmensrandbedingungen** wird oftmals nicht erfüllt. Die Anforderung der Anwendbarkeit in der **Unikat- und Kleinstserienfertigung** wird durch ca. die Hälfte der vorgestellten Modelle erfüllt. Insgesamt lässt sich feststellen, dass die meisten Ansätze die **werkzeugbauspezifischen Anforderungen** nicht ausreichend erfüllen.

Die shopfloorbezogenen Anforderungen der Berücksichtigung der Themenfelder **Mitarbeiter und Führung** sowie **Kollaboration und Lernen** werden lediglich vom Ansatz des Industry 4.0 Framework nach CAPGEMINI erfüllt. Die Thematisierung der **Planung und Steuerung** auf dem Shopfloor wird hingegen von den Ansätzen der Lemgoer Modellfabrik nach JASPERNEITE, dem Ansatz des Internets der Dinge in der Intralogistik nach GÜNTHER ET. AL. und dem Ansatz des Managements vernetzter Produktionssysteme nach KEMPER erfüllt. Insgesamt kann kein Ansatz alle **shopfloorbezogenen Anforderungen** erfüllen.

Die digitalisierungsbezogene Anforderung der Beschreibung der **digitalen Infrastruktur** wird von den meisten Ansätzen erfüllt. Lediglich die theoretischen Managementansätze nach KEMPER und BRENNER können diese Anforderung nicht erfüllen. Die Anforderung der Thematisierung der Datensicherheit und der Wahrung von Persönlichkeitsrechten wird deutlich schwächer erfüllt. Lediglich der Ansatz des Manufacturing Service Bus nach MINGUEZ weist hier eine sehr hohe Ausprägung der Erfüllung der Anforderung auf. Die Anforderung der Beschreibung des mit der Digitalisierung und Vernetzung der Wertschöpfung einhergehenden Kulturwandels schließlich wird lediglich vom Ansatz des Industry 4.0 Framework von CAPGEMINI erfüllt. Dies ist auch gleichzeitig der einzige Ansatz, bezüglich dessen alle **digitalisierungsbezogenen Anforderungen** einen hohen oder sehr hohen Erfüllungsgrad aufweisen können. Insgesamt lässt sich feststellen, dass insbesondere die **shopfloorbezogenen Anforderungen** in Kombination mit den **digitalisierungsbezogenen Anforderungen** von den bewerteten Ansätzen nicht zufriedenstellend erfüllt werden.

Zusammenfassend können die folgenden systematischen Defizite festgestellt werden:

(1) Vorhandene Ansätze adressieren die shopfloorbezogenen Anforderungen nicht ganzheitlich. Die meisten Ansätze besitzen einen Fokus auf die Planung und Steuerung. Die Anforderungen hinsichtlich der Themenfelder Mitarbeiter und Führung sowie kollaboratives Lernen werden nicht erfüllt.

(2) Hinsichtlich der digitalisierungsbezogenen Anforderungen fokussieren die meisten Ansätze auf die digitale Infrastruktur. Die Anforderungen hinsichtlich der Datensicherheit und der Berücksichtigung des Kulturwandels werden untergeordnet bis gar nicht erfüllt.

(3) Keiner der bewerteten Ansätze ist werkzeugbauspezifisch definiert. Eine vollumfängliche und direkte Anwendbarkeit der Ansätze auf Shopfloor im Werkzeugbau ist nicht gewährleistet.

3.4 Handlungsbedarf aus der Theorie

Im Rahmen von Kapitel 2.2 wurde aufgezeigt, dass der Werkzeugbau aktuell vor unterschiedlichen Herausforderungen steht. Diesen Herausforderungen gegenüber steht das große Potenzial, welches die Digitalisierung und Vernetzung der Wertschöpfung auf dem Shopfloor produzierender Unternehmen mit sich führt. In Kapitel 2.4 wurde deshalb die Forderung nach einer strukturierten Gestaltung der Digitalisierung und Wertschöpfung auf dem Shopfloor im Werkzeugbau als Handlungsbedarf aus der Praxis definiert. Ein entsprechendes Gestaltungsmodell soll demnach Werkzeugbaubetriebe dazu befähigen, Produktionssysteme auf dem Shopfloor zu digitalisieren und zu vernetzen. Dazu sollte es die im Rahmen von Kapitel 3.1.2 definierten allgemeinen, werkzeugbauspezifischen, shopfloorbezogenen und digitalisierungsbezogenen Anforderungen erfüllen.

Die Analyse und Bewertung bestehender Ansätze hat gezeigt, dass die definierten Anforderungen von keinem der betrachteten Modelle vollständig erfüllt werden können. Zusammenfassend wurden drei systematische Defizite ermittelt. Zum einen werden die Themenfelder Mitarbeiter und Führung sowie kollaboratives Lernen nicht hinreichend thematisiert. Die Datensicherheit sowie der Kulturwandel werden zudem nicht detailliert adressiert. Zusätzlich ist keiner der bewerteten Ansätze werkzeugbauspezifisch definiert. Insbesondere hinsichtlich der Unikatfertigung im Werkzeugbau sowie der Berücksichtigung unternehmensspezifischer Rahmenbedingungen ist somit keine Anwendbarkeit bestehender Ansätze gewährleistet. Die Bewertung der bestehenden Ansätze hat gezeigt, dass keiner der betrachteten Ansätze zur Gestaltung der Wertschöpfung auf dem digital vernetzten Shopfloor im Werkzeugbau die zuvor definierten Anforderungen vollständig erfüllt. **Daher besteht Handlungsbedarf aus der Theorie.**

2.2.1 Begriffsverständnis und Einordnung

Um die notwendigen Grundlagen hinsichtlich der Branche Werkzeugbau erläutern zu können, werden nachfolgend die Begriffe Werkzeug und Werkzeugbau definiert und im Gesamtkontext eingeordnet.

2.2.1.1 Werkzeug

Die im Rahmen von Kapitel 2.1.1 erläuterte industrielle Serienproduktion findet durch den Einsatz von Werkzeugen statt, deren Herstellung dem sogenannten Werkzeugbau obliegt. Jede Serienproduktion benötigt für ein Bauteil ein entsprechendes Werkzeug.[193] Die Herstellung von Werkzeugen findet prozessual zwischen der Produktentwicklung und der Serienproduktion statt. Somit besetzt der Werkzeugbau im Rahmen der industriellen Produktion eine Schlüsselposition.[194]

Die zur industriellen Serienfertigung notwendigen Hilfsmittel lassen sich grundsätzlich in zwei Gruppen gliedern:[195]

- Hilfsmittel, die nach dem Produktionsprozess Teil des Produkts sind, beispielsweise Werkstoffe oder Standardteile
- Hilfsmittel, die kein Bestandteil des Produktes werden

Letztere werden als Betriebsmittel bezeichnet. Gemäß VDI-Norm 2815 werden Betriebsmittel in Fertigungsmittel, Prüfmittel, Handhabungsmittel, Transportmittel und Lagermittel gegliedert (siehe Abbildung 17).[196]

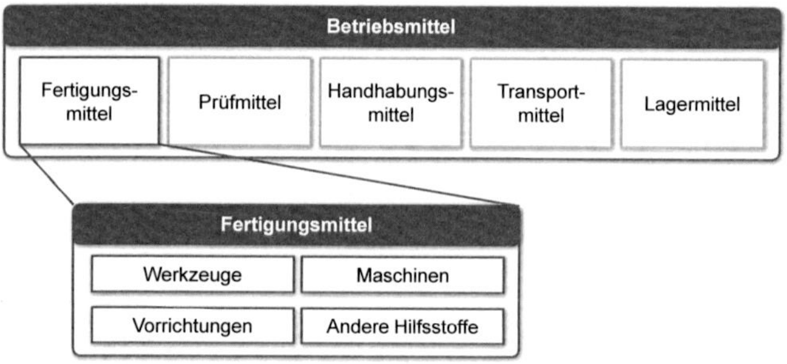

Abbildung 17: Einordnung von Fertigungsmitteln nach VDI-Norm 2815[197]

[193] Vgl. Komorek (Kollaborative Wertschöpfung), 2014, S. 38
[194] Vgl. Gaus (Logik eines Geschäftsmodells), 2010, S. 19 f.
[195] Vgl. Kuhlmann (Gestaltung von Geschäftsprozessen), 2011, S. 25
[196] Vgl. VDI (VDI-Richtlinie 2815), 1978
[197] Vgl. VDI (VDI-Richtlinie 2815), 1978

Die Digitalisierung und Vernetzung der Produktionssysteme auf dem Shopfloor lässt sich nur durch eine entsprechende Infrastruktur umsetzen. Gleichzeitig geht sie einher mit Risiken hinsichtlich der Datensicherheit und einem Kulturwandel. Deshalb ist zudem die folgende Unterforschungsfrage zu beantworten:

Wie kann die digitale Infrastruktur auf dem Shopfloor im Werkzeugbau gestaltet werden und welche Elemente sind bezüglich der Datensicherheit sowie eines Kulturwandels zu berücksichtigen?

Im Rahmen der Entwicklung eines umfassenden Lösungsansatzes zur Gestaltung des digital vernetzten Shopfloors im Werkzeugbau sind sowohl die genannte zentrale Forschungsfrage als auch die detaillierenden Unterforschungsfragen zu beantworten.

[479] Vgl. Kubicek (Heuristische Bezugsrahmen), 1977, S. 17 ff.

4 Konzeption des Gestaltungsmodells

Im Rahmen von Kapitel 3 wurde im Zuge einer Vorstellung und Bewertung bestehender Ansätze der Digitalisierung und Vernetzung aufgezeigt, dass keiner der existierenden Lösungsansätze die dargestellten Anforderungen an ein Gestaltungsmodell für den digital vernetzten Shopfloor im Werkzeugbau hinreichend erfüllt. Zur Lösung des dargestellten Handlungsbedarfs aus der Praxis (vgl. Kapitel 2.3) sowie des Handlungsbedarfs aus der Theorie (vgl. Kapitel 3.4) wird deshalb im Rahmen dieses Kapitels ein Gestaltungsmodell konzeptioniert, welches die zentrale Forschungsfrage (vgl. Kapitel 3.5) beantwortet und die gestellten Anforderungen (vgl. Kapitel 3.1.2) vollumfänglich erfüllt.

Nachfolgend werden zunächst in Kapitel 4.1 die Grundlagen wissenschaftstheoretischer Konzeption erläutert. Dazu werden die Systemtheorie und die Theorie der Modellierung thematisiert. Anschließend werden im Rahmen von Kapitel 4.2 die Grundmerkmale des zu konzeptionierenden Gestaltungsmodells hergeleitet. Dazu werden das reale System, die Zielsetzung, der Nutzer und der Zeitraum der Nutzung erläutert. In Kapitel 4.3 wird schließlich das Gestaltungsmodell durch die Definition der Gestaltungsfelder konzeptioniert. Im Anschluss erfolgt im Rahmen von Kapitel 4.4 eine Synthese der Gestaltungsfelder zu einem ganzheitlichen Gestaltungsmodell für den digital vernetzten Shopfloor im Werkzeugbau. Dieses wird abschließend in Kapitel 4.5 anhand der zentralen Forschungsfrage sowie der definierten Anforderungen kritisch reflektiert.

4.1 Grundlagen wissenschaftstheoretischer Konzeption

Die Entwicklung eines Gestaltungsmodells als Lösung der aufgezeigten Problemstellung ist das Ergebnis angewandter Forschung (vgl. Kapitel 1.3). Diese bedarf eines wissenschaftlichen Bezugsrahmens, welcher ein höheres Abstraktionsniveau über der zu entwickelnden Lösung einnimmt und eine wissenschaftlich-theoretische Basis der Forschung darstellt.[480] KUHN und SIMON beschreiben einen solchen Bezugsrahmen als allgemein anerkanntes Grundmodell, von dessen Existenz der wissenschaftliche Fortschritt einer Disziplin in hohem Maße abhängig ist. Diese Grundmodelle, auch Paradigmen genannt, stellen spezifische Terminologie, Problemstellungen und Lösungsverfahren zur Verfügung.[481] Paradigmen zeichnen sich durch ein Beharrungsvermögen aus. Sie sind nicht durch kontinuierliche Veränderung geprägt, sondern wechseln sich durch eine radikale Veränderung der Denkweise ab.[482]

---

[480] Vgl. Grichnik (Bankenverbände), 2000, S. 42

[481] Vgl. Kuhn & Simon (Struktur wissenschaftlicher Revolutionen), 1988, S. 10

[482] Vgl. Seiffert & Radnitzky (Wissenschaftstheorie), 1989, S. 411 ff.

Ein Paradigma muss nach ULRICH und HILL die folgenden Qualitätskriterien aufweisen:[483]

- Problemlösungskraft (heuristische Funktion)
- Allgemeinheit (Relevanz für eine große Objektmenge)
- Präzision (eindeutige Ergebnisse)
- Integrationskraft (pädagogische Systematisierungsfunktion)

ULRICH und HILL attestieren insbesondere hinsichtlich der Problemlösungskraft und der Allgemeinheit der Systemtheorie die Anwendbarkeit als Bezugsrahmen in der Management- und Organisationstheorie.[484] ULRICH selbst beschreibt Unternehmen als produktive, soziale Systeme.[485] Durch den interdisziplinären Ansatz können alle Gestaltungs- und Führungsprobleme von produktiven sozialen Systemen vor dem Hintergrund der Systemtheorie untersucht werden.[486] Aus diesem Grund wird im Rahmen dieser Arbeit die Systemtheorie als Bezugsrahmen im Sinne der Wissenschaftstheorie gewählt.

4.1.1 Systemtheorie

Die Systemtheorie als Teil der Systemwissenschaft befasst sich mit Systemen, ihren Strukturen, Verknüpfungen und ihrem Verhalten.[487] Das Ziel der Systemtheorie ist die Entwicklung einer Theorie für alle Formen von biologischen, mechanischen und sozialen Systemen.[488]

Ein System besteht nach PATZAK aus einer Menge von Elementen, die definierte Eigenschaften besitzen und zwischen denen Beziehungen existieren.[489] ULRICH und PROBST definieren ein System als „dynamisches Ganzes, das als solches bestimmte Eigenschaften und Verhaltensweisen besitzt“.[490] Die Teile eines Systems sind so miteinander verknüpft, „dass kein Teil unabhängig ist von anderen Teilen und das Verhalten des Ganzen beeinflusst wird vom Zusammenwirken aller Teile“.[491] Nach HABERFELLNER bestehen Systeme aus Elementen im Sinne von Bausteinen eines Systems. Diese haben Eigenschaften und Funktionen und sind durch Beziehungen miteinander verbunden.[492]

---

[483] Vgl. Ulrich & Hill (Wissenschaftstheoretische Grundlagen), 1976, S. 307
[484] Vgl. Ulrich & Hill (Wissenschaftstheoretische Grundlagen), 1976, S. 308 f.
[485] Vgl. Ulrich (Unternehmung als System), 1968
[486] Vgl. Ulrich & Hill (Wissenschaftstheoretische Grundlagen), 1976, S. 308
[487] Vgl. Ulrich (Systembegriff), 1975, S. 33
[488] Vgl. Bertalanffy (General System Theory), 1968, S. 32 f.
[489] Vgl. Patzak (Systemtechnik: Planung komplexer innovativer Systeme), 1982, S. 19
[490] Vgl. Ulrich & Probst, Gilbert J. B (Ganzheitliches Denken und Handeln), 1995, S. 30
[491] Vgl. Ulrich & Probst, Gilbert J. B (Ganzheitliches Denken und Handeln), 1995, S. 30
[492] Vgl. Haberfellner (Systems Engineering), 2012, S. 34

Die einzelnen Definitionen des Systembegriffs führen auf die folgenden Eigenschaften von Systemen:

- Systeme bestehen aus Elementen
- Elemente besitzen Eigenschaften
- Zwischen Elementen bestehen Beziehungen

Elemente können selbst wiederum als Systeme betrachtet werden.[493] Systeme sind durch eine Systemgrenze von der Umgebung bzw. dem Umfeld abgegrenzt.[494] Sind die Beziehungen zwischen den Elementen eines Systems nur innerhalb der Systemgrenze zu beobachten, so spricht man von einem geschlossenen System.[495] Geschlossene Systeme sind zudem gekennzeichnet von konstanten Umweltbedingungen. Ziel eines geschlossenen Systems ist ein statisches Gleichgewicht.[496] Offene Systeme hingegen weisen Beziehungen zur Umgebung auf. Diese Beziehungen können durch einen Austausch von Materie, Energie oder Informationen bestehen.[497] Offene Systeme haben ein dynamisches Gleichgewicht zum Ziel, welches nur durch die kontinuierliche Anpassung des Systems an die Umweltbedingungen erreichbar ist.[498] Die Elemente und die Struktur eines Systems sind beispielhaft in Abbildung 64 dargestellt.

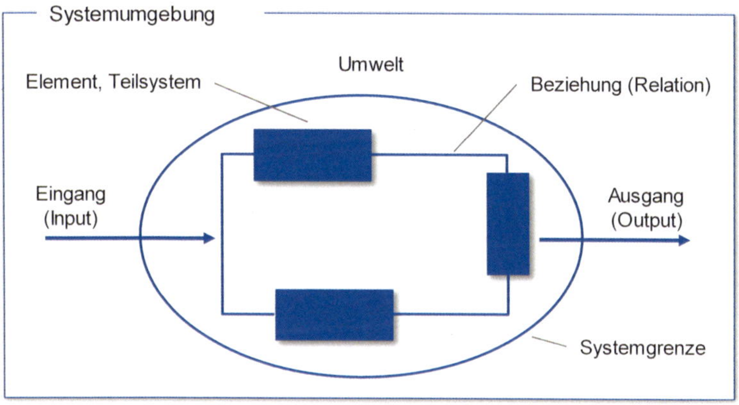

Abbildung 64: Struktur und Elemente eines Systems[499]

[493] Vgl. Bruns (Systemtechnik), 1991, S. 31
[494] Vgl. Haberfellner (Systems Engineering), 2012, S. 35
[495] Vgl. Ulrich (Unternehmung als System), 1968, S. 112
[496] Vgl. Fuchs (Systemtheorie und Organisation), 1973, S. 66
[497] Vgl. Ulrich (Unternehmung als System), 1968, S. 112
[498] Vgl. Fuchs (Systemtheorie und Organisation), 1973, S. 64 ff.
[499] I.A.a. Paulukuhn (Typologisierung von Entwicklungsprojekten), 2005, S. 84

Der Shopfloor des Werkzeugbaus soll nachfolgend als offenes System betrachtet werden, da die Elemente auf dem Shopfloor Beziehungen zu Elementen anderer Unternehmensbereiche sowie zu Elementen der Außenwelt des Unternehmens aufweisen. Die Festlegung der Systemgrenze erfolgt in Kapitel 4.2.1.

4.1.2 Modellierung

Unter einem Modell wird allgemein eine abstrahierte, leicht verständliche und vereinfachte Abbildung der Realität verstanden.[500] Modelle werden verwendet, um komplexe reale Systeme verständlich und beherrschbar zu machen.[501] Nach STACHOWIAK sind Modelle durch die folgenden drei Eigenschaften charakterisiert:[502]

- **Abbildung:** Modelle sind Repräsentationen von natürlichen oder künstlichen Originalen, welche selbst Modelle sein können.
- **Verkürzung:** Modelle erfassen nicht alle Attribute des durch sie repräsentierten Objekts, sondern erfassen lediglich einzelne relevante Aspekte des Originals.
- **Pragmatik:** Modelle verwenden eine problemspezifische Darstellung oder Beschreibung und sind deshalb dem Original nicht immer eindeutig zuzuordnen.

Als Voraussetzung für die praktische Nutzung des Modells sollten nach STACHOWIAK das reale System, die Zielsetzung, die Nutzer sowie der Zeitraum der Nutzung festgelegt werden.[503] In der Literatur existieren zahlreiche unterschiedliche Ansätze zur Klassifizierung von Modellen.[504, 505] Nachfolgend soll die Klassifizierung nach PATZAK verwendet werden, nach welcher Modelle in die Kategorien Beschreibungsmodelle, Erklärungsmodelle, Gestaltungsmodelle und Meta-Modelle gegliedert werden können. Die Modellarten unterscheiden sich bezüglich ihrer Zielsetzung und somit auch bezüglich ihrer vorgesehenen Nutzung.[506] Die eindeutige Zuordnung von Modellen zur entsprechenden Modellkategorie ist jedoch nicht immer möglich.[507] Die vier unterschiedlichen Modellarten nach PATZAK sind in Abbildung 65 dargestellt.

---

500 Vgl. Patzak (Systemtechnik: Planung komplexer innovativer Systeme), 1982, S. 306 f.
501 Vgl. Komorek (Kollaborative Wertschöpfung), 2014, S. 93
502 Vgl. Stachowiak (Allgemeine Modelltheorie), 1973, S. 131 ff.
503 Vgl. Stachowiak (Allgemeine Modelltheorie), 1973, S. 131 f.
504 Vgl. Stachowiak (Allgemeine Modelltheorie), 1973, S. 157 ff.
505 Vgl. Bandte (Komplexität in Organisationen), 2007, S. 200
506 Vgl. Patzak (Systemtechnik: Planung komplexer innovativer Systeme), 1982, S. 313 ff.
507 Vgl. Bandte (Komplexität in Organisationen), 2007, S. 200 ff.

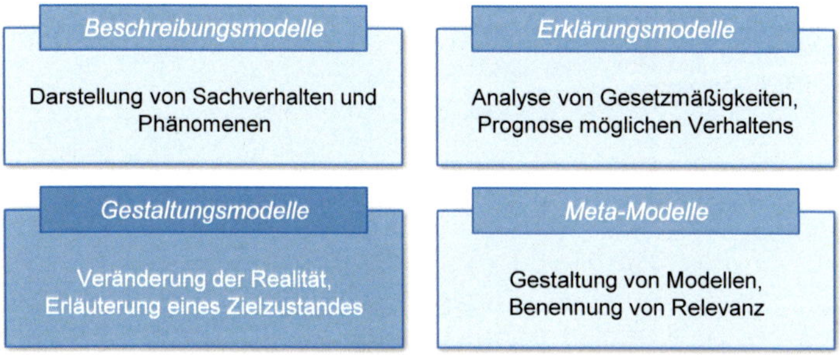

Abbildung 65: Modellarten nach PATZAK[508]

Beschreibungsmodelle, auch deskriptive Modelle, Monitormodelle oder Darstellungsmodelle genannt, bilden Zustände ab. Sie erfassen Sachverhalte oder Phänomene und stellen diese möglichst leicht verständlich dar. Sie beschreiben jedoch keine Voraussetzungen für die Gültigkeit der dargestellten Zustände, Wirkungszusammenhänge oder Ursachen.[509]

Erklärungsmodelle, auch explikative Modelle genannt, verdeutlichen Zusammenhänge und Gesetzmäßigkeiten, um Phänomene darstellen und untersuchen zu können. Sie bauen auf entsprechenden Beschreibungsmodellen auf und können auch genutzt werden, um Prognosen zu erstellen.[510]

Gestaltungsmodelle bilden eine Veränderung der Realität ab, welche unter dem zielgerichteten Einsatz unterschiedlicher Einflussgrößen erreicht werden kann. Gestaltungsmodelle stellen den angestrebten Zustand eines Systems dar und geben somit Orientierung. Zu den Gestaltungsmodellen zählen normative Modelle, die einen normativen Handlungsrahmen und eine Leitbildfunktion beinhalten, sowie präskriptive Modelle, welche vorbildartig Musterfunktionen beschreiben.[511, 512]

Meta-Modelle, häufig auch generische Modelle oder Referenzmodelle genannt, beschreiben statt der Realität übergeordnet und systematisch andere Modelle. Dadurch sollen Modelle und ihre Zusammenhänge verdeutlicht werden.[513, 514]

Im Rahmen der Kapitel 2.3 und 3.4 wurde der Handlungsbedarf aus der Praxis und aus der Theorie dargestellt. Dadurch wurde deutlich, dass ein neues Zielbild für den

---

[508] Vgl. Patzak (Systemtechnik: Planung komplexer innovativer Systeme), 1982, S. 313 ff.
[509] Vgl. Patzak (Systemtechnik: Planung komplexer innovativer Systeme), 1982, S. 313
[510] Vgl. Patzak (Systemtechnik: Planung komplexer innovativer Systeme), 1982, S. 313
[511] Vgl. Patzak (Systemtechnik: Planung komplexer innovativer Systeme), 1982, S. 313
[512] Vgl. Lehner et al. (Wirtschaftsinformatik), 2008, S. 31 f.
[513] Vgl. Patzak (Systemtechnik: Planung komplexer innovativer Systeme), 1982, S. 313
[514] Vgl. Lehner et al. (Wirtschaftsinformatik), 2008, S. 31 f.

digital vernetzten Shopfloor im Werkzeugbau benötigt wird. Aus diesem Grund wird das Gestaltungsmodell als geeignete Modellart gewählt, um eine Lösung für den digital vernetzten Shopfloor im Werkzeugbau entwickeln und abbilden zu können.

4.2 Merkmale des Gestaltungsmodells

Ziel dieser Arbeit ist die Entwicklung eines Gestaltungsmodells als ganzheitlicher Lösungsansatz für den digital vernetzten Shopfloor im Werkzeugbau. Das Gestaltungsmodell soll die Elemente aufzeigen, welche zur Gestaltung des Shopfloors im digitalen Zeitalter adressiert werden müssen, um die maßgeblichen Zielgrößen im Werkzeugbau erreichen zu können.

Das Gestaltungsmodell soll gleichzeitig Antworten auf die in Kapitel 3.5 detaillierten Forschungsfragen geben. In Kapitel 4.1.2 wurde aufgezeigt, dass ein Modell die Eigenschaften Abbildung, Verkürzung und Pragmatik aufweisen muss.[515] In den nachfolgenden Kapiteln 4.3 und 5 wird das Modell zunächst konzeptioniert und anschließend detailliert. In diesem Rahmen wird die Abbildung durchgeführt. Die Verkürzung wird dadurch sichergestellt, dass im Rahmen eines wissenschaftlichen Gestaltungsmodells nicht alle Elemente eines Systems dargestellt werden, sondern eine Fokussierung auf relevante Systemelemente vollzogen wird. Somit ist sichergestellt, dass sowohl die Abbildung als auch die Verkürzung erfüllt werden.

Zur Erreichung der Pragmatik müssen die vier Merkmale reales System, Zielsetzung, Nutzer und Zeitraum der Nutzung definiert werden.[516] Dieser Vorgehensweise folgt auch KOMOREK, an dessen Arbeit die nachfolgende Definition der Merkmale angelehnt ist.[517]

4.2.1 Reales System

Das reale System, auf welches sich das Gestaltungsmodell bezieht, ist der im Rahmen von Kapitel 2.1 beschriebene industrielle Werkzeugbau. Werkzeugbaubetriebe zeichnen sich durch ihre vergleichsweise geringe Größe in Bezug auf Mitarbeiteranzahl und Umsatz aus. Bereits in Kapitel 2.1 wurde aufgezeigt, dass die Mehrzahl der Mitarbeiter im Werkzeugbau auf dem Shopfloor tätig ist. Der Shopfloor als der zentrale Ort der Wertschöpfung ist der Kern des realen Systems.

Generell wird, wie in Kapitel 2.2.3.3 beschrieben, der Shopfloor als der Teil einer Fabrik verstanden, in welchem sich die Maschinen und Mitarbeiter befinden, die

[515] Vgl. Stachowiak (Allgemeine Modelltheorie), 1973, S. 131 ff.
[516] Vgl. Stachowiak (Allgemeine Modelltheorie), 1973, S. 157 ff.
[517] Vgl. Komorek (Kollaborative Wertschöpfung), 2014, S. 96 ff.

direkt mit der Fertigung beschäftigt sind.[518] Im Werkzeugbau umfasst dies die Arbeitsvorbereitung, die mechanische Fertigung, die Montage sowie den Try-Out. Diese Arbeitsbereiche sollen nachfolgend das reale System darstellen, welches das zu entwickelnde Gestaltungsmodell abbildet.

4.2.2 Zielsetzung

Das Ziel des Gestaltungsmodells ist die Darstellung eines angestrebten Zustands für den Shopfloor im Werkzeugbau. Diesbezüglich soll den im Rahmen von Kapitel 2.2.4 beschriebenen aktuellen Herausforderungen des Werkzeugbaus mithilfe der Chancen der Digitalisierung (vgl. Kapitel 2.3.4) begegnet werden.

Das Gestaltungsmodell soll Anwendern Orientierung zur Gestaltung des Shopfloors im Werkzeugbau bieten. Dazu sollen auch die Herausforderungen, welche die Umsetzung der Digitalisierung und Vernetzung von Produktionssystemen auf dem Shopfloor mit sich bringt, berücksichtigt werden. Das Gestaltungsmodell soll relevante Inhalte für die Gestaltung aufzeigen und Zusammenhänge zwischen den Gestaltungselementen erläutern.

4.2.3 Nutzer

Die Nutzer des Gestaltungsmodells sind diejenigen, die die Wertschöpfung auf dem Shopfloor im Werkzeugbau gestalten möchten. Dabei kann zwischen Anwendern und Verwendern unterschieden werden.[519]

Anwender des Gestaltungsmodells sind Personen, die aktiv an der Gestaltung des digital vernetzten Shopfloors im Werkzeugbau beteiligt sind. Dies können beispielsweise Mitarbeiter eines Werkzeugbaubetriebs sein, aber auch Dienstleister und Partnerunternehmen von Werkzeugbaubetrieben. Ihnen soll das Gestaltungsmodell Orientierung bei der Gestaltung geben. Daher werden explizit keine konkreten Funktionen oder Positionen benannt. Nutzer können alle Beteiligte einer Umgestaltung des Shopfloors sein. Dies umfasst sowohl strategische und taktische Fragen als auch die operative Umsetzung des Geplanten.

Verwender des Gestaltungsmodells sind nicht aktiv an der Gestaltung eines digital vernetzten Shopfloors beteiligt. Sie nutzen das Gestaltungsmodell für ein besseres Verständnis hinsichtlich des Einsatzes digitaler Lösungsmöglichkeiten im Werkzeugbau. Verwender können demnach alle Anspruchsgruppen eines Werkzeugbaubetriebs nach Kapitel 2.2.3 sein.

---

[518] Vgl. Collins Dictionary (Shop floor), 2015

[519] Vgl. Komorek (Kollaborative Wertschöpfung), 2014, S. 97 f.

4.2.4 Zeitraum der Nutzung

Der Zeitraum der Nutzung unterliegt keiner festgelegten Beschränkung. Das Gestaltungsmodell ist hinsichtlich des aktuellen Handlungsbedarfs aus der Theorie sowie der Praxis ausgelegt, weshalb die Nutzung des Gestaltungsmodells ab sofort erfolgen kann. Die im Rahmen von Kapitel 2 dargestellten Grundlagen sowie die in Kapitel 3 aufgezeigten bestehenden wissenschaftlichen Ansätze sind jedoch von einem stetigen Wandel geprägt. Insbesondere vor dem Hintergrund der raschen Weiterentwicklung digitaler Technologien muss stetig geprüft werden, ob das Gestaltungsmodell gänzlich oder in Teilen nicht mehr zutrifft. In diesem Fall ist der Zeitraum der Nutzung beendet. Der genaue Zeitpunkt dieses Ereignisses ist aus heutiger Sicht nicht konkret zu bestimmen. Deshalb sollte kontinuierlich geprüft werden, ob der Lösungsansatz zur Gestaltung eines digital vernetzten Shopfloors im Werkzeugbau noch aktuell ist und damit zu validen Ergebnissen führt.

4.3 Konzeptionierung des Gestaltungsmodells

Nachfolgend soll das Gestaltungsmodell für den digital vernetzten Shopfloor im Werkzeugbau inhaltlich entwickelt werden. Dazu sollen die notwendigen Elemente eines digital vernetzten Shopfloors im Werkzeugbau hergeleitet werden. Durch die Adressierung und Verknüpfung dieser Elemente kann der digital vernetzte Shopfloor gestaltet werden.

Wie bereits in Kapitel 2.2.3.3 beschrieben ist der Shopfloor elementarer Bestandteil des Werkzeugbaus. Es ist der Ort im Werkzeugbau, an dem die operative Bearbeitung von Aufträgen durchgeführt wird. Bei der Gestaltung des Shopfloors handelt es sich somit primär um die Gestaltung des operativen Managements. Dieses stellt nach BLEICHER die Umsetzung des normativen und strategischen Managements im operativen Vollzug dar.[520] Neben der wirtschaftlichen Effizienz tritt diesbezüglich die Effektivität des Mitarbeiterverhaltens im sozialen Zusammenhang in den Vordergrund. Dies spiegelt sich in vertikaler und horizontaler Kommunikation sowie in der Kooperation von Mitarbeitern wider.[521]

BLEICHER unterscheidet im Rahmen des operativen Managements zwischen den Bezugssystemen **Strukturen**, **Aktivitäten** und **Verhalten** (vgl. Kapitel 2.1.3).[522] Ein Gestaltungsmodell für den digital vernetzten Shopfloor im Werkzeugbau muss das operative Management adressieren. Dazu sollen nachfolgend die drei Dimensionen Struktur, Aktivitäten und Verhalten bearbeitet werden. Das Gestaltungsmodell enthält

[520] Vgl. Bleicher (Konzept Integriertes Management), 2011, S. 90 f.
[521] Vgl. Bleicher (Konzept Integriertes Management), 2011, S. 90 f.
[522] Vgl. Bleicher (Konzept Integriertes Management), 2011, S. 91

deshalb ein **Strukturelement**, **Verhaltenselemente** und **Aktivitätselemente** (vgl. Abbildung 66).

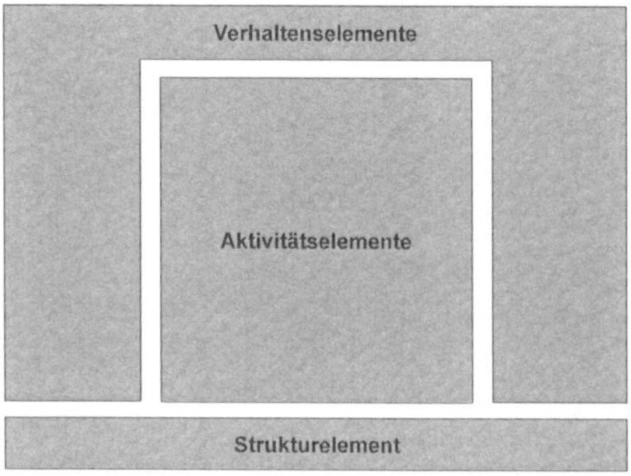

Abbildung 66: Kernelemente des Gestaltungsmodells für den digital vernetzten Shopfloor im Werkzeugbau

Den Kern des Gestaltungsmodells bilden die **Aktivitätselemente**. Sie gestalten den digital vernetzten Shopfloor hinsichtlich der konkreten Bearbeitung von Aufträgen. Diese Aufträge umfassen alle in Kapitel 2.2.2.2 beschriebenen Auftragsarten, also neben Neuaufträgen auch beispielsweise Reparatur- und Änderungsaufträge.

Die Aktivitätselemente werden umringt von den **Verhaltenselementen**. Sie beschreiben insbesondere das Kooperationsverhalten auf dem Shopfloor und fokussieren vor allem auf soziale Zusammenhänge. Da der Shopfloor im Werkzeugbau immer Teil eines übergeordneten Unternehmens ist und das Verhalten der Mitarbeiter nicht isoliert betrachtet werden kann, besteht eine starke Wechselwirkung der Verhaltenselemente mit anderen Unternehmensbereichen. Aus diesem Grund bilden die Verhaltenselemente den Übergang zu anderen Unternehmensbereichen.

Sowohl die Aktivitätselemente als auch die Verhaltenselemente bauen auf dem **Strukturelement** auf. Es bildet die Basis und ist insbesondere im Hinblick auf die Integration digitaler Lösungen auf dem Shopfloor von hoher Bedeutung. Auch das Strukturelement kann aufgrund der Einbettung des Shopfloors innerhalb eines übergeordneten Unternehmens nicht isoliert betrachtet werden und stellt eine Schnittstelle zu anderen Unternehmensbereichen dar.

Die einzelnen Aktivitätselemente, Verhaltenselemente und Strukturelemente werden nachfolgend hergeleitet und erläutert.

4.3.1 Aktivitätselemente

Der Erfolg der operativen Bearbeitung von Aufträgen auf dem Shopfloor basiert zum großen Teil auf der Leistungsfähigkeit der Mitarbeiter. Die Visualisierung von Ist-Zuständen und Zielen ermöglicht Mitarbeitern die Beurteilung des Status Quo. Zusätzlich müssen Mitarbeiter mit entsprechendem Wissen zur Bearbeitung von Aufträgen versorgt werden. Darüber hinaus sollte die Interaktion und Kommunikation der Mitarbeiter digital unterstützt stattfinden. Die Schaffung dieser Voraussetzungen wird nachfolgend im Rahmen des Gestaltungselements **Datenbasiertes Shopfloormanagement** zusammengefasst. Die Bearbeitung der Vielzahl von Fertigungsaufträgen auf unterschiedlichen Ressourcen muss zudem bereichsübergreifend geplant werden. Nur so kann eine Fertigung mit hoher Termintreue bei gleichzeitig hoher Effizienz erreicht werden. Aus diesem Grund wurde die Thematisierung der Planung und Steuerung im Rahmen von Kapitel 3.1.2.3 als Anforderung für ein Gestaltungsmodell für den digital vernetzten Shopfloor im Werkzeugbau definiert. Ein weiteres Gestaltungselement der Gruppe der Aktivitätselemente stellt deshalb die **hochauflösende Ressourcen- und Auftragsplanung** dar. Die Planung muss auf dem Shopfloor umgesetzt werden. Dazu müssen Menschen und Maschinen optimal zusammenarbeiten. Dies betrifft sowohl die vor- und nachgelagerte Integration menschlicher Arbeit in automatisierte Fertigungsprozesse als auch die digitale Unterstützung von Handarbeitsprozessen wie beispielsweise der Montage. Zudem ist eine absolute Synchronität aller Systeme anzustreben. Dazu müssen entsprechende Rückmeldungen der Betriebsdaten durch Mitarbeiter und cyber-physische Systeme selbst erfolgen, beispielsweise bezüglich Bearbeitungszeiten oder Abweichungen im Fertigungsprozess. Zudem muss die Bereitstellung von Bauteilen und Material intelligent erfolgen. Dazu sollte die innerbetriebliche Logistik auf cyber-physische Fertigungsprozesse reagieren können und durch IT-gestützte Algorithmen gestaltet werden. Diese Aspekte werden durch das Gestaltungselement **Intelligente Koordination cyber-physischer Systeme** zusammengefasst.

4.3.1.1 Datenbasiertes Shopfloormanagement

Zur effizienten Bearbeitung von Aufträgen auf dem Shopfloor ist der zielgerichtete Einsatz aller Ressourcen von großer Wichtigkeit. In diesem Sinne müssen auch alle Kompetenzen der Mitarbeiter auf dem Shopfloor optimal genutzt werden. Wie im Rahmen von Kapitel 2.2.3.3 beschrieben sind die Mitarbeiter im Werkzeugbau sehr gut ausgebildet und führen hochkomplexe Tätigkeiten aus. Die Eigenverantwortung der Mitarbeiter ist jedoch bisher gering, was sich negativ auf die Motivation auswirkt.

Ziel des datenbasierten Shopfloormanagements ist die IT-gestützte Erhöhung der Mitarbeiterverantwortung auf dem Shopfloor, um Aufträge zielorientiert bearbeiten zu können (vgl. Abbildung 67). Dazu müssen Mitarbeiter anforderungsgerecht und echtzeitnah mit den notwendigen **Informationen hinsichtlich Status und Zielzustände**

versorgt werden. Digitale Systeme führen die Aufnahme und Auswertung von Daten zu Informationen auf dem Shopfloor aus und ermöglichen dadurch die Bereitstellung von benötigten Informationen. Diese müssen immer im Gesamtkontext dargestellt werden. Diesbezüglich ist eine Vernetzung aller Arbeitsstationen von großer Wichtigkeit. Neben der Bereitstellung von Informationen müssen Mitarbeiter **unmittelbaren Zugriff auf Wissen** haben. Dies ist insbesondere vor dem Hintergrund komplexer und komplizierter Fertigungsprozesse auf dem Shopfloor im Werkzeugbau von hoher Bedeutung. Digital vernetzte Systeme bieten die Möglichkeit, orts- und personenunabhängig auf notwendiges Wissen zuzugreifen. Der dritte Gestaltungsaspekt des datenbasierten Shopfloormanagements ist die **digital unterstützte Interaktion** der Mitarbeiter. Durch digitale und vernetzte Systeme können Abläufe auf dem Shopfloor moderiert und dokumentiert werden. Die Kommunikation und Interaktion der Mitarbeiter kann dadurch standardisiert und optimiert werden.

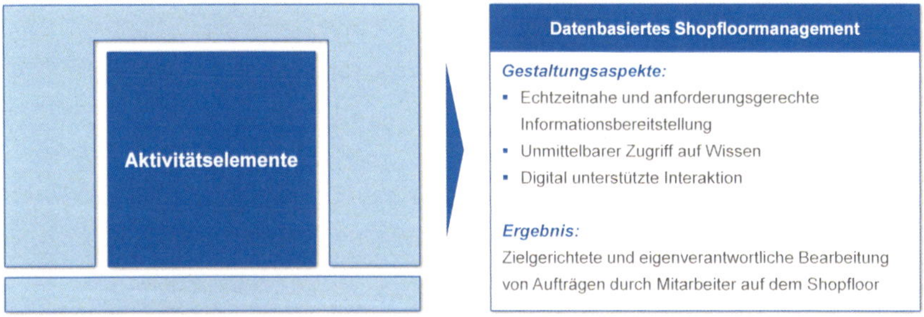

Abbildung 67: Gestaltungselement „Datenbasiertes Shopfloormanagement"

Durch das datenbasierte Shopfloormanagement wird die Eigenverantwortung der Mitarbeiter erhöht. Dadurch können Mitarbeiter ihre Kompetenzen und auch ihr Wissen optimal in den Wertschöpfungsprozess einbringen. Dies gelingt jedoch nur, wenn sie Kenntnis über notwendige Ist-Zustände sowie Informationen haben und diese mit entsprechenden Zielgrößen vergleichen können. Im Rahmen des Gestaltungselements datenbasiertes Shopfloormanagement wird die zielgerichtete und eigenverantwortliche Bearbeitung von Aufträgen durch Mitarbeiter auf dem Shopfloor angestrebt.

4.3.1.2 Hochauflösende Ressourcen- und Auftragsplanung

Die Ressourcen- und Auftragsplanung hat im Werkzeugbau aufgrund des Bauteilspektrums eine besondere Bedeutung. Durch den Unikatcharakter der Werkzeuge ist eine kontinuierliche Anpassung der Zuteilung von Fertigungsaufträgen zu Ressourcen notwendig. Unter einer Ressourcen- und Auftragsplanung wird deshalb nachfolgend der Abgleich verfügbarer Kapazitäten mit dem Kapazitätsbedarf zu fertigender Werkzeugbauteile sowie eine darauf aufbauende Termin- und Kapazitätsplanung verstanden.

Die bisher mehr oder weniger manuell durchgeführte Beplanung von Ressourcen mit Fertigungsaufträgen kann durch digitale Technologie hochauflösend gestaltet werden. Durch die Vernetzung von Fertigungsmitteln und Auftragsdaten kann die Komplexität der Planung transparent dargestellt werden. Dadurch ist eine **kontinuierliche Bewertung von Fertigungsaufträgen** möglich. Die Darstellung der Abhängigkeiten von Entscheidungen ermöglicht eine **optimale Unterstützung** von Mitarbeitern in planerischen und steuernden Tätigkeiten. Dies führt zur Beplanung von Kapazitäten unter minimalen Kosten und Durchlaufzeiten bei hoher Qualität und mit minimalem Risiko. **Umplanungen können dynamisch** durchgeführt werden, wahlweise autonom nach geeigneter Entscheidungsunterstützung durch Mitarbeiter.

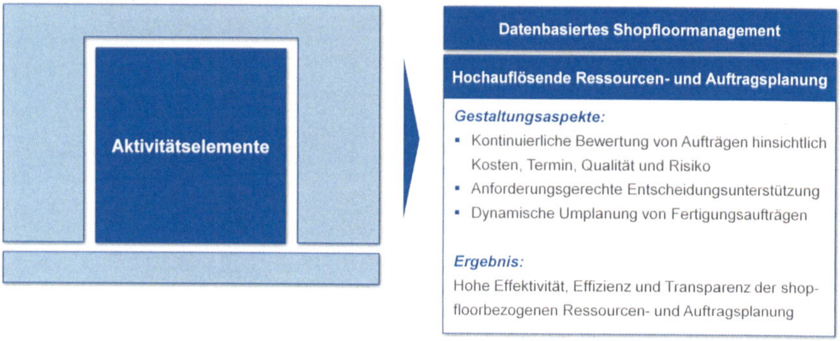

Abbildung 68: Gestaltungselement „Hochauflösende Ressourcenplanung"

Das Ergebnis einer hochauflösenden Ressourcen- und Auftragsplanung ist eine gesteigerte Effektivität, Effizienz und insbesondere auch Transparenz. Durch die Vernetzung von Ressourcen und Fertigungsaufträgen können Entscheidungen mithilfe von geeignet aufbereiteten Daten unterstützt werden. Zudem ist eine autonome Umplanung bestimmter Fertigungsaufträge umsetzbar.

4.3.1.3 Intelligente Koordination cyber-physischer Systeme

Nachdem im Rahmen der hochauflösenden Ressourcen- und Auftragsplanung bereits Fertigungsaufträge entsprechenden Ressourcen zugeordnet wurden, erfolgt die operative Bearbeitung von Aufträgen. Die intelligente Koordination cyber-physischer Systeme basiert auf dem Einsatz von vernetzten Fertigungsmaschinen und digitalen Systemen auf dem Shopfloor. Das Handlungsfeld fokussiert die kollaborative Bearbeitung von Fertigungsaufträgen von Menschen und Maschinen.

Die digital unterstützte Koordination cyber-physischer Systeme ermöglicht die **intelligente Bereitstellung von Ressourcen** an den Fertigungssystemen. Dies umfasst die Bereitstellung von Material, Werkstücken, Bearbeitungswerkzeugen, NC-Programmen und der zur Bearbeitung notwendigen Informationen. Die Ressourcenbereitstellung beinhaltet auch die innerbetriebliche Logistik, welche durch den Einsatz von Algorithmen den tatsächlichen Bedarf an den Fertigungssystemen antizipieren kann. Die zeitgerechte Bereitstellung der Ressourcen ist insbesondere für die Montage von hoher Wichtigkeit. Auch hier unterstützt die Vernetzung unterschiedlicher Fertigungssysteme, beispielsweise bei der abteilungsübergreifenden Bereitstellung von Qualitäts- und Messdaten.

Der Einsatz cyber-physischer Fertigungssysteme geht zudem einher mit einer zunehmenden Automatisierung sowie dem Einsatz von Robotik auf dem Shopfloor. Diese Systeme ergänzen NC-gesteuerte Bearbeitungsmaschinen. Die zunehmende Intelligenz und Selbststeuerung der Systeme erfordert jedoch die zielgerichtete **integrative Mensch-Maschine-Interaktion**. Mitarbeiter müssen die Möglichkeit haben, ihr Wissen und ihre Erfahrungen im Zusammenspiel mit den cyber-physischen Systemen einzubringen. Zudem gilt es, Mitarbeiter durch den Einsatz neuartiger Technologien besser bei manuellen Tätigkeiten zu unterstützen. Dies betrifft insbesondere die Montage von Baugruppen und Werkzeugen.

Die digitale Veredelung von Arbeitsmitteln, Werkstücken, Logistikelementen und Mitarbeitern im Sinne einer Datenerfassung und Vernetzung ermöglicht anschließend die Dokumentation von Geschehnissen auf dem Shopfloor. Um stets eine Synchronität zwischen den unterschiedlichen eingesetzten IT-Systemen und Datenständen sicherzustellen, ist es wichtig, dass Daten und Informationen möglichst unmittelbar **dokumentiert und virtualisiert** werden. Durch die Verwendung digitaler Technologien und die Vernetzung unterschiedlicher Datenstände können für Mitarbeiter relevante Informationen anschließend direkt auf dem Shopfloor abgerufen werden (siehe Kapitel 4.3.1.1). Zudem können durch die Auswertung von Daten Muster ermittelt werden und Prognosen für die Zukunft erstellt werden. All dies basiert auf der umfassenden Prozess- und Ergebnisdokumentation im Sinne einer Virtualisierung von Prozessen und Ergebnissen.

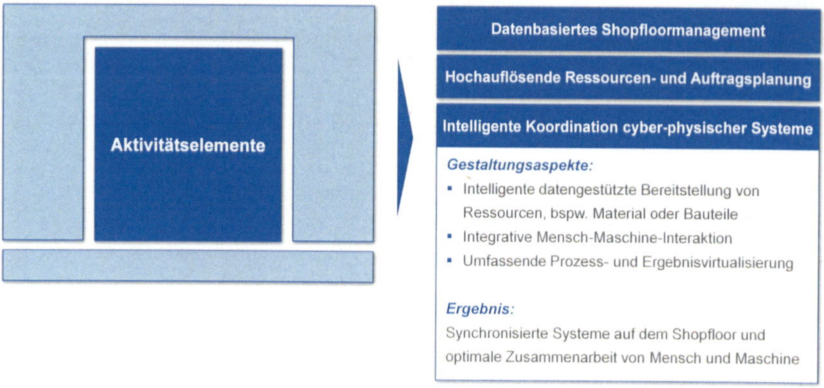

Abbildung 69: Gestaltungselement „Intelligente Koordination cyber-physischer Systeme"

Das Ziel der intelligenten Koordination cyber-physischer Systeme ist die Synchronisierung von System und Shopfloor sowie die optimale Zusammenarbeit von Menschen und Maschinen. Dazu wird die Vernetzung von cyber-physischen Systemen aktiv genutzt und in eine effektive Kollaboration dieser überführt.

4.3.2 Verhaltenselemente

Die Verhaltenselemente des Gestaltungsmodells beschreiben insbesondere das Kooperationsverhalten auf dem Shopfloor und fokussieren vor allem auf soziale Zusammenhänge. Die sozialen Zusammenhänge eines Unternehmens sind insbesondere durch eine Unternehmenskultur geprägt. Eine solche Kultur ist „Ausdruck geteilter Werte und Verhaltensrichtlinien innerhalb einer Organisation“[523]. Zur Definition notwendiger Werte und Verhaltensweisen im Hinblick auf den Umgang mit digitaler Technologie auf dem Shopfloor dient deshalb das Gestaltungselement **Digitale Kultur**. Einen weiteren Verhaltensaspekt auf dem Shopfloor stellt die kontinuierliche Weiterentwicklung der Mitarbeiter sowie das Lernen von Individuen und der gesamten Organisation dar. Das Lernen und die Erlangung von Wissen ändern sich maßgeblich durch die Verwendung digitaler Technologien. Die Thematisierung einer lernenden Organisation und des datenbasierten Wissenserwerbs wurden bereits im Rahmen von Kapitel 3.1.2.3 als Anforderungen an ein Gestaltungsmodell definiert. Ein weiteres verhaltensbezogenes Gestaltungselement ist deshalb das **proaktive Lernen**. Ebenfalls Teil der im Rahmen von Kapitel 3.1.2.3 definierten Anforderungen ist die Berücksichtigung der Zusammenarbeit von Mitarbeitern auf dem Shopfloor. Durch die Digitalisierung werden neue Formen der Kooperation und Kollaboration

[523] Vgl. Frese (Kultur im Strategieprozess), 2011, S. 97

der Mitarbeiter möglich. Diese sollen nachfolgend im Rahmen des Gestaltungselements **Kollaborative Shopfloor Community** thematisiert werden.

4.3.2.1 Digitale Kultur

Die Nutzung digitaler Technologien beeinflusst nicht nur die digitalisierten Abläufe selbst, sondern auch das Arbeitsumfeld und die Arbeitsweise der Mitarbeiter. Zur Gestaltung des digital vernetzten Shopfloors im Werkzeugbau wird einerseits die Bereitschaft, andererseits auch die Fähigkeit der Mitarbeiter für den korrekten Umgang mit digitalen Technologien benötigt. Demzufolge muss neben der Integration digitaler Technologien in die Arbeitsprozesse auch ein Wandel hinsichtlich der Arbeitskultur auf dem Shopfloor hin zu einer digitalen Kultur stattfinden.

Voraussetzung für die Digitalisierung des Shopfloors im Werkzeugbau ist zunächst die generelle Akzeptanz gegenüber digitalen Technologien und neuen Arbeitsweisen. Diese kann nur durch die entsprechende **Begeisterung der Mitarbeiter** erreicht werden. Darauf aufbauend müssen Verhaltensweisen, welche sich durch neue digitale Technologien verändern, im Rahmen eines **digitalen Verhaltenskodex** definiert werden. Dadurch wird zum einen die Funktion digitaler Systeme sichergestellt. Zum anderen werden grundlegende Verhaltensmuster zur Wahrung der IT-Sicherheit festgelegt. Schließlich muss die hergestellte digitale Kultur für den stetigen Wandel vorbereitet werden. Da die Geschwindigkeit der Veränderung erwartungsgemäß zunimmt, sind neue Technologien und Arbeitsweisen in der Zukunft zu erwarten. Zur **kontinuierlichen Veränderung der digitalen Kultur** soll deshalb ein Prozess kontinuierlicher Verbesserung implementiert werden.

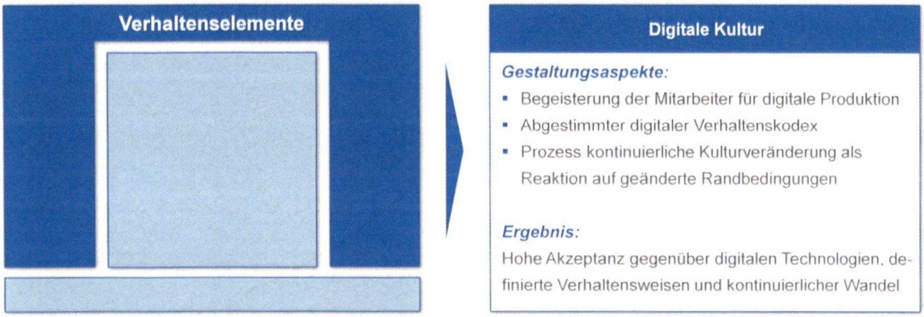

Abbildung 70: Gestaltungselement „Digitale Kultur"

Das Ergebnis einer digitalen Kultur ist eine Akzeptanz der Mitarbeiter gegenüber digitalen Technologien und entsprechenden neuen Arbeitsweisen. Zusätzlich werden Verhaltensweisen im Umgang mit digitalen Technologien im Rahmen eines Verhaltenskodex festgeschrieben. Zusätzlich ist die Kultur selbst wandlungsfähig, um kontinuierlichen Veränderungen begegnen zu können.

4.3.2.2 Proaktives Lernen

Trotz des hohen Wissenspotenzials aufgrund zahlreicher vorhandener Daten auf dem Shopfloor wird daraus bis heute nur vergleichsweise selten tatsächlich Wissen generiert. Neben der sofortigen Nutzung von Daten im Rahmen des datenbasierten Shopfloormanagements muss aus den Daten auch Wissen zur Weiterentwicklung gewonnen werden. Der Einsatz digitaler Technologien und die Vernetzung cyber-physischer Produktionssysteme bieten dem Werkzeugbau die Möglichkeit, kontinuierlich aus Daten zu lernen. Dies umfasst sowohl das Lernen durch Individuen als auch das Lernen einer Organisation als Ganzes. Proaktives Lernen ist grundsätzlich unternehmensweit möglich, stellt jedoch auch shopfloorbezogen ein direkt zu adressierendes Gestaltungselement dar.

Grundlage des proaktiven Lernens aus Daten ist die grundsätzliche Transparenz bezüglich des Status Quo sowie bestehender Potenziale. Dazu müssen vorhandene Informationen in Form von **Daten digital aufbereitet** werden. Erkenntnisse hinsichtlich der Verarbeitung von „Big Data“ unterstützen diesen Prozess. Dies ermöglicht beispielsweise die Erkennung von Mustern und die Ableitung von Lernpotenzialen. Aufbauend auf den aufbereiteten Daten findet das **kollektive organisationale Lernen** statt, welches strukturelle Veränderungen in der Organisation selbst initiiert. Dies umfasst sowohl eine Erweiterung oder Veränderung der bestehenden Wissensbasis als auch eine Veränderung des Problemlöseprozesses durch eine Anpassung des Bezugsrahmens. Ebenfalls basierend auf den digital aufbereiteten Daten erfolgt das **individuelle Lernen** der Mitarbeiter. Die digitale und vernetzte Wissensbasis sowie die digitale Datenaufbereitung und die rechnergestützte Bewertung nutzbarer Daten verbessern den individuellen Lernprozess, indem Potenzial umgehend erkannt wird und Maßnahmen zielgerichtet erfolgen.

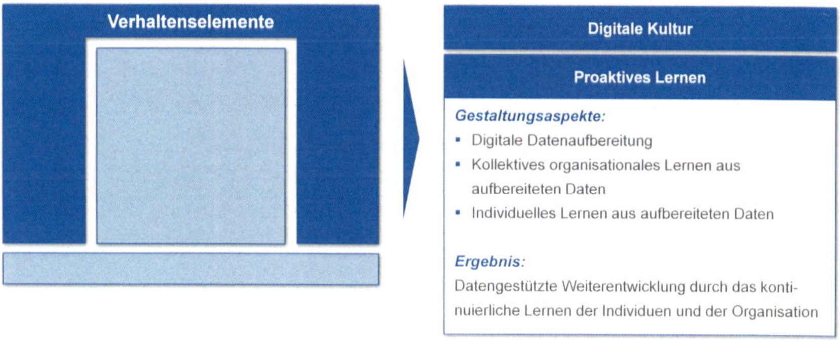

Abbildung 71: Gestaltungselement „Proaktives Lernen"

Das Ergebnis des Gestaltungselements Proaktives Lernen ist die datengestützte Weiterentwicklung des Shopfloors durch das kontinuierliche Lernen einzelner Mitarbeiter sowie der gesamten Organisation.

4.3.2.3 Kollaborative Shopfloor Community

Während die digitale Vernetzung im Rahmen von Communities im Privatleben vieler Menschen bereits Realität ist, erfolgt die Zusammenarbeit auf dem Shopfloor in der Regel auf Zuruf oder per Email. Die digital unterstützte Zusammenarbeit in Communities stellt eine einfache Form der Verbindung von Mitarbeitern dar. Dies ermöglicht eine schnelle Kontaktaufnahme bei Fragen, eine unkomplizierte Verteilung von Informationen und Wissen sowie die zielgerichtete Zusammenarbeit an konkreten Fragestellungen.

Für den Aufbau einer kollaborativen Shopfloor Community werden die Mitarbeiter zunächst im Rahmen einer **digitalen Sozialgemeinschaft** vernetzt. Als Basis dieser Vernetzung kann beispielsweise ein Social Media System dienen, welches entweder als Stand-Alone-Version implementiert wird oder integriert in andere Systeme existiert. Mitarbeiter existieren darin in Form eines virtuellen Abbilds und können sowohl Nachrichten austauschen als auch in unterschiedlichen Arbeitsgruppen und Themen miteinander verbunden sein. Durch die Bildung von Arbeits- und Interessensgruppen wird der Wissensaustausch ermöglicht (**Kooperation**). Zudem können Mitarbeiter gemeinsam an konkreten Fragestellungen und Projekten arbeiten (**Kollaboration**). Darauf aufbauend erfolgt letztlich der **Einbezug externer Wertschöpfungspartner und Kunden** in das virtuelle Netzwerk. Diese erhalten begrenzten Zugriff und können entscheidend zur Problemlösung und Innovation beitragen.

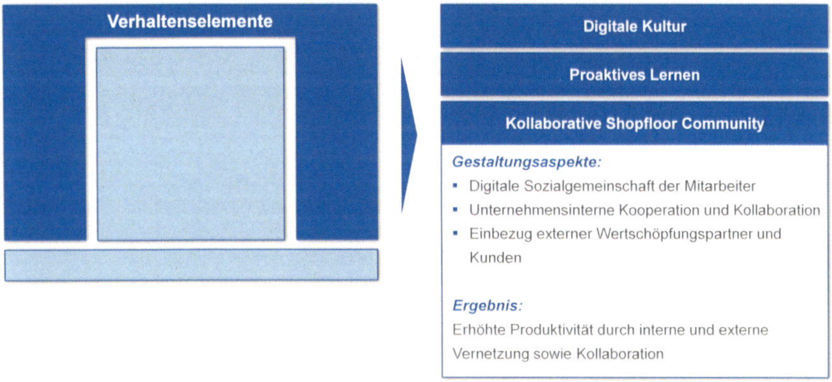

Abbildung 72: Gestaltungselement „Kollaborative Shopfloor Community"

Das Ergebnis der kollaborativen Shopfloor Community ist eine erhöhe Produkvität basierend auf einer intensivierten Kooperation und Kollaboration der Mitarbeiter sowie externer Wertschöpfungspartner und Kunden. Zudem wird durch die Vernetzung eine Basis für das proaktive Lernen durch aktiven Wissensaustausch generiert.

4.3.3 Strukturelement

Das Strukturelement bildet die Basis für die Digitalisierung des Shopfloors im Werkzeugbau. Es muss gemäß Kapitel 3.1.2.4 insbesondere die notwendige digitale Infrastruktur, aber auch Themen wie die Datensicherheit oder den Datenschutz thematisieren. Diese Themenpunkte werden nachfolgend unter dem Gestaltungselement **Digitale Plattformen** zusammengefasst.

4.3.3.1 Digitale Plattformen

Die Digitalisierung und Vernetzung von Produktionssystemen auf dem Shopfloor im Werkzeugbau basiert vor allem auf der Nutzung digitaler Technologien und der Einführung eingebetteter Systeme in Form von cyber-physischen Systemen. Aufgrund der Vielzahl möglicher Hard- und Softwarekomponenten bedarf es einer abgestimmten und ganzheitlichen digitalen Infrastruktur. Diese sollte modular aufgebaut sein, um die Erweiterbarkeit jederzeit sicherzustellen. Aus diesem Grund werden im Rahmen dieses Gestaltungselements digitale Plattformen thematisiert.

Der erste Bestandteil zur Bereitstellung digitaler Plattformen für den Shopfloor im Werkzeugbau ist die Definition der zu verwendenden **Infrastruktur**. Sie besteht grundsätzlich aus Hard- und Software. Anschließend erfolgt die **Vernetzung der digitalen Infrastrukturelemente**. Diese basiert auf klar definierten Schnittstellen und folgt dem Prinzip „Single Source of Truth“ zur Sicherstellung genau einer Datenherkunft. Die durch die Vernetzung digitaler Einzelkomponenten generierten Daten müssen geschützt werden. Die Herstellung infrastruktureller **Datensicherheit** thematisiert die Vermeidung von Datenverlust und damit die Bewahrung der Funktionsfähigkeit der digitalen Plattformen. Zudem muss der **organisationale Datenschutz** zur Sicherung der Besitzrechte an Daten und Informationen durch das Unternehmen sowie zur Wahrung von Persönlichkeitsrechten der Mitarbeiter sichergestellt werden. Die dargestellten Gestaltungsaspekte schaffen schließlich ein „digitales Ökosystem“[524] als Basis der übrigen Gestaltungselemente.

---

[524] Vgl. acatech Deutsche Akademie der Technikwissenschaften (Smart Service Welt Abschlussbericht), 2015, S. 17

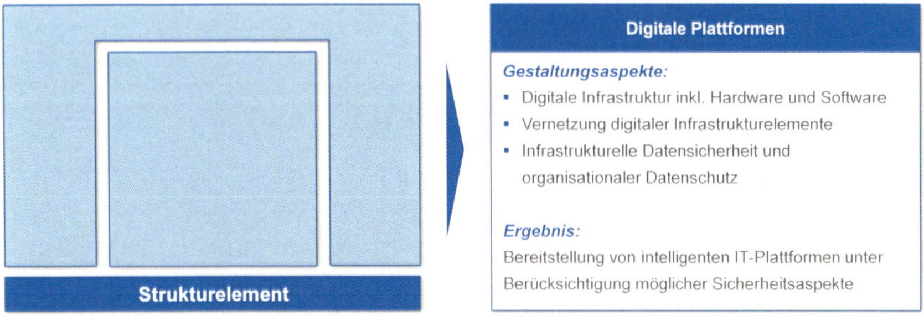

Abbildung 73: Gestaltungselement „Digitale Plattformen"

Ergebnis des Gestaltungselements Digitale Plattformen ist eine modular gestaltete IT-Infrastruktur für den Shopfloor im Werkzeugbau, welche durch definierte Hardware und Software anforderungsgerechte Funktionen bietet. Diese werden durch eine Vernetzung digitaler Infrastrukturelemente und unter Berücksichtigung von Datensicherheit und Datenschutz erreicht.

4.4 Synthese des Gestaltungsmodells

Das Gestaltungsmodell für den digital vernetzten Shopfloor im Werkzeugbau thematisiert die drei Dimensionen Struktur, Aktivitäten und Verhalten durch die Strukturierung in insgesamt sieben Gestaltungselemente. Diese gliedern sich in Strukturelemente, Verhaltenselemente und Aktivitätselemente.

Die sieben Gestaltungselemente des Gestaltungsmodells werden nachfolgend in Abbildung 74 explizit dargestellt. Die Darstellung basiert auf der Positionierung der drei Elementarten in Kapitel 4.3 und stellt den Zusammenhang der einzelnen Gestaltungselemente dar.

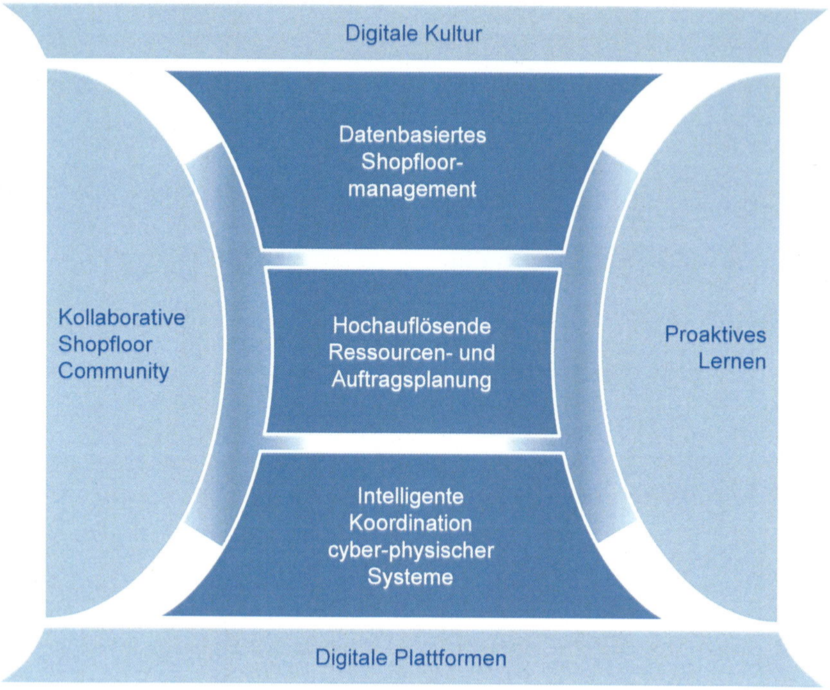

Abbildung 74: Gestaltungsmodell für den digital vernetzten Shopfloor im Werkzeugbau

Im Kern des Gestaltungsmodells für den digital vernetzten Shopfloor im Werkzeugbau stehen die Aktivitätselemente, welche die operative Bearbeitung von Fertigungsaufträgen auf dem Shopfloor sicherstellen. Im Rahmen des **Datenbasierten Shopfloormanagements** werden auftragsbezogene Daten gesammelt und zusammengeführt, um Mitarbeiter mit Zustandsinformationen, Leistungsinformationen und Zielen zu versorgen. Durch die Vernetzung und Auswertung der Daten sowie die Kommunikation der Ergebnisse kann mehr Verantwortung auf die Mitarbeiter übertragen werden. Im Rahmen der **Hochauflösenden Ressourcen- und Auftragsplanung** werden Auftragsdaten echtzeitnah verwendet, um kontinuierlich Kapazitäten mit dem Kapazitätsbedarf vergleichen zu können sowie eine darauf aufbauende Termin- und Kapazitätsplanung durchzuführen. Diese ist datengestützt und über den Zeitverlauf lernfähig aus Vergangenheitsdaten. Während der operativen Bearbeitung von Fertigungsaufträgen gilt es schließlich, die Kollaboration von Mitarbeitern und Fertigungssystemen zu unterstützen. Dies erfolgt im Rahmen des Gestaltungselements der **Intelligenten Koordination cyber-physischer Systeme.** Auf Basis einer anforderungsgerechten Rückmeldung von Informationen und Betriebsdaten kann die Synchronität von IT-Systemen und Realität sichergestellt werden. Insbesondere im Zuge eines zunehmenden Einsatzes von Automatisierung und Robotik auf dem Shopfloor müssen Mensch und Maschine integrativ zusammenarbeiten. Zudem wird die intelligente Bereitstellung von Ressourcen thematisiert.

Die operative Bearbeitung von Aufträgen im Rahmen der Aktivitätselemente wird umrahmt von den Verhaltenselementen. Auf der einen Seite wird durch das Gestaltungselement **Proaktives Lernen** die datengestützte kontinuierliche Weiterentwicklung von Mitarbeitern und des gesamten Shopfloors sowohl organisational als auch prozessual verankert. Auf der anderen Seite kann durch eine **Kollaborative Shopfloor Community** die Zusammenarbeit der Mitarbeiter in digitaler Form intensiviert werden. Die Gestaltungselemente Kollaborative Shopfloor Community und Proaktives Lernen nehmen auftragsbezogen Einfluss auf die Aktivitätselemente und umschließen diese deshalb. Das dritte Verhaltenselement stellt die **Digitale Kultur** dar, im Rahmen dessen Werte, Verhaltensweisen und Normen bezüglich des Arbeitens auf dem digital vernetzten Shopfloor im Werkzeugbau thematisiert werden.

Die Aktivitätselemente und die Verhaltenselemente basieren auf dem Strukturelement der **Digitalen Plattformen**. Dieses stellt die digitale Infrastruktur dar und zeichnet sich durch die Vernetzung und Modularität aus. Im Rahmen des Gestaltungselements werden zudem die Aspekte Datensicherheit und Datenschutz thematisiert.

Sowohl die Digitale Kultur als auch Digitale Plattformen sind auf dem Shopfloor innerhalb eines Werkzeugbaubetriebs nicht als abgeschlossene Themengebiete zu verstehen. Bezüglich der shopfloorspezifischen Gestaltung dieser Elemente ist deshalb auf eine Harmonisierung mit dem Gesamtunternehmen zu achten. Auch bezüglich der Kollaborativen Shopfloor Community und des Proaktiven Lernens ergeben sich zahlreiche Schnittstellen mit anderen Unternehmensbereichen. Die Verhaltenselemente und das Strukturelement bilden deshalb den Rahmen des Gestaltungsmodells.

4.5 Kritische Reflexion

Durch die Konzeption des Gestaltungsmodells für den digital vernetzten Shopfloor im Werkzeugbau soll die anfangs im Rahmen von Kapitel 1.2 definierte Forschungsfrage beantwortet werden. Diese lautet:

> ***Wie muss ein Modell zur Gestaltung des digital vernetzten Shopfloors im Werkzeugbau aufgebaut sein?***

Das im Rahmen von Kapitel 4.3 konzeptionierte und in Kapitel 4.4 synthetisierte Gestaltungsmodell beantwortet diese Frage. Ein entsprechendes Gestaltungsmodell ist in die drei Dimensionen Aktivitäten, Verhalten und Struktur gegliedert und besteht aus den Gestaltungselementen Datenbasiertes Shopfloormanagement, Hochauflösende Ressourcen- und Auftragsplanung, Intelligente Koordination cyber-physischer

Systeme, Proaktives Lernen, Kollaborative Shopfloor Community, Digitale Kultur und Digitale Plattformen. Diese werden im Rahmen von Kapitel 5 detailliert.

Nachfolgend soll geprüft werden, ob das entwickelte Gestaltungsmodell die im Rahmen von Kapitel 3.1.2 gestellten Anforderungen an ein Modell zur Gestaltung des digital vernetzten Shopfloors im Werkzeugbau erfüllt. Die definierten Anforderungen sind nachfolgend in Abbildung 75 dargestellt.

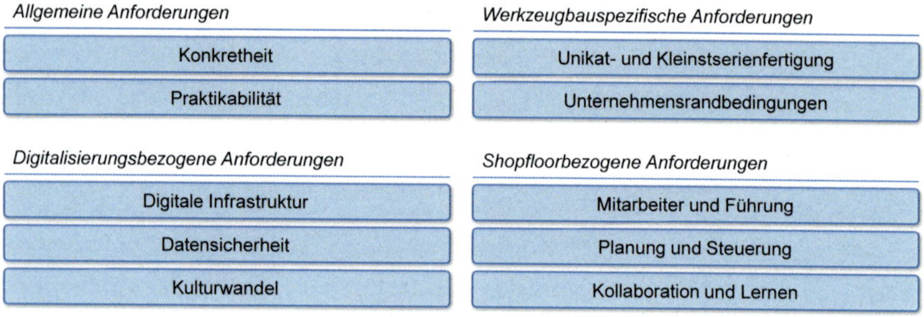

Abbildung 75: Anforderungen an ein Gestaltungsmodell

Die **allgemeinem Anforderungen** hinsichtlich der Konkretheit und der Praktikabilität des Gestaltungsmodells werden erfüllt. Das Gestaltungsmodell wurde aufbauend auf dem bewährten Konzept des integrierten Managements nach BLEICHER[525] in den drei Dimensionen Aktivitäten, Verhalten und Struktur aufgebaut. Durch diesen logischen Aufbau des Gestaltungsmodells ist es besonders konkret und praktikabel.

Die **werkzeugbauspezifischen Anforderungen** hinsichtlich der Eignung für die Unikat- und Kleinstserienfertigung sowie der Eignung für unterschiedliche Unternehmensrandbedingungen sind ebenfalls erfüllt. Das Gestaltungsmodell wurde spezifisch für den Werkzeugbau konzipiert, was beispielsweise an der Ausgestaltung des Gestaltungselements der Hochauflösenden Ressourcen- und Auftragsplanung sichtbar wird. Aus diesem Grund ist das Gestaltungsmodell höchst geeignet für die Unikat- und Kleinstserienfertigung. Durch die modulare Gestaltung der digitalen Infrastruktur in Form von digitalen Plattformen sowie die spezifische Berücksichtigung der Unternehmenskultur in Form eines Gestaltungselements ist das Modell an unterschiedliche Unternehmen anpassbar und eignet sich für unterschiedliche Unternehmensrandbedingungen.

Die **shopfloorbezogenen Anforderungen** hinsichtlich der Thematisierung der Themenfelder Mitarbeiter und Führung, Planung und Steuerung sowie Kollaboration und Lernen sind ebenfalls vollständig erfüllt. Das Themenfeld Mitarbeiter und Führung

[525] Vgl. Bleicher (Konzept Integriertes Management), 2011, S. 91

wird durch das Gestaltungselement Datenbasiertes Shopfloormanagement berücksichtigt. Die Planung und Steuerung wird durch die beiden Gestaltungselemente Hochauflösende Ressourcen- und Auftragsplanung sowie Intelligente Koordination cyber-physischer Systeme umgesetzt. Die Kollaboration und das Lernen werden im Gestaltungsmodell durch die Gestaltungselemente Kollaborative Shopfloor Community sowie Proaktives Lernen thematisiert.

Die **digitalisierungsbezogenen Anforderungen** hinsichtlich der Thematisierung der digitalen Infrastruktur, der Datensicherheit und des Kulturwandels sind ebenfalls vollständig erfüllt. Die digitale Infrastruktur sowie die Datensicherheit werden durch das Gestaltungselement Digitale Plattformen berücksichtigt. Der Kulturwandel ist Teil des Gestaltungselements Digitale Kultur. Dadurch werden alle erforderlichen Themenfelder abgebildet.

Das konzeptionierte Gestaltungsmodell erfüllt alle Anforderungen an ein Gestaltungsmodell für den digital vernetzten Shopfloor im Werkzeugbau. Es dient zudem der Beantwortung der im Rahmen von Kapitel 3.5 definierten Unterforschungsfragen:

Welche Elemente des Shopfloors im Werkzeugbau sind unmittelbar bezogen auf die Auftragsbearbeitung bei der Digitalisierung und Vernetzung von Produktionssystemen zu berücksichtigen?

Hinsichtlich der unmittelbaren Auftragsbearbeitung auf dem Shopfloor im Werkzeugbau sind insbesondere die Gestaltungselemente des datenbasierten Shopfloormanagements, der hochauflösenden Ressourcen- und Auftragsplanung sowie der intelligenten Koordination cyber-physischer Systeme umzusetzen.

Welche Elemente sind bezogen auf das Verhalten von Führungskräften und Mitarbeitern bei der Digitalisierung und Vernetzung von Produktionssystemen auf dem Shopfloor zu berücksichtigen?

Bezogen auf das Verhalten von Führungskräften und Mitarbeitern ist eine digitale Kultur zu etablieren. Ziel dieser ist die Akzeptanz der Mitarbeiter gegenüber digitalen Technologien und entsprechenden neuen Arbeitsweisen. Zusätzlich werden Verhaltensweisen im Umgang mit digitalen Technologien im Rahmen eines Verhaltenskodex festgeschrieben.

Wie können die Kollaboration und das kollektive Lernen im Rahmen digitaler und vernetzter Produktionssysteme auf dem Shopfloor im Werkzeugbau gestaltet werden?

Die Kollaboration und das kollektive Lernen werden durch die beiden Gestaltungselemente der kollaborativen Shopfloor Community und des proaktiven Lernens thematisiert. Die kollaborative Shopfloor Community dient sowohl der Kooperation als auch der Kollaboration. Das proaktive Lernen hingegen sichert eine kontinuierliche individuelle Weiterentwicklung der Mitarbeiter als auch eine strukturelle Weiterentwicklung der Organisation.

Wie kann die digitale Infrastruktur auf dem Shopfloor im Werkzeugbau gestaltet werden und welche Elemente sind bezüglich der Datensicherheit sowie eines Kulturwandels zu berücksichtigen?

Die digitale Infrastruktur sowie die Elemente der Datensicherheit werden im Rahmen des Gestaltungselements der digitalen Plattformen bearbeitet. Der Kulturwandel wird durch das Gestaltungselement der digitalen Kultur berücksichtigt.

Nachfolgend werden die Gestaltungselemente in Kapitel 5 detailliert.

5 Detaillierung des Gestaltungsmodells

Im Rahmen von Kapitel 4 wurde das Gestaltungsmodell für den digital vernetzten Shopfloor im Werkzeugbau konzeptioniert und anhand der eingangs gestellten zentralen Forschungsfrage sowie definierter Anforderungen an ein Gestaltungsmodell für den digital vernetzten Shopfloor im Werkzeugbau validiert. Das konzeptionierte Modell enthält **Aktivitätselemente**, **Verhaltenselemente** und **Strukturelemente**.

In folgenden Kapitel werden die zuvor definierten Gestaltungselemente detailliert. Dazu werden zunächst jeweils dem Themengebiet zugeordnete Grundlagen erläutert sowie anschließend einzelne Gestaltungsaspekte der Gestaltungselemente beschrieben.

Zuletzt werden die Zusammenhänge zwischen den einzelnen Gestaltungselementen beschrieben. Das Kapitel schließt mit einem zusammenfassenden Fazit.

5.1 Aktivitätselemente

Aktivitätselemente sind die Gestaltungselemente des digital vernetzten Shopfloors im Werkzeugbau, welche die operative Bearbeitung von Aufträgen auf dem Shopfloor thematisieren. Dazu zählen das **Datenbasierte Shopfloormanagement,** die **Hochauflösende Ressourcen- und Auftragsplanung** sowie die **Intelligente Koordination cyber-physischer Systeme**. Diese Gestaltungselemente werden nachfolgend detailliert.

5.1.1 Datenbasiertes Shopfloormanagement

Die operative Bearbeitung von Aufträgen basiert auf einer hohen Motivation und Leistungsfähigkeit der Mitarbeiter. Die Stärkung der Eigenverantwortung und die auftragsbezogene Führung dieser Mitarbeiter sind überaus wichtig. Dazu zählt zunächst die echtzeitnahe Informationsbereitstellung, um den Mitarbeitern die Beurteilung des Status Quo im Vergleich zu Zielzuständen zu ermöglichen. Gleichzeitig müssen die Mitarbeiter unmittelbar auf benötigtes Wissen zugreifen können. Zusätzlich zur echtzeitnahen Informationsbereitstellung und dem unmittelbaren Wissenszugriff erfolgt digital unterstützte Interaktion der Mitarbeiter untereinander.

Nachfolgend werden zunächst für das datenbasierte Shopfloormanagement relevante Grundlagen erläutert (vgl. Kapitel 5.1.1.1). Im Rahmen dessen werden die grundsätzlichen operativen Managementfunktionen des Transformationsprozesses erläutert.[526] Im Zusammenhang mit dem Grundgedanken des Empowerments[527] im Sinne der modernen Mitarbeiterführung ergibt sich die Notwendigkeit, Mitarbeiter mit notwendigen und sinnvollen Informationen zu versorgen. Zusätzlich müssen Mitarbeiter Zugriff auf das zur Erfüllung ihrer Aufgaben notwendige Wissen haben. Der dritte Kerngedanke des Shopfloormanagements ist die direkte digital unterstützte Interaktion der Mitarbeiter auf dem Shopfloor, sowohl im Sinne der Führung vor Ort[528] als auch im Rahmen eines Austauschs der Mitarbeiter untereinander.

Die Digitalisierung und Vernetzung der Wertschöpfung auf dem Shopfloor eignet sich insbesondere zur Unterstützung dieser Aspekte (vgl. Abbildung 76).

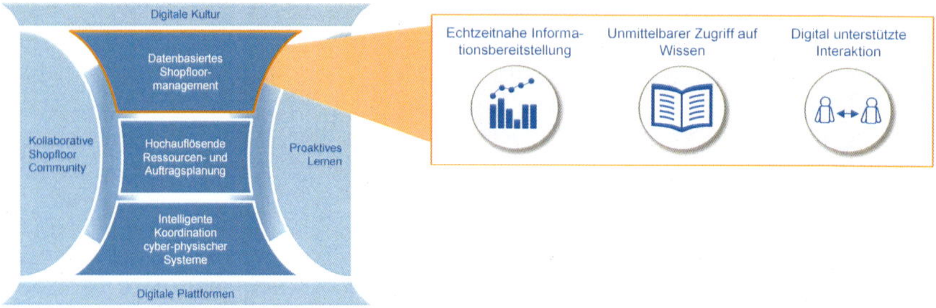

Abbildung 76: Gestaltungsaspekte des datenbasierten Shopfloormanagements

Durch vernetzte Datenquellen, beispielsweise Sensorik, und intelligente Datenaufbereitung erfolgt die **Informationsbereitstellung** echtzeitnah und anforderungsgerecht. Der **Zugriff auf Wissen** durch die Mitarbeiter kann unmittelbar und integriert in wertschöpfende Prozesse erfolgen. Die **Interaktion der Mitarbeiter** untereinander sowie mit dem Management findet digital unterstützt statt. Nach einer Erläuterung relevanter Grundlagen werden diese Gestaltungsaspekte nachfolgend detailliert.

5.1.1.1 Grundlagen

Wie bereits in Kapitel 2.1.3.1 erläutert, besteht die Aufgabe des operativen Produktionsmanagements in der Gestaltung, Lenkung und Entwicklung der wertschöpfenden Prozesse.[529, 530, 531]

[526] Vgl. Dyckhoff (Produktionstheorie), 2006, S. 367
[527] Vgl. Conger & Kanungo (Empowerment Process), 1988, S. 471 ff.
[528] Vgl. AWF Arbeitsgemeinschaft für Wirtschaftliche Fertigung (Visuelles Management), 2012, S. 33
[529] Vgl. Dyckhoff (Produktionstheorie), 2006, S. 6
[530] Vgl. Bleicher (Konzept Integriertes Management), 2011, S. 40
[531] Vgl. Ulrich (Systemorientiertes Management), 2001, S. 66

Nach DYCKHOFF setzt sich die Gestaltung und Lenkung des Transformationsprozesses aus folgenden Managementfunktionen zusammen:[532]

- Planung
- Organisation
- Führung
- Kontrolle
- Informationsversorgung

Insbesondere die Führung, die Kontrolle und die Informationsversorgung können als zentrale Elemente des Shopfloormanagements betrachtet werden (vgl. Kapitel 2.1.3).

Die Führung von Mitarbeitern ist in der Sozial-, aber auch in der Wirtschaftswissenschaft durch eine Vielfalt an unterschiedlichen Definitionen und Modellen charakterisiert.[533] Grundsätzliche Übereinstimmung besteht allerdings darin, dass die Mitarbeiterführung generell die Steuerung und Beeinflussung des Verhaltens der Mitarbeiter beschreibt, die sich vor allem an den betrieblichen Zielen und Sachaufgaben sowie an der Qualifikation und den Bedürfnissen dieser Mitarbeiter orientiert.[534]

MEYER entwickelte 1998 aus der Vielzahl an Definitionen und Modellen ein Mitarbeiterführungskonzept und definierte dazu drei Führungsarten (vgl. Abbildung 77).[535]

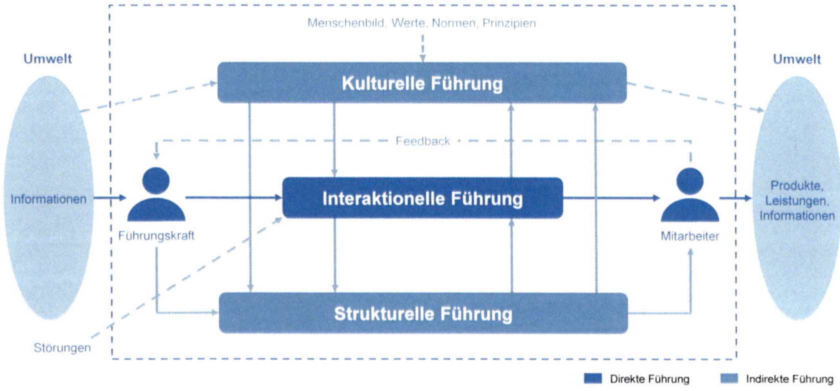

Abbildung 77: Mitarbeiterführung im lernenden Unternehmen nach MEYER[536]

[532] Vgl. Dyckhoff (Produktionstheorie), 2006, S. 367
[533] Vgl. Gabele et al. (Führungsgrundsätze und Mitarbeiterführung), 1992, S. 13
[534] Vgl. Büdenbender & Strutz (Personal), 1996, S. 144
[535] Vgl. Meyer (Mitarbeiterführung im lernenden Unternehmen), 1998, S. 75
[536] I.A.a. Meyer (Mitarbeiterführung im lernenden Unternehmen), 1998, S. 111

Alle drei Führungsebenen werden von den im Unternehmen vorherrschenden Grundannahmen, Werten und Normen beeinflusst. In besonderem Maß trifft dies allerdings auf die kulturelle Führung zu, unter welcher die Einflüsse der Unternehmens- und Führungsphilosophie sowie des Wertesystems, kurz also der Unternehmenskultur, zusammengefasst werden. Die kulturelle Führung stellt eine indirekte Führung dar, da die Führungskräfte nicht direkt, sondern mittelbar durch die Unternehmenskultur auf das Mitarbeiterverhalten einwirken.[537] Die strukturelle Führung schafft als ebenfalls indirekte Führungsebene den generellen Rahmen für die Gestaltung von Führungssituationen. Ziel der strukturellen Führungsebene ist die Gestaltung einer Systemstruktur, deren Bedingungen ein eigenständiges Handeln der Mitarbeiter und somit auch eine weitgehende Selbstorganisation und Selbststeuerung ermöglichen.[538] Die direkte Führungsebene stellt die interaktionelle Führung dar. Durch sie sollen die von Unternehmensführung und Personalmanagement definierten Gestaltungsziele umgesetzt werden. Dies geschieht situativ und individuell durch Interaktionen zwischen Führungskräften und Mitarbeitern und setzt daher eine funktionierende Kommunikation voraus.[539]

In produzierenden Unternehmen werden die unterschiedlichen Führungsformen jeweils verschieden stark gewichtet eingesetzt. Insbesondere die strukturelle Führung nimmt jedoch eine zunehmend große Rolle zur Führung von Mitarbeitern ein. WUNDERER postuliert beispielsweise das Konzept zur „unternehmerischen Mitarbeiterführung“[540], welches die strukturelle Aktivierung möglichst vieler Mitarbeiter zu unternehmerischem Handeln innerhalb eines Unternehmens vorsieht.[541] Das Konzept sieht die Anwendung des Empowerments nach CONGER und KANUNGO[542] auf die strukturelle Führung vor.[543] Dieses Prinzip zur Steigerung der Führungseffektivität sieht eine Ausweitung von Handlungs- und Entscheidungsspielräumen der Mitarbeiter durch das Unternehmen vor.[544] Es basiert auf der Annahme, dass die Gesamteffektivität einer Organisation steigt, wenn Führungskräfte ihre Macht und Verantwortung mit ihren Mitarbeitern teilen. Zudem spielen Methoden des Empowerments eine wichtige Rolle hinsichtlich der Entwicklung und Förderung von Arbeitsgruppen.[545] Das Prinzip des Empowerments im Sinne eines „strukturalen Empowerments“[546] kann als organisationale Aufteilung von Zuständigkeiten und Verantwortlichkeiten betrachtet werden. Es kann aber zusätzlich eine starke motivierende Wirkung auf

---

[537] Vgl. Meyer (Mitarbeiterführung im lernenden Unternehmen), 1998, S. 111 f.

[538] Vgl. Meyer (Mitarbeiterführung im lernenden Unternehmen), 1998, S. 112

[539] Vgl. Meyer (Mitarbeiterführung im lernenden Unternehmen), 1998, S. 111

[540] Vgl. Wunderer (Mitarbeiterführung für unternehmerischen Wandel), 1994, S. 252

[541] Vgl. Wunderer (Mitarbeiterführung für unternehmerischen Wandel), 1994, S. 252 ff.

[542] Vgl. Conger & Kanungo (Empowerment Process), 1988, S. 471 ff.

[543] Vgl. Wunderer (Mitarbeiterführung für unternehmerischen Wandel), 1994, S. 253

[544] Vgl. Schmitz et al. (Empowerment), 2009, S. 11 f.

[545] Vgl. Conger & Kanungo (Empowerment Process), 1988, S. 471

[546] Vgl. Schmitz et al. (Empowerment), 2009, S. 12

Mitarbeiter entfalten.[547] Dies ist der Fall, wenn die Ermächtigung der Mitarbeiter nicht als Delegation von Aufgaben betrachtet wird, sondern als Befähigung, bestimmte Herausforderungen eigenverantwortlich zu lösen.[548]

Zur Umsetzung des Empowerments müssen Voraussetzungen erfüllt werden. BOWEN und LAWLER stellen fest, dass das Empowerment nur erfolgreich erreicht werden kann, wenn Mitarbeiter über die folgenden Dinge verfügen:[549]

- Informationen hinsichtlich der Leistung der entsprechenden Unternehmenseinheit
- Wissen zum Verständnis der Wirkungszusammenhänge einer Leistungssteigerung
- Anreizsetzung basierend auf den Leistungen der entsprechenden Unternehmenseinheit
- Möglichkeiten der Beeinflussung der Leistung der entsprechenden Unternehmenseinheit

Die Erfüllung dieser Voraussetzungen adressiert auch das Shopfloormanagement produzierender Unternehmen. Diesbezüglich bestehen unterschiedliche Lösungsansätze (vgl. Kapitel 2.1.3.3), beispielsweise der Shopfloormanagement-Ansatz nach ENGROFF[550].

Die Übermittlung von Informationen lässt sich generell in die vier Bestandteile Sender, Empfänger, Botschaft und Medium unterteilen.[551] Insbesondere dem Mechanismus der Informationsaufnahme sowie dem Übermittlungsmedium kommt dabei eine besondere Bedeutung zu. Um Informationen aus der Umgebung aufnehmen und verarbeiten zu können, ist eine Wahrnehmung der Mitarbeiter im Sinne einer psychologischen Funktion erforderlich.[552] Die Wahrnehmung und damit die Informationsaufnahme erfolgt generell in sechs Schritten (vgl. Abbildung 78).[553]

[547] Vgl. Mendonca & Kanungo (Ethical Leadership), 2007, S. 62
[548] Vgl. Conger & Kanungo (Empowerment Process), 1988, S. 471 ff.
[549] Vgl. Bowen & Lawler (Empowerment), 1992, S. 32 ff.
[550] Vgl. AWF Arbeitsgemeinschaft für Wirtschaftliche Fertigung (Visuelles Management), 2012, S. 33
[551] Vgl. Grimm (Digitale Kommunikation), 2005, S. 3
[552] Vgl. Badke-Schaub et al. (Human Factors), 2012, S. 66
[553] Vgl. Badke-Schaub et al. (Human Factors), 2012, S. 67

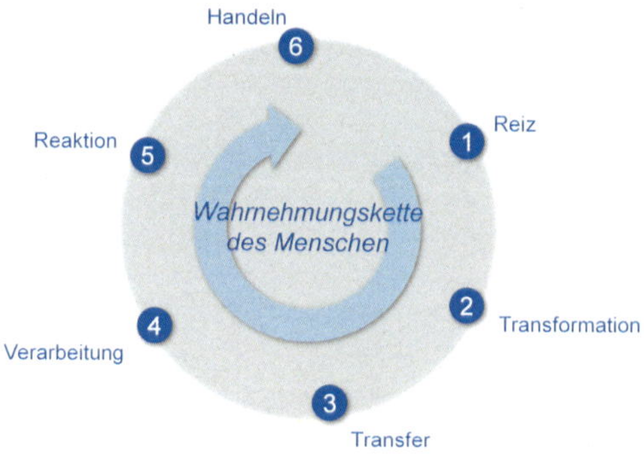

Abbildung 78: Wahrnehmungskette des Menschen[554]

Zu Beginn einer Informationsaufnahme nimmt der Körper Reize auf. Diese werden dann im Sinnesorgan in elektrische Signale gewandelt, welche anschließend durch das Nervensystem an das Gehirn des Menschen transferiert werden. Daraufhin erfolgt die Verarbeitung der Signale durch Vernetzen, Erinnern, Kombinieren, Assoziieren sowie Beurteilen.[555] Darauf aufbauend wird eine Reaktion hervorgerufen, welche sich durch ein aktives Handeln äußern kann.[556]

Zur Informationsübermittlung existieren unterschiedliche Medien. Diese werden auch als Übertragungskanäle bezeichnet und sind untrennbar mit den Sinnesorganen des Menschen verbunden.[557] Die wichtigsten Übertragungskanäle für Informationen lauten:[558, 559]

- Taktiler oder haptischer Kanal (Fühlen)
- Optischer oder visueller Kanal (Sehen)
- Akustischer oder auditiver Kanal (Hören)
- Olfaktorischer Kanal (Riechen)
- Gustatorischer Kanal (Schmecken)
- Thermaler Kanal (Wärmeempfinden)
- Kinästhetischer Kanal (Bewegung und Stellung)

Zur Wahrnehmung werden immer parallel mehrere der Sinnesmodalitäten genutzt.[560]

---

554 I.A.a. Badke-Schaub et al. (Human Factors), 2012, S. 67
555 Vgl. Cerwinka & Schranz (Ersteindruck), 2006, S. 12
556 Vgl. Badke-Schaub et al. (Human Factors), 2012, S. 66 f.
557 Vgl. McLuhan (Understanding media), 1964, S. 112 ff.
558 Vgl. Behrens (Betriebliches Informationsmanagement), 2001, S. 38
559 Vgl. Cerwinka & Schranz (Ersteindruck), 2006, S. 10 ff.
560 Vgl. Badke-Schaub et al. (Human Factors), 2012, S. 66

5.1.1.2 Echtzeitnahe Informationsbereitstellung

Bereits heute werden in vielen Werkzeugbaubetrieben Informationen bezüglich aktueller Status und Zielzustände auf dem Shopfloor bereitgestellt. Diese Informationsbereitstellung adressiert insbesondere die Handlungsfelder Führung vor Ort und Visualisierung des Shopfloormanagements nach ENGROFF[561]. Die Informationen sind jedoch häufig veraltet, widersprüchlich oder werden nicht anforderungsgerecht ausgewählt und dargestellt.[562] Exakt dieser Problematik lässt sich durch eine echtzeitnahe Informationsbereitstellung hinsichtlich aktueller Status und Zielzustände im Rahmen eines datenbasierten Shopfloormanagements entgegenwirken. Die datenbasierte Informationsbereitstellung muss dazu die folgenden Charakteristika besitzen:

(1) **Aktualität:** Die Informationen müssen mit geringem Zeitverzug bereitgestellt werden

(2) **Widerspruchsfreiheit:** Einzelne Informationen dürfen sich nicht gegenseitig widersprechen

(3) **Anforderungsgerechtheit:** Sowohl die Art der Information als auch die Darstellungsweise müssen anwenderkonform gestaltet werden

Die Aktualität der Informationen wird durch die echtzeitnahe Bereitstellung gewährleistet. Das Informationssystem wird direkt mit den unterschiedlichen Datenquellen vernetzt. Über entsprechende kontinuierlich stattfindende Rechenoperationen werden die Informationen ständig in kaum mehr differenzierbaren Zeitintervallen aktualisiert. Bei diesem Prozess unterstützen intelligente Datenanalyse-Algorithmen, welche derzeit im Rahmen des Forschungsfelds „Big Data Analytics“[563] erforscht und validiert werden. Sie ersparen zeitraubende manuelle Datenanalysen und werten Daten kontinuierlich aus. Gegenüber analogen Informationstafeln bieten aktuelle digitale Informationen die Möglichkeit, direkter auf Veränderungen reagieren zu können. Zudem steigert die Aktualität der Informationen das Vertrauen der Mitarbeiter in das Informationssystem und lässt Ursache-Wirkungszusammenhänge direkt erkennen.

Die Widerspruchsfreiheit der dargestellten Informationen kann durch die Vernetzung unterschiedlicher Datenquellen gewährleistet werden. Im Unternehmen existieren unterschiedliche Datenquellen für die darzustellenden Informationen. Beispielsweise können Liegezeiten von Aufträgen sowohl durch Daten aus den Maschinenbetriebsdaten wie auch aus den Rückmeldedaten der Arbeitsstunden der Mitarbeiter ermittelt werden. Durch die Vernetzung und Synchronisierung aller relevanter Datenquellen kann erreicht werden, dass genau ein verifizierter Datenstand existiert, auf dessen

[561] Vgl. AWF Arbeitsgemeinschaft für Wirtschaftliche Fertigung (Visuelles Management), 2012, S. 33
[562] Vgl. Schuh et al. (Shopfloormanagement), 2015, S. 14 ff.
[563] Vgl. Elgendy & Elragal (Big Data Analytics), 2014, S. 214 ff.

Grundlage Entscheidungen getroffen werden. Diese Anforderung wird auch als „Single Source of Truth“[564] bezeichnet. Die konsequente Vernetzung und Synchronisierung von Datenquellen ermöglicht es auch, standortübergreifend widerspruchsfreie Informationen bereitzustellen. Insbesondere im Rahmen der Teamarbeit an unterschiedlichen Standorten bietet dies Vorteile, wie beispielsweise eine widerspruchsfreie Anreizsetzung über Standortgrenzen hinweg.

Neben der Aktualität und der Widerspruchsfreiheit muss die Anforderungsgerechtheit sichergestellt werden. Dies beinhaltet sowohl die Auswahl der bereitzustellenden Informationen als auch die anwenderkonforme Darstellung dieser. Zur Auswahl der bereitzustellenden Informationen ist zunächst festzustellen, welche Informationen Mitarbeiter auf dem digital vernetzten Shopfloor benötigen. Die tatsächliche Zusammenstellung der Informationen muss unternehmensspezifisch erfolgen. Jedoch lassen sich allgemeine Kategorien festlegen, nach denen sich der Informationsbedarf auf dem digital vernetzten Shopfloor gliedern lässt (vgl. Abbildung 79).

Auftragsbezogene Informationen	*Auftragsübergeordnete Informationen*	*Allgemeine Informationen*
▪ Allgemeine Auftragsangaben	▪ Termintreue	▪ Organisationale Entwicklungen
▪ Status der Auftragsabwicklung	▪ Durchsatz	▪ Werkzeugbauspezifische Neuigkeiten
▪ Zeitplan inkl. Meilensteinen	▪ Produktivität	▪ Veranstaltungen
▪ Meilensteinbezogene Termintreue	▪ Qualität	▪ Besucher
▪ …	▪ …	▪ …

Abbildung 79: Informationsbedarf auf dem digital vernetzten Shopfloor

Der digital vernetzte Shopfloor ist geprägt von einer hohen Mitarbeiterverantwortung. Jeder einzelne Mitarbeiter ist Entscheider und trägt damit einen Teil der Gesamtverantwortung zur effizienten Auftragsabwicklung auf dem Shopfloor. Dazu benötigt er zum einen auftragsbezogene Informationen. Dies können beispielsweise allgemeine Auftragsangaben wie der Kunde oder eine Abbildung des Serienbauteils, der Status der Auftragsabwicklung, ein Zeitplan der Auftragsabwicklung mit dargestellten Meilensteinen oder die meilensteinbezogene Termintreue sein. Neben den auftragsbezogenen Informationen werden vom Mitarbeiter auf dem digital vernetzten Shopfloor auftragsübergeordnete Informationen zur allgemeinen Leistung der Organisationseinheit benötigt. Diese können als Basis zur Anreizsetzung auf dem Shopfloor dienen und vermitteln den Mitarbeitern ein Bild hinsichtlich der aktuellen Leistung. Diese Informationen können beispielsweise die durchschnittliche Termintreue, einen mengen- oder umsatzbezogenen Durchsatz, die Produktivität im Hinblick auf geleistete Stunden oder die durchschnittliche Qualität darstellen. Zusätzlich werden von Mitarbeitern auf dem digital vernetzten Shopfloor allgemeine Informationen gewünscht

[564] Vgl. Murphy (Single Source of Truth), 2011

und benötigt. Diese stellen zum Beispiel aktuelle organisationale Entwicklungen, allgemeine werkzeugbauspezifische Neuigkeiten, anstehende Veranstaltungen oder derzeitige Besucher dar.

Die digitale Darstellung von Informationen ermöglicht eine variable Granularität dieser. Dazu kann mit den Prinzipien „Watchdog“ und „Drill-Down“ gearbeitet werden (vgl. Abbildung 80).[565]

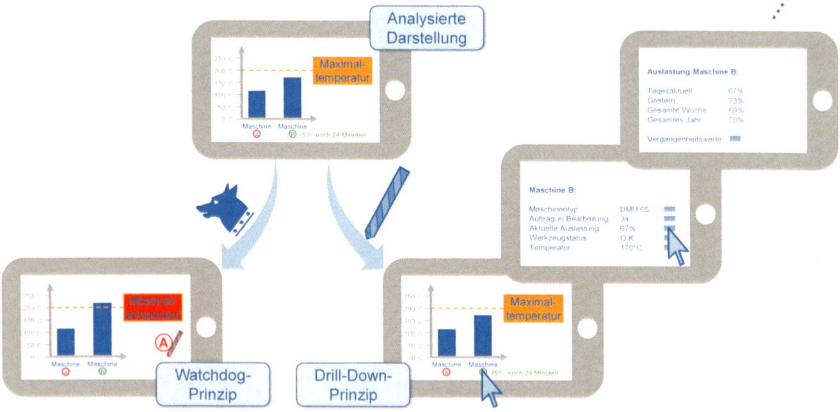

Abbildung 80: Informationsbereitstellung mit den Prinzipien „Watchdog“ und „Drill-Down“[566]

Das „Watchdog“-Prinzip beschreibt eine automatisierte Auswertung laufender Prozesse. Bei Über- oder Unterschreiten von vorher definierten Warngrenzen werden die jeweils Verantwortlichen automatisch vom System alarmiert. Dadurch entfallen die manuelle Überwachung oder das Generieren von Auswertungen.[567] Kombiniert werden kann das „Watchdog“-Prinzip mit dem „Drill-Down“-Prinzip, welches detailliertere Auswertungen und Betrachtungen von Daten und Informationen ermöglicht. Über vordefinierte Auswertestrukturen kann der Anwender einen Grobbereich betrachten. Durch Auswahl eines Teilbereichs kann der Verantwortliche immer detaillierter Informationen abrufen.[568]

Einen weiteren Baustein zur Sicherstellung der Anforderungsgerechtheit stellt die Verwendung des anforderungsgerechten Informationsdarstellungssystems dar. Die Vielfalt der Systeme erstreckt sich heute von großen Bildschirmen mit Touch-Funktionalität über Tablet-Computer bis hin zu Google-Glasses, welche Informatio-

565 Vgl. Büttner & Brück (Use Case Industrie 4.0), 2014, S. 140 ff.
566 Vgl. Büttner & Brück (Use Case Industrie 4.0), 2014, S. 140 ff.
567 Vgl. Büttner & Brück (Use Case Industrie 4.0), 2014, S. 140 f.
568 Vgl. Büttner & Brück (Use Case Industrie 4.0), 2014, S. 141 f.

nen individuell für jeden Anwender bereitstellen können. Nach der Auswahl der Informationsdarstellungssysteme sollte zudem die Darstellungsweise anforderungsgerecht gestaltet werden. Dabei ist auf die nutzerkonforme Darstellung von Kennzahlen und Informationen durch Farben und Symbolik zu achten.

Zu hinterfragen bleibt, ob wirklich alle datenbasierten Informationen digital dargestellt werden sollten. Die digitale Darstellung ermöglicht vor allem die Sicherstellung der Aktualität hinsichtlich sich kontinuierlich veränderbarer Informationen. Zudem können im Sinne der Anforderungsgerechtheit die Detailtiefe und Granularität der Informationen variiert werden. Kritisch zu bewerten ist, dass die digitale Darstellung allein lediglich den Kanal der visuellen Wahrnehmung (vgl. Kapitel 5.1.1.1) anspricht. Zur zusätzlichen Nutzung des haptischen Kanals ist die Verwendung von Touchscreens zu empfehlen. Noch intensiver ist jedoch stets die interaktive Besprechung von Informationen im Rahmen von regelmäßigen Terminen sowie die direkte Ableitung von Maßnahmen gemeinsam in der Gruppe. Dabei ist darauf zu achten, dass die dargestellten und besprochenen Informationen trotzdem im Sinne der Widerspruchsfreiheit stets datenbasiert sind.

5.1.1.3 Unmittelbare Wissensversorgung

Auf dem digital vernetzten Shopfloor werden permanent Daten generiert. Diese werden zum einen für die echtzeitnahe Informationsbereitstellung genutzt. Neben der Bereitstellung von Informationen sind Mitarbeiter jedoch zusätzlich mit relevantem Wissen zur Auftragsabwicklung und zur Bewältigung von Herausforderungen im direkten Kontext der Auftragsbearbeitung zu versorgen. Dies trägt zur Problemlösung im Rahmen des Shopfloormanagements nach ENGROFF[569] (vgl. Kapitel 2.1.3.3) bei.

Die Grundlage für die unmittelbare Wissensversorgung von Mitarbeitern auf dem digital vernetzten Shopfloor ist hinreichende informationstechnische Kompetenz der Mitarbeiter. Neben Eigenverantwortung und Motivation (vgl. Kapitel 5.2.1) sowie einem gesamten Verständnis des digital vernetzten Werkzeugbaus werden vor allem ausreichende informationstechnische Fähigkeiten der Mitarbeiter benötigt. Dazu zählt die selbstverständliche Nutzung von Internet, digitalen Kommunikationsmethoden und allgemeinen Softwareprogrammen, insbesondere der digitalen Wissensbasis.[570]

Die Wissensversorgung wird vor allem als Hilfestellung bei Fragen von Mitarbeitern benötigt oder im Fall des Auftretens eines Problems, idealerweise bevor sich dieses in verminderter Produktivität seiner Arbeitsstation niederschlägt. Durch den Unikatfertigungscharakter im Werkzeugbau (vgl. Kapitel 2.2.3) existieren sehr viele unter-

---

569 Vgl. AWF Arbeitsgemeinschaft für Wirtschaftliche Fertigung (Visuelles Management), 2012, S. 33
570 Vgl. Büttner & Brück (Use Case Industrie 4.0), 2014, S. 125

schiedliche Fertigungs- und Montageoperationen auf dem Shopfloor. Dadurch ist der Zugriff auf Wissen durch die Mitarbeiter häufig notwendig. Auf dem digital vernetzten Shopfloor im Werkzeugbau erfolgt die Wissensversorgung digital unterstützt unmittelbar, das heißt möglichst ohne aufwendige manuelle Recherche. Dazu können grundsätzlich zwei unterschiedliche Arten der Wissensversorgung unterschieden werden:

(1) **Aktiver Wissenszugriff:** Mitarbeiter suchen aktiv nach Wissen und greifen auf dieses zu

(2) **Passiver Wissenszugriff:** Mitarbeitern wird Wissen ohne aktive Suche danach bereitgestellt

Für den aktiven Wissenszugriff existieren bereits zahlreiche unterschiedliche Einzellösungen, welche jedoch im Rahmen des digital vernetzten Shopfloors im Werkzeugbau zusammenzuführen sind. Dies kann insbesondere durch die Integration der Wissensbasis geschehen, welche alle Einzellösungen in unterschiedlicher Form bereitstellen und verwenden. Nachfolgend werden die am häufigsten im Werkzeugbau eingesetzten Lösungen des aktiven Wissenszugriffs vorgestellt.

Ein Wiki (hawaiianisch = schnell), das auch als WikiWiki oder WikiWeb bezeichnet wird, stellt ein vernetztes Hypertextsystem aus Seiten eines offenen oder unternehmensinternen Netzwerks dar, dessen Inhalte von den Benutzern nicht nur aufgerufen, sondern auch bearbeitet werden können.[571, 572] Während im Werkzeugbau aktuell elektronische Wissensdatenbanken nur vergleichsweise selten genutzt werden[573], lässt sich der Erfolg des grundlegenden Wiki-Prinzips an der Internetplattform Wikipedia beobachten. Wikipedia wurde 2001 als freies Onlinelexikon gegründet, weist mittlerweile etwa 35 Millionen Artikel in mehr als 280 Sprachen auf[574] und belegt im Jahr 2015 den siebten Platz der meistbesuchten Websites der Welt und Deutschlands, wobei es unter den Top 50 die einzige nicht-kommerzielle Webseite darstellt.[575, 576] Das Nutzungspotenzial ist also durchaus vorhanden, insbesondere weil das Prinzip vielen Mitarbeiter durch Wikipedia aus dem privaten Alltag bekannt ist. Was vielen Unternehmens-Wikis fehlt, ist die Durchschlagskraft von 35 Millionen Artikeln, in denen nahezu jeder Suchbegriff auffindbar ist. Beim Aufbau eines solchen Wikis muss also auch schon zu Beginn vor allem auf eine ausreichende Wissensbasis geachtet werden. Nur wenn es Mitarbeiter bei einer Vielzahl von Fragestellungen unterstützen kann, kann sich ein Unternehmens-Wiki wirklich etablieren.

---

[571] Vgl. Gabler Wirtschaftslexikon (Wiki), 2015

[572] Vgl. Wikipedia (Wiki), 2015

[573] Vgl. Gemeinsame Datenbank des Werkzeugmaschinenlabors WZL der RWTH Aachen und des Fraunhofer-Instituts für Produktionstechnologie IPT, Stand Mai 2016)

[574] Vgl. Wikipedia (Wikipedia), 2015

[575] Vgl. Alexa (Top 500 Global Sites), 2016

[576] Vgl. Alexa (Top Sites in Germany), 2016

Da Wiki-Systeme auch kollaborative Elemente aufweisen, können sie auch als Instrument für die Kollaborative Shopfloor Community angewendet werden (vgl. Kapitel 5.2.3).

Ein weiteres, im Optimalfall komplementär implementiertes Instrument, stellen digitale Wissenslandkarten dar. Digitale Wissenslandkarten explizieren das Wissen nicht selbst, sondern verweisen lediglich auf andere Stellen oder Experten. Zusätzlich werden durch den mittels digitaler Technologien erzeugten Visualisierungseffekt vor allem Wissensdefizite und drohender Wissensverlust ersichtlich.[577] Der Aufbau und die Pflege solcher digitalen Wissenslandkarten erinnern an das System der sogenannten „Gelben Seiten“. Zunächst müssen die relevanten Wissensgebiete definiert und strukturiert werden. Die Experten müssen sich diesen Wissensgebieten dann eigenständig zuordnen, wobei jedoch auch eine Zuordnung durch Führungskräfte durchgeführt werden kann. Im laufenden Betrieb wählt der Suchende schließlich das relevante Wissensgebiet aus, erhält eine aktuelle Expertenliste und kann diese digital unmittelbar kontaktieren und um Unterstützung bitten.[578] Die Nutzung digitaler Technologien ermöglicht eine weitere Anpassung der Wissenslandkarten gegenüber dem klassischen System. Angefangen bei der Suche nach einem relativ allgemeinen Oberbegriff, erstellt das System digital eine Mindmap, also eine vernetzte, geordnete und gegliederte Sammlung von Schlagwörtern, die mit dem Oberbegriff in Verbindung stehen und somit verwandte und detailliertere Begriffe darstellen. Die Auswahl eines dieser Schlagwörter generiert dann wieder eine neue Mindmap zum neuen Oberbegriff. Diese Art der digitalen Wissenslandkarte ist nicht nur für die Expertensuche, sondern auch im Unternehmens-Wiki einsetzbar.

Neben dem aktiven Wissenszugriff ist der passive Wissenszugriff durch Mitarbeiter eine Möglichkeit zur Wissensübertragung auf dem digital vernetzten Shopfloor. Im Rahmen dessen werden Mitarbeiter mit Wissen versorgt, ohne es aktiv angefordert zu haben. Denkbar ist dies beispielsweise hinsichtlich besonders wissensintensiver Tätigkeiten auf dem Shopfloor, beispielsweise der Montage. Ein System zur Wissensversorgung erkennt automatisch das zu montierende Bauteil und zeigt dem Mitarbeiter Informationen zur korrekten Montage an. Die Darstellung des Wissens ist auf unterschiedlichste Art und Weise realisierbar. Beispielsweise kann ein bestehendes Viewer-System mit Monitoren genutzt werden. Denkbar sind aber auch der Einsatz von Google Glasses oder die Projektion von Informationen direkt auf das Bauteil. Auch unterschiedliche Augmented Reality-Anwendungen können passiv Wissen bereitstellen.

Entscheidend sowohl für den aktiven als auch den passiven Wissenszugriff ist die Bereitstellung des tatsächlich benötigten Wissens. Ein Instrument, welches das Auf-

[577] Vgl. Schuhbauer & Schwinghammer (Wissenslandkarten), 2005, S. 72
[578] Vgl. Wesoly et al. (Wissensmanagement), 2009, S. 706

finden von Wissen vereinfacht, ist die semantische Suche. Im Gegensatz zur klassischen Volltextsuche wird der Kontext der Anfrage nach Wissen „verstanden". Dies ist beispielsweise möglich, indem die Umgebung des Anwenders kontinuierlich erfasst und ausgewertet wird.[579]

Für die Umsetzung einer unmittelbaren Wissensversorgung im Rahmen des datenbasierten Shopfloormanagements auf dem digital vernetzten Shopfloor im Werkzeugbau ist eine synchronisierte Wissensbasis für alle Instrumente zur Wissensversorgung von großer Wichtigkeit. Diesbezüglich gelten die gleichen Grundsätze wie bereits im Rahmen der echtzeitnahen Informationsbereitstellung erläutert. Durch aufeinander abgestimmte und miteinander vernetzte Wissensbasen, beispielsweise in Form von Wissensdatenbanken, können Mitarbeiter optimal bei der Auftragsabwicklung unterstützt werden.

5.1.1.4 Digital unterstützte Interaktion

Die Interaktion der Mitarbeiter auf dem Shopfloor im Werkzeugbau findet derzeit vor allem durch direkte Kommunikation statt. Auf dem digital vernetzten Shopfloor im Werkzeugbau wird die Interaktion digital unterstützt und standardisiert. Die digital unterstützte Interaktion bildet die Standardisierung und Kommunikation im Rahmen des Shopfloormanagements nach ENGROFF[580] ab (vgl. Kapitel 2.1.3.3).

Die Interaktion der Mitarbeiter ist direkt mit den Prozessen der Auftragsabwicklung auf dem Shopfloor verknüpft. Diese bezeichnet GADATSCH als Workflows. Demnach ist das operative Workflowmanagement in die Felder Workflowmodellierung, Workflowausführung und Prozessmonitoring gegliedert (vgl. Abbildung 81).[581]

---

579 Vgl. Bast (Semantische Suche), 2013, S. 136 f.

580 Vgl. AWF Arbeitsgemeinschaft für Wirtschaftliche Fertigung (Visuelles Management), 2012, S. 33

581 Vgl. Gadatsch (Management von Geschäftsprozessen), 2002, S. 1 ff.

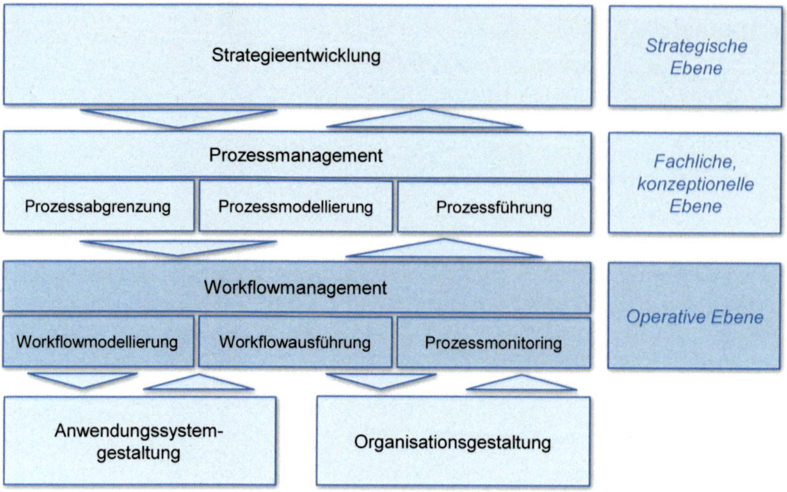

Abbildung 81: Geschäftsprozess- und Workflow-Management nach GADATSCH[582]

Im Rahmen der digital unterstützten Interaktion werden die Prozesse virtualisiert. Die Abläufe werden in Form von Workflows digital modelliert. Anschließend laufen diese vom IT-System moderiert ab, welches klare Vorgaben zu Arbeitsschritten darstellt und Voraussetzungen für das Erreichen des nächsten Schrittes vorgibt.

Die Verwendung von digitalen Workflows lässt sich beispielsweise anhand der Werkzeugabnahme erläutern. Diese stellt einen in der Regel standardisierten Prozess dar, welcher die Prüfung zahlreicher Einzelheiten am Werkzeug beinhaltet. Diese Prüfung findet häufig dem 4-Augen-Prinzip folgend statt und muss vom Vorgesetzten stichpunktartig überprüft werden. Wird der reale Ablauf der Werkzeugabnahme virtuell nachgebildet, so lässt sich von digital-interaktionaler Führung sprechen. Das IT-System moderiert in diesem Fall den Gesamtprozess und gibt die einzelnen Arbeitsschritte vor. Die für die Prüfung relevanten Faktoren werden sequenziell abgearbeitet.

Das größte Potenzial der digital unterstützten Interaktion liegt jedoch in der Vernetzung der unterschiedlichen Systeme auf dem Shopfloor begründet. Durch die Berücksichtigung echtzeitnaher Ist-Daten kann ein integriertes Prozessmonitoring umgesetzt werden. Somit kann im Rahmen von Workflows direkt auf Veränderungen oder Abweichungen im Prozess reagiert werden.

[582] I.A.a. Gadatsch (Management von Geschäftsprozessen), 2002, S. 1

Die Vorteile der Interaktion durch digital unterstütztes Workflowmanagement lassen sich wie folgt zusammenfassen:

- **Standardisierung:** Durch die virtuelle Abbildung der Geschäftsprozesse auf dem Shopfloor und die entsprechende Moderation der Abläufe durch ein IT-System werden diese vereinheitlicht. Jeder Mitarbeiter muss dem Prozess gezwungenermaßen folgen, da dieser durch das System vorgegeben wird. Einer im Zeitverlauf einsetzenden Nachlässigkeit, auch durch die Führungsverantwortlichen, wird so entgegengewirkt.
- **Aktualität:** Durch die Vernetzung der Systeme werden prozessuale Veränderungen direkt auf alle betroffenen Workflows angewendet. Das Regelwerk der Prozesse ist dadurch stets aktuell. Zudem können Entscheidungen im Rahmen der Workflows auf echtzeitnahen Daten des Prozessmonitorings basieren.
- **Transparenz:** Die Definition eines Prozesses ist zwingend für die anschließende Virtualisierung dessen erforderlich. Dadurch wird bereits ein Mindestmaß an Transparenz bezüglich der Abläufe sichergestellt. Virtualisierte Prozesse können anschließend anforderungsgerecht visualisiert werden. Dadurch herrscht Transparenz bezüglich der Workflows selbst. Aber auch der Status der Bearbeitung von Workflows wird durch digital virtualisierte Prozesse transparent.
- **Unabhängigkeit:** Durch die Virtualisierung der Prozesse und die Moderation dieser durch ein IT-System werden sowohl die Abläufe selbst als auch die Entscheidungen unabhängiger von Personen oder Orten. Vorstellbar ist beispielsweise ein Freigabeprozess, welcher interkontinental erfolgt.
- **Dokumentation:** Der Prozess selbst wird durch die Virtualisieurng aufgenommen und dokumentiert. Aber auch die im Rahmen virtualisierter Prozesse getroffenen Entscheidungen sind automatisch im IT-System dokumentiert und können jederzeit nachvollzogen werden.

Die Virtualisierung der Abläufe ermöglicht eine Fokussierung des Führungspersonals auf kritische Entscheidungen und Abweichungen vom Normfall. Gleichzeitig werden die Prozesse stabiler und nachvollziehbar. Die Vernetzung der Systeme ermöglicht es, Entscheidungen datenbasiert zu treffen.

5.1.2 Hochauflösende Ressourcen- und Auftragsplanung

Die Planung und Steuerung im Werkzeugbau wird derzeit in vielen Betrieben sowohl unsystematisch als auch reaktiv durchgeführt und beruht auf individuellen Mitarbeiteranweisungen.[583] Das nachfolgend im Rahmen der spezifischen Grundlagen dar-

[583] Vgl. Boos et al. (Erfolgreich Planen im Werkzeugbau), 2015, S. 6

gestellte 3-Ebenen-Modell der Planung und Steuerung im Werkzeugbau (vgl. Kapitel 5.1.2.1) als systematischer Planungsansatz kann zur strukturierten Planung und Steuerung dienen.[584] Die digitale Veredelung des Shopfloors durch den Einsatz cyber-physischer Systeme bietet aber weiteres Potenzial zur Steigerung der Genauigkeit der Planung und Steuerung sowie zur Senkung des Planungsaufwands für planende und ausführende Mitarbeiter. Das Ziel ist dabei stets die Erhöhung der Logistikleistung bei gleichzeitiger Senkung der Logistikkosten (vgl. Kapitel 5.1.2.1).

Die Ressourcen- und Auftragsplanung auf dem digital vernetzten Shopfloor im Werkzeugbau verwertet echtzeitnah Daten der Auftragsabwicklung und ist dazu vernetzt mit allen relevanten cyber-physischen Systemen des Shopfloors. Dadurch kann die Planung hochauflösend gestaltet werden und bietet durch den Einsatz intelligenter Algorithmen die Möglichkeit der kontinuierlichen Selbstoptimierung des Systems. Die Gestaltungsaspekte der hochauflösenden Ressourcen- und Auftragsplanung sind nachfolgend in Abbildung 82 dargestellt.

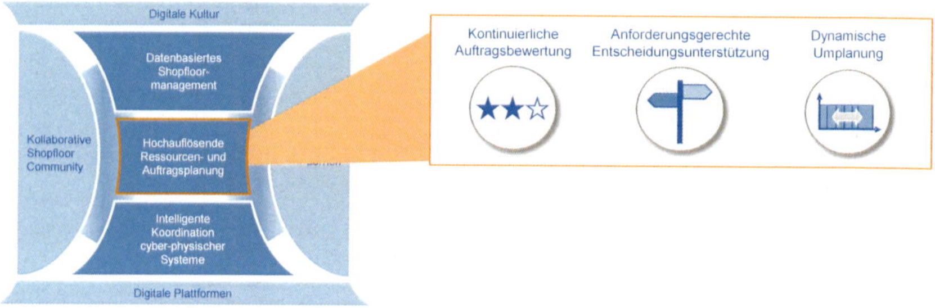

Abbildung 82: Gestaltungsaspekte der hochauflösenden Ressourcen- und Auftragsplanung

Die hochauflösende Ressourcen- und Auftragsplanung basiert auf einer **kontinuierlichen Auftragsbewertung** durch die eingesetzte IT-Infrastruktur. Durch die Vernetzung aller relevanten cyber-physischen Systeme werden Fertigungsaufträge echtzeitnah hinsichtlich der Kosten, Termine und Qualität bewertet. Zusätzlich werden auf Basis zuvor definierter Soll-Werte und der kontinuierlich erhobenen Ist-Werte Risiken bewertet. Diese Daten werden anschließend für eine **anforderungsgerechte Entscheidungsunterstützung** verwendet. Notwendige Entscheidungen werden durch das System auf Basis von Vergangenheitsdaten identifiziert. Dadurch können Mitarbeiter sich auf relevante Entscheidungen im Planungssystem fokussieren, während die IT-Systeme das Monitoring der Planungsstände und Ist-Werte übernehmen. Einfache Planungsentscheidungen können zudem vom Planungssystem selbst auf Basis intelligenter Algorithmen übernommen werden. Sowohl die von Mitarbeitern als

[584] Vgl. Gemeinsame Datenbank des Werkzeugmaschinenlabors WZL der RWTH Aachen und des Fraunhofer-Instituts für Produktionstechnologie IPT, Stand Mai 2016)

auch vom System getroffenen Entscheidungen können anschließend zur **dynamischen Umplanung** im Planungssystem umgesetzt werden. Dazu werden Abhängigkeiten der Fertigungsaufträge und Fertigungsressourcen kontinuierlich berücksichtigt. Insgesamt bietet die hochauflösende Ressourcen- und Auftragsplanung die Möglichkeit, die zunehmende Komplexität zu beherrschen und den Planungsaufwand bei gleichzeitiger Steigerung der Planungsgenauigkeit zu senken.

5.1.2.1 Grundlagen

Die Produktionsplanung und -steuerung verfolgt grundsätzlich divergierende Ziele. Auf der einen Seite fordern Kunden kurze Lieferzeiten sowie eine möglichst hohe Liefertreue im Hinblick auf den Liefertermin. Diese beiden Ziele lassen sich zur Logistikleistung zusammenfassen, die von der Produktionsplanung und -steuerung beeinflusst werden kann. Auf der anderen Seite sind geringe Logistikkosten für das produzierende Unternehmen von hoher Bedeutung. Diese sind vor allem durch eine hohe Auslastung der Fertigungsressourcen sowie durch niedrige Bestände beeinflussbar. Die vier wichtigsten Ziele Durchlaufzeit, Termintreue, Auslastung und Bestände stellen das logistische Zielsystem der Produktionslogistik nach WIENDAHL dar (vgl. Abbildung 83). [585]

Abbildung 83: Zielsystem der Produktionslogistik nach WIENDAHL[586]

[585] Vgl. Wiendahl (Erfolgsfaktor Logistikqualität), 2002, S. 3 f.
[586] I.A.a. Wiendahl (Erfolgsfaktor Logistikqualität), 2002, S. 3

Die logistische Zielgrößen lassen sich nicht getrennt voneinander betrachten, sondern stehen im direkten Zusammenhang zueinander. Eine hohe Liefertermintreue lässt sich beispielsweise durch eine Erhöhung von Pufferzeiten erreichen. Dies senkt jedoch auch zwangsweise die Auslastung und erhöht somit die Logistikkosten. Die Wechselwirkungen der logistischen Ziele und deren Optimierung ist die zentrale Herausforderung der Produktionsplanung und -steuerung.[587]

Die Optimierung der Prozesskosten kann durch eine Erhöhung der Prozesseffizienz erreicht werden. Diese kann durch die drei Größen Qualität, Zeit und Kosten beschrieben werden:[588]

- **Qualität:** Erhöhung der Kundenzufriedenheit durch Vermeidung von Qualitätseinbußen im Produkt
- **Zeit:** Verringerung des Zeitaufwands zur Herstellung von Produkten zur Reduzierung des Zeitaufwands der Inanspruchnahme unternehmerischer Ressourcen
- **Kosten:** Reduzierung der Kosten zur Herstellung der Produkte

Die drei Kriterien bilden ihrerseits ebenfalls ein Spannungsfeld, da die drei Größen Qualität, Zeit und Kosten nicht gleichzeitig ihr Optimum erreichen können.[589] Deshalb werden sie auch mithilfe des „Magischen Dreiecks der Prozesseffizienz“[590] beschrieben (vgl. Abbildung 84).

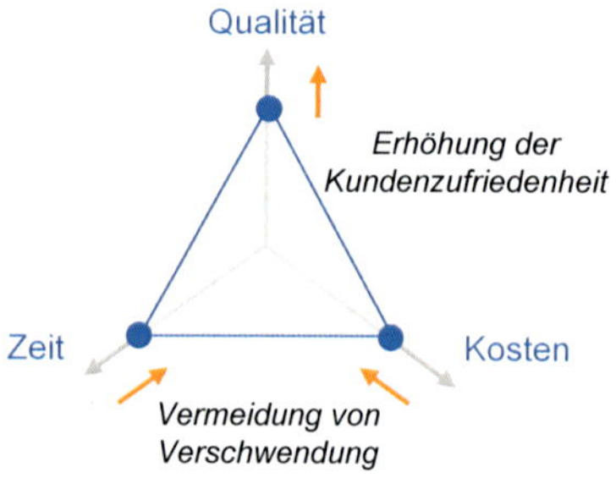

Abbildung 84: Das „Magische Dreieck der Prozesseffizienz“[591]

Der Werkzeugbau als Unikatfertiger zeichnet sich insbesondere durch die geringe Anzahl von Wiederholeffekten aus. Dies führt dazu, dass klassische Mechanismen

[587] Vgl. Wiendahl (Erfolgsfaktor Logistikqualität), 2002, S. 3 f.
[588] Vgl. Schneider et al. (Prozess- und Qualitätsmanagement), 2008, S. 56
[589] Vgl. Schneider et al. (Prozess- und Qualitätsmanagement), 2008, S. 56
[590] Vgl. Schneider et al. (Prozess- und Qualitätsmanagement), 2008, S. 56
[591] I.A.a. Damm (Eignungsnachweise von Prüfprozessen), 2015, S. 6; Vgl. Schneider et al. (Prozess- und Qualitätsmanagement), 2008, S. 56

der Produktionsplanung und -steuerung nicht ohne Anpassung auf den Werkzeugbau übertragbar sind. Werkzeugbaubetriebe sind aufgrund der geringen Wiederholhäufigkeiten häufig mit der Planung und Steuerung überfordert, was sich durch eine undefinierte Systematik und Vorgehensweise zur Planung und Steuerung äußert.[592]

Für eine erfolgreiche Planung im Werkzeugbau existieren vier zentrale Voraussetzungen:[593]

- **Eigenständige Vernetzung:** Beherrschung von Schnittstellen und Integration von Abteilungen entlang der Auftragsabwicklung
- **Standardisierung:** Definierte Kommunikations- und Interaktionsstandards zur Vermeidung von Schnittstellenverlusten
- **Referenzarchitektur:** Strukturierung der vorhandenen Systeme durch die Definition eines einheitlichen Gestaltungsrahmens
- **Technologiebasis:** Einsatz moderner Technologien zur datenbasierten Planung und Steuerung

Zur strukturierten Durchführung der Planung und Steuerung wurde am Werkzeugmaschinenlabor WZL der RWTH Aachen ein systematischer Planungsansatz definiert. Das 3-Ebenen-Modell der Planung und Steuerung im Werkzeugbau ist nachfolgend in Abbildung 85 dargestellt.

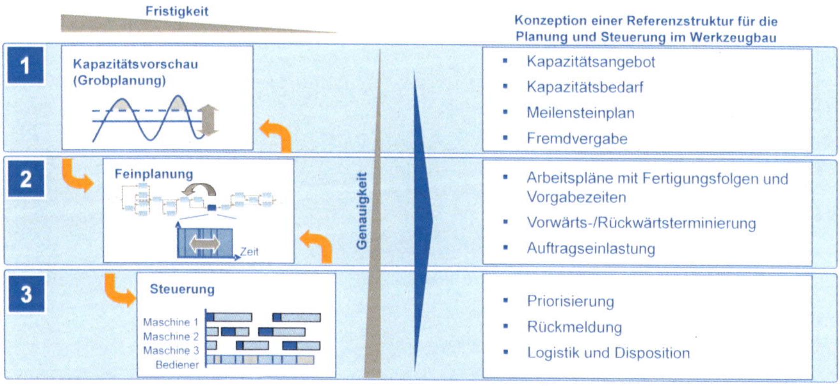

Abbildung 85: 3-Ebenen-Modell der Planung und Steuerung im Werkzeugbau[594]

Im Rahmen der Grobplanung wird im Zuge der Angebotserstellung der Kapazitätsbedarf des Projekts mit dem Kapazitätsangebot im Werkzeugbau abgeglichen. Auf

[592] Vgl. Boos et al. (Erfolgreich Planen im Werkzeugbau), 2015, S. 6
[593] Vgl. Boos et al. (Erfolgreich Planen im Werkzeugbau), 2015, S. 9 f.
[594] I.A.a. Boos et al. (Erfolgreich Planen im Werkzeugbau), 2015, S. 11 f.

Basis von Vergangenheitswerten werden die Arbeitsstunden und der Technologieeinsatz entlang der Prozesskette kalkuliert und in einem Meilensteinplan grob eingeplant. In der Regel erfolgt diese Planung auf Wochenbasis. Zudem werden strategische Fremdvergabeentscheidungen umgesetzt. Erfolgreiche Werkzeugbaubetriebe berücksichtigen Aufträge in der Grobplanung bereits in der Angebotsphase, wenn bestimmte Eintrittswahrscheinlichkeiten übertroffen sind.[595]

Nachdem die Konstruktion des Werkzeugs erfolgt ist, wird die Feinplanung der Werkzeugkomponenten und -bauteile durchgeführt. Dazu werden Arbeitspläne mit standardisierten Fertigungsfolgen und Vorgabezeiten erstellt. Auf Basis einer Vorwärts- und Rückwärtsterminierung werden die Komponenten und Bauteile anschließend terminlich und kapazitiv geplant und eingelastet. Die Feinplanung erfolgt häufig auf Stundenbasis mit einem zeitlichen Horizont von mehr als einer Woche. Die Aufträge werden häufig auf Maschinengruppen eingeplant. [596]

Die Auftragssteuerung dient schließlich zur Priorisierung einzelner Fertigungsaufträge auf konkrete Maschinen. Dazu existieren zahlreiche unterschiedliche Steuerungsprinzipien wie beispielsweise das FIFO-Prinzip. Im Rahmen der Auftragssteuerung erfolgt zudem die Rückmeldung fertiggestellter Bearbeitungsaufträge. Diese ist wichtig, um bauteil- und maschinenbezogene Aufwendungen über den Projektverlauf aufzeichnen zu können. Schließlich werden korrekte Rückmeldungen benötigt, um akkurate Nachkalkulationen von Werkzeugen durchführen zu können. Zudem sind die Disposition und die Logistik Teil der Steuerung.[597]

5.1.2.2 Kontinuierliche Auftragsbewertung

Das Fundament der hochauflösenden Ressourcen- und Auftragsplanung ist eine valide und detaillierte Datenbasis. Den ersten Gestaltungsaspekt stellt deshalb die kontinuierliche Bewertung der Fertigungsaufträge dar. Auf dem Shopfloor im Werkzeugbau bezeichnet ein Fertigungsauftrag den innerbetrieblichen Auftrag zur Herstellung eines Bauteils des an den Kunden vertriebenen Werkzeugs. Der Fertigungsauftrag stellt die eindeutige Referenz zwischen dem Werkstück, auf Grundlage dessen das Bauteil gefertigt werden soll, und weiteren zur Herstellung benötigten Dokumenten dar (vgl. Abbildung 86). Über die Stückliste wird beispielsweise die Verknüpfung zu weiteren Bauteilen eines Werkzeugs hergestellt. Den Kern der Fertigungsdokumente im Werkzeugbau bildet der Arbeitsplan, welcher die Fertigungsfolge samt Vorgabezeiten zur Herstellung des Bauteils abbildet (vgl. Kapitel 5.1.2.1). Verzeichnet sind zudem interne Meilensteine sowie entsprechende Soll-Termine, welche den internen Terminplan zur Bearbeitung des Bauteils vorgeben. Der Fertigungsauftrag

---

[595] Vgl. Boos et al. (Erfolgreich Planen im Werkzeugbau), 2015, S. 11 f.
[596] Vgl. Boos et al. (Erfolgreich Planen im Werkzeugbau), 2015, S. 11 f.
[597] Vgl. Boos et al. (Erfolgreich Planen im Werkzeugbau), 2015, S. 11 f.

referenziert zudem auf CAD-Daten und weitere fertigungsrelevante Daten und Dokumente.

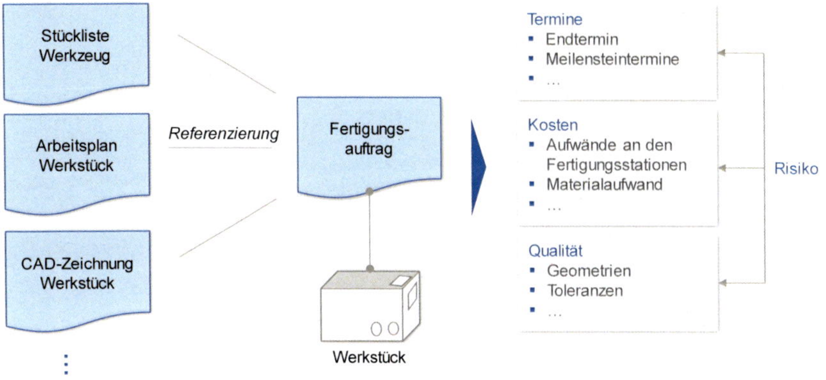

Abbildung 86: Kriterien der kontinuierlichen Auftragsbewertung

Die Vernetzung cyber-physischer Systeme bietet die Möglichkeit, Soll- und Ist-Daten der Planung kontinuierlich und kontextbasiert miteinander zu vergleichen. Die kontinuierliche Auftragsbewertung zielt auf die stetige Aussagefähigkeit zur Bearbeitung eines Werkstücks ab. Dazu werden **Termine, Kosten** und die **Qualität** beurteilt.

Die Bewertung hinsichtlich des Kriteriums **Termin** dient der Sicherstellung der Termintreue einzelner Fertigungsaufträge. Dazu werden im Arbeitsplan festgelegte Soll-Termine mit dem Ist-Termin unter Berücksichtigung des Arbeitsfortschritts verglichen. Dieser einfache Vergleich ist auch heute schon möglich. Die Nutzung einer vernetzten Datenbasis ermöglicht jedoch eine deutlich höhere Auflösung. So kann beispielsweise der Bearbeitungsfortschritt durch den Ablauffortschritt eines CAM-Programms genau bestimmt werden. Durch die Gesamtlaufzeit eines Programms kann antizipiert werden, ob eine termingerechte Fertigstellung des Arbeitsschritts noch möglich oder gefährdet ist. Schließlich kann über die Abhängigkeiten der Gesamt-Ressourcenplanung und -Auftragsplanung ermittelt werden, ob der Endtermin der Werkzeugfertigung gefährdet ist. Daraus können entsprechende Maßnahmen abgeleitet werden. Das Kriterium Termin ermöglicht die Bewertung der Logistikleistung (vgl. Kapitel 5.1.2.1).

Als zweites Bewertungskriterium dienen die **Kosten**. Zur Optimierung der Logistikkosten (vgl. Kapitel 5.1.2.1) werden die für das Werkstück kalkulierten Kosten stets mit den angefallenen Aufwänden verglichen. Dies umfasst sowohl Materialkosten als auch Kosten für Fertigungs- und Montagestunden. Die Bewertung erfolgt, ebenso wie die Bewertung der Termine, hochauflösend auf Basis einer vernetzten Datenbasis. So können zum einen aktuelle und, falls gewünscht, variable Stundensätze verwendet werden. Zum anderen können die angefallenen Aufwände detailliert beschrieben werden. Insbesondere dies ist derzeit in kaum einem Werkzeugbaubetrieb möglich. Die detaillierte Aufwandserfassung umfasst beispielswiese die Aufgliederung der erfassten Zeiten in Bearbeitungszeiten, Rüstzeiten, Programmierzeiten und sonstige Zeiten. Durch die Aufwandserfassung ist eine jederzeitige Kostenschätzung je Werkstück möglich.

Als drittes Kriterium wird die **Qualität** der Bearbeitung bewertet. Diese Bewertung ist insbesondere von Bedeutung, da sie einen direkten Einfluss auf die beiden anderen Kriterien Termin und Kosten hat. Hinsichtlich der Qualität werden vor allem Abweichungen vom Soll-Zustand des Werkstücks festgehalten. Dieser ist in Form von Toleranzen und Oberflächengüten in den Konstruktionsunterlagen festgelegt. Derzeit werden Qualitätsdaten häufig erst im direkten Vorlauf der Montage erhoben. Fertigungsfehler werden dadurch erst spät erkannt. Die Vernetzung der Maschinen in Form von cyber-physischen Maschinen erlaubt die Nutzung von Fertigungsdaten und die Antizipation von möglichen Fehlern. Das Werkstück kann in diesem Fall direkt diesbezüglich überprüft werden.

Wie bereits die Bewertung des Kriteriums Qualität verdeutlicht, können die einzelnen Kriterien nicht losgelöst voneinander betrachtet werden, sondern sind eng miteinander verknüpft. Deshalb ist eine gleichzeitige Betrachtung aller drei Kriterien notwendig. Darauf aufbauend werden im Rahmen der kontinuierlichen Auftragsbewertung mögliche **Risiken** bestimmt, welche echtzeitnah an Mitarbeiter gemeldet werden. Ein solches Risiko ist beispielsweise die mögliche fehlende Verfügbarkeit einer Engpassmaschine durch eine verspätete Bearbeitung eines Werkstücks. In diesem Zusammenhang zeigt sich erneut der große Vorteil einer vernetzten Datenbasis. So ist das Risiko nicht nur bezogen auf einen Fertigungsauftrag zu bewerten, sondern im Zusammenspiel aller auf dem Shopfloor befindlicher Fertigungsaufträge zu ermitteln. Die Abhängigkeit der Fertigungsaufträge untereinander ist derart komplex, dass sie sich nur digital unterstützt abbilden lässt.

Ist eines der Kriterien kritisch oder besteht ein Risiko, so wird ein zuständiger Mitarbeiter alarmiert. Dies erfolgt im Rahmen des datenbasierten Shopfloormanagements nach den bereits beschriebenen Prinzipien (vgl. Kapitel 5.1.1). Die hochauflösende Bewertung ermöglicht es, fundiertere Entscheidungen zu treffen.

Entscheidend für den Erfolg der kontinuierlichen Auftragsbewertung ist die ausreichende Granularität, Aktualität und Verlässlichkeit der Daten. Für die Kontinuierlichkeit der Bewertung ist eine echtzeitnahe Abtastung der Daten von großer Wichtigkeit. Um dies realisieren zu können und gleichzeitig eine verlässliche Bewertung sicherzustellen, sollte die Rückmeldung der Daten automatisiert und möglichst ohne menschliche Einflüsse erfolgen. Nur wenn Mitarbeiter den Bewertungen uneingeschränkt trauen, kann eine datenbasierte Entscheidung erreicht werden.

5.1.2.3 Anforderungsgerechte Entscheidungsunterstützung

Die kontinuierliche Auftragsbewertung stellt sowohl den Status Quo der Auftragsbearbeitung als auch mögliche Risiken echtzeitnah dar. Aus diesen Informationen resultieren notwendige Entscheidungen, welche auf dem digital vernetzten Shopfloor im Werkzeugbau anforderungsgerecht unterstützt werden.

Der Mensch trifft Entscheidungen hierarchisch.[598] Dazu nimmt er zunächst die Situation wahr. Anschließend versucht er, die Situation zu erfassen und zu verstehen. Darauf aufbauend entwickelt er mögliche Entscheidungsalternativen, indem er zukünftige Zustände projiziert.[599, 600] Darauf aufbauend wählt er eine entsprechende Reaktion aus und führt diese aus.[601] Die anforderungsgerechte Entscheidungsunterstützung greift in diesen Prozess aktiv ein und vereinfacht das Treffen von Entscheidungen durch die Mitarbeiter auf dem Shopfloor (vgl. Abbildung 87).

Abbildung 87: Einflussnahme der anforderungsgerechten Entscheidungsunterstützung[602]

Die Wahrnehmung der Situation wird unterstützt durch die zuvor beschriebene kontinuierliche Auftragsbewertung. Durch das Überschreiten einer gewissen Risiko-Warnschwelle wird Mitarbeitern Entscheidungsbedarf angezeigt. Als Beispiel soll in diesem Fall die Überschreitung einer Risikoschwelle im Bereich Fräsen dienen. Die kontinuierliche Auftragsbewertung zeigt an, dass ein hohes Risiko des Überschreitens des internen Meilensteintermins „Fertigstellung Fräsen" besteht. Dieses Risiko wurde abgeleitet aus der Geschwindigkeit der Abarbeitung des CAM-Programms sowie der verbleibenden Zeit bis zum Erreichen des internen Meilensteintermins. Der zuständige Mitarbeiter im Bereich Fräsen erkennt dadurch Handlungs- und Entscheidungsbedarf.

598 Vgl. Hacker & Sachse (Allgemeine Arbeitspsychology), 2014, S. 36 ff.
599 Vgl. Müller & Riedel (Entscheidungsunterstützung), 2014, S. 218 f.
600 Vgl. Boy (Handbook of HMI), 2011, S. 26 ff.
601 Vgl. Müller & Riedel (Entscheidungsunterstützung), 2014, S. 219
602 I.A.a. Müller & Riedel (Entscheidungsunterstützung), 2014, S. 219

Anschließend können digitale und vernetzte Hilfsmittel Mitarbeiter bei der Erfassung und dem Verstehen der Situation unterstützen. Dies umfasst zum einen die Erfassung des Kontextes der Entscheidung sowie zum anderen das Verständnis der Zusammenhänge. Dazu können durch die IT-Unterstützung Muster in den vorhandenen Daten erkannt werden. Durch die Vernetzung der Datenquellen können Zusammenhänge dargestellt werden, die ohne digitale Unterstützung im Verborgenen bleiben. Im dargestellten Beispiel zeigt eine Entscheidungsunterstützung durch ein Software-Tool an, welche Gegebenheiten dazu führen, dass der Meilenstein voraussichtlich nicht gehalten werden kann. Dies kann beispielsweise durch die Verwendung eines bestimmten Fräswerkzeugs der Fall sein, das in der CAM-Simulation mit einer höheren erreichbaren Schnittgeschwindigkeit angegeben war, als die tatsächlich verwendete Schnittgeschwindigkeit. Durch vernetzte Datenbanken hat das IT-System bereits erkannt, dass ein Muster zwischen der Abweichung der Schnittgeschwindigkeiten und der Verwendung des bestimmten Fräswerkzeugtyps besteht. Diesen Zusammenhang stellt das System nun als Kausalität für das erkannte Risiko dar. Der verantwortliche Mitarbeiter ist so in der Lage, die Situation zu verstehen und im Gesamtkontext einzuordnen.

Der nächste Schritt im Entscheidungsprozess ist die Projektion zukünftiger Zustände. Auf dem digital vernetzten Shopfloor im Werkzeugbau unterstützen IT-Systeme diesbezüglich, indem Prognosen abgeleitet und visualisiert werden. Dadurch werden die Auswirkungen der dargestellten Situation hinsichtlich der Zukunft sichtbar. Im dargestellten Beispiel ist dies die Auswirkung der Nicht-Einhaltung des internen Meilensteintermins, welche mit einer erhöhten Wahrscheinlichkeit eintritt.

Aufbauend auf der Prognose zukünftiger Zustände und Entwicklungen ermittelt die Entscheidungsunterstützung mögliche Entscheidungsalternativen und schlägt diese dem zuständigen Mitarbeiter vor. Dies unterstützt bei der Auswahl der Reaktion auf den Auslöser des Entscheidungsbedarfs, zum Beispiel das identifizierte Risiko. Der Vorschlag der Entscheidungsalternativen erfolgt durch umfangreiche Visualisierung. Bezogen auf das zuvor erläuterte Beispiel können die Entscheidungsalternativen beispielsweise in Form von möglichen „Fertigungsrouten“ dargestellt werden. Durch die Auswahl einer alternativen Fertigungsfolge kann der drohende Terminverzug möglicherweise abgewendet werden. Die Auswirkungen jeder Entscheidungsalternative sind durch die Entscheidungsunterstützung ebenfalls darzustellen. Dies erfolgt anforderungsgerecht in der Form, dass lediglich relevante Informationen angezeigt werden, um Mitarbeiter nicht zu überfordern.

Die anforderungsgerechte Entscheidungsunterstützung basiert im Wesentlichen auf zwei Erfolgsfaktoren. Zum einen resultieren die Vorschläge für Mitarbeiter auf einer vernetzten Datenbasis. Dadurch können Wechselwirkungen und Zusammenhänge umfangreich und detailliert abgebildet werden. Dies ermöglicht die Beherrschung der Komplexität und die Konzentration auf wesentliche Entscheidungskriterien. Zum anderen erfolgt die anforderungsgerechte Entscheidungsunterstützung humanzentriert. Die Humanzentrierung fördert das selbstständige und zielorientierte Arbeiten, erhöht die Arbeitszufriedenheit und die Selbstregulationsfähigkeit des gesamten Systems.[603] Erreicht wird diese durch die explizite Berücksichtigung des menschlichen Denkens und Handelns bei der Gestaltung.[604] Im Rahmen der anforderungsgerechten Entscheidungsunterstützung wird diese Gestaltung beispielsweise durch eine zielorientierte Visualisierung umgesetzt.

Im Anschluss an die Auswahl der Reaktion erfolgt die Umsetzung dieser. Im Rahmen der hochauflösenden Ressourcen- und Auftragsplanung erfolgt dies unterstützend durch die dynamische Umplanung, welche im Folgenden beschrieben wird.

5.1.2.4 Dynamische Umplanung

Im Rahmen der hochauflösenden Ressourcen- und Auftragsplanung beschreibt die dynamische Umplanung die Umsetzung der zuvor getroffenen Entscheidungen hinsichtlich risikoreicher Auffälligkeiten. Grundsätzlich existieren zwei Möglichkeiten, auf ein erhöhtes Risiko zu reagieren (vgl. Abbildung 88).

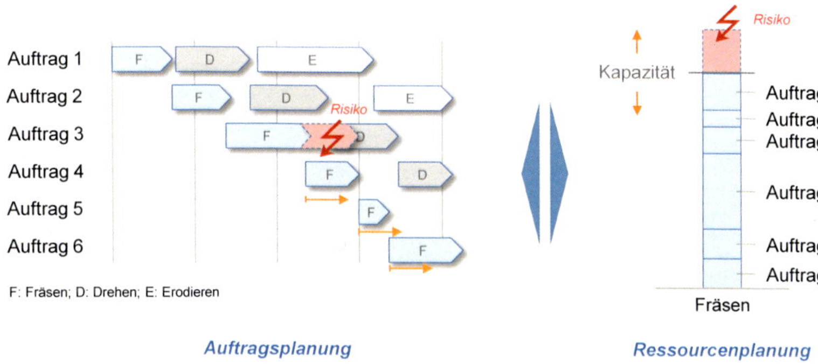

Abbildung 88: Mögliche Reaktionen im Rahmen der dynamischen Umplanung

Die erste Möglichkeit der dynamischen Umplanung ist die Anpassung der Auftragsplanung. Dies bedeutet eine Veränderung der ursprünglichen Reihenfolge der Abarbeitung von Aufträgen. Wie in Abbildung 88 ersichtlich gibt es unterschiedliche Formen der Abhängigkeiten der Fertigungsaufträge. So ist die Reihenfolge der Bearbeitung eines Werkstücks in der Regel nur begrenzt variabel, was zu einer Abhängigkeit der unterschiedlichen Fertigungsschritte eines Werkstücks führt. Die Bearbeitung verschiedener Aufträge benötigt jedoch mitunter die gleichen Ressourcen, was in

[603] Vgl. Müller & Riedel (Entscheidungsunterstützung), 2014, S. 221
[604] Vgl. Vajna (Integrated Design Engineering), 2014, S. 41 f.

einer Abhängigkeit der Fertigungsaufträge untereinander resultiert. Manche Ressourcen sind auch unter zusätzlichen Voraussetzungen substituierbar, was die Abhängigkeit letztlich an Bedingungen knüpft. Insbesondere die Einplanung von Engpassmaschinen stellt in diesem Zusammenhang eine hohe Planungskomplexität dar.

Durch eine Änderung der Auftragsplanung kann sehr kurzfristig auf ein bestehendes Risiko reagiert werden. Zudem ist die Änderung der Auftragsplanung häufig kostenneutral durchführbar. Jedoch verändern sich durch die Anpassung der Auftragsplanung eines Werkstücks auch die Fertigungstermine anderer Aufträge, sodass die Veränderung eines Auftrags A zu einem Verzug bei Auftrag B führen kann. Die Zusammenhänge der unterschiedlichen Aufträge, von denen mehrere tausend Stück in einem Werkzeugbaubetrieb existieren können, lassen sich manuell kaum abbilden. Die IT-unterstützte hochauflösende Ressourcen- und Auftragsplanung hingegen ermöglicht die virtuelle Abbildung aller relevanten Abhängigkeiten unterschiedlicher Fertigungsaufträge. Bereits in der Entscheidungsphase berücksichtigt das System, wie zuvor beschrieben, die entsprechenden Abhängigkeiten. Werden Umplanungen erforderlich, führt das digitale und vernetzte System diese umfassend aus und berücksichtigt dabei alle weiteren Fertigungsaufträge. Bis zu einem gewissen Grad ist das System zudem in der Lage, Umplanungen eigenständig durchzuführen. Dazu dienen Algorithmen und beispielsweise eine Fuzzy-Logik. Darüber hinaus werden Mitarbeiter bei kritischen Entscheidungen über eventuelle Auswirkungen informiert und können präziser und fundierter entscheiden.

Die zweite Möglichkeit der dynamischen Umplanung ist die Anpassung der Ressourcenplanung. Unter der Ressourcenplanung wird in diesem Zusammenhang die Planung der Bereitstellung von Kapazitäten auf dem Shopfloor verstanden. Dazu existieren die folgenden Möglichkeiten zur Anpassung der Kapazitäten:

- **Anpassung der internen Kapazität:** Bei den internen Kapazitäten handelt es sich sowohl um Maschinen- als auch um Personalkapazitäten. Diese hängen direkt mit der Arbeitszeit der Mitarbeiter und dem Schichtsystem, aber auch mit dem Technologieeinsatz und dem Automatisierungsgrad der Maschinen zusammen. In der Regel wird die Kapazität in Fertigungsstunden angegeben. Im Bereich der maschinellen Fertigung beispielsweise wird die Kapazität vereinfacht durch die verfügbare Bearbeitungszeit auf den Maschinen ausgedrückt. Sie beträgt maximal 24 Fertigungsstunden pro Tag pro Maschine und lässt sich darüber hinaus nur langfristig durch technische Investitionen erweitern. In der Montage lässt sich die Kapazität bis zu einem gewissen Grad je nach Werkzeugtyp linear durch die Anzahl der verfügbaren Mitarbeiter anpassen. Kurzfristig ist dies zum Beispiel durch Mehrarbeit oder Kurzarbeit möglich. Umfassende Anpassungen der Mitarbeiterkapazitäten sind ebenfalls langfristig umzusetzen.

- **Externe Vergabe:** Eine weitere Möglichkeit zur Anpassung der Ressourcenplanung ist die externe Vergabe von Bearbeitungs- oder Montageumfängen. Dazu werden einzelne Arbeitspakete oder die Bearbeitung ganzer Bauteile durch externe Wertschöpfungspartner des Werkzeugbaus durchgeführt. Durch eine enge Zusammenarbeit mit Wertschöpfungspartnern lässt sich die Reaktionszeit minimieren, sodass eine Vorlaufzeit der Fremdvergabe von wenigen Tagen bis wenigen Stunden umsetzbar ist. Dadurch ist die Anpassung der Kapazitäten relativ kurzfristig durchführbar. Allerdings ist die externe Fremdvergabe immer mit zusätzlichen Koordinationsaufwänden verbunden.

Durch die digitale Vernetzung ist es auch im Bereich der Ressourcenplanung möglich, komplexe Abhängigkeiten zu berücksichtigen. Dies betrifft sowohl die Anpassung interner Kapazitäten als auch die externe Vergabe. Beispielsweise können Mitarbeiter in Verbindung mit dem Informationssystem des datenbasierten Shopfloormanagements unmittelbar informiert werden, wenn eine Anpassung der Kapazitäten notwendig ist. Sie können dann direkt reagieren und zusätzliche Kapazitäten freigeben, indem sie sich zur Mehrarbeit verpflichten. Auch die externe Vergabe bietet umfangreiches Potenzial. Durch die Vernetzung der ERP- und PPS-Systeme lässt sich direkt überprüfen, bei welchem Anbieter eine Erweiterung der Kapazitäten möglich ist. Diesbezüglich können auch Abhängigkeiten wie Kompetenzen und Kosten berücksichtigt werden. Durch die Verwendung von Optimierungslogiken können globale Optima berechnet werden, um eine dem vorher definierten Zielsystem entsprechende Lösung für das Kapazitätsproblem zu finden. Auch die Anpassung der Ressourcen kann bis zu einem gewissen Grad ohne Einwirken der Mitarbeiter vollzogen werden. Erst wenn bestimmte Freigabeschwellen überwunden werden, werden den Mitarbeitern Entscheidungsalternativen präsentiert.

5.1.3 Intelligente Koordination cyber-physischer Systeme

Im Rahmen der intelligenten Koordination cyber-physischer Systeme werden Gestaltungsaspekte beschrieben, welche die direkte Zusammenarbeit von Menschen und Maschinen zur Auftragsbearbeitung betreffen. Im Werkzeugbau werden in den vergangenen Jahren immer mehr Automatisierungslösungen eingesetzt.[605] Diese besitzen einen zunehmenden Grad der Autonomie und stellen darüber hinaus auch informationstechnische Schnittstellen zur Verfügung. Die zunehmende digitale Vernetzung von Fertigungsmaschinen, Werkstücken, Logistikmitteln und Menschen auf dem Shopfloor ermöglicht Effizienzsteigerungen durch die Vermeidung von Verschwendungen. Diese werden im Folgenden im Rahmen der Gestaltungsaspekte der

[605] Vgl. Gemeinsame Datenbank des Werkzeugmaschinenlabors WZL der RWTH Aachen und des Fraunhofer-Instituts für Produktionstechnologie IPT, Stand Mai 2016)

intelligenten Koordination cyber-physischer Systeme beschrieben (vgl. Abbildung 89).

Abbildung 89: Gestaltungsaspekte der intelligenten Koordination cyber-physischer Systeme

Der erste Gestaltungsaspekt der intelligenten Koordination cyber-physischer Systeme ist die **datengestützte Ressourcenbereitstellung**. Er umfasst die anforderungsgerechte Bereitstellung von Material, Werkstücken, Bearbeitungswerkzeugen, NC-Programmen und zur Bearbeitung notwendigen Informationen. Diese erfolgt datengestützt und basiert auf einer lückenlosen Überwachung der innerbetrieblichen Logistik auf dem digital vernetzten Shopfloor im Werkzeugbau. Dadurch werden Verschwendungen im Hinblick auf die zur Bearbeitung notwendigen Ressourcen vermieden. Die Bearbeitung von Fertigungsaufträgen selbst bietet durch die zunehmende Autonomität der Maschinen neue Möglichkeiten der Zusammenarbeit von Mensch und Maschine. Während automatisierte Maschinen für den Menschen besonders beschwerliche Aufgaben übernehmen, kann die menschliche Arbeit durch Hilfsmittel wie beispielsweise Augmented Reality unterstützt werden. Diese Möglichkeiten werden im Rahmen des Gestaltungsaspekts der **integrativen Mensch-Maschine-Interaktion** beschrieben. Die digitale Veredelung von Arbeitsmitteln, Werkstücken, Logistikelementen und Mitarbeitern im Sinne einer Datenerfassung und Vernetzung ermöglicht anschließend die Dokumentation von Geschehnissen auf dem Shopfloor. Darauf aufbauend können die richtigen Schlüsse gezogen und Aktionen abgeleitet werden. Zudem können durch die Auswertung von Daten Muster ermittelt und Prognosen für die Zukunft erstellt werden. All dies basiert auf der **umfassenden Prozess- und Ergebnisdokumentation** im Sinne einer Virtualisierung von Prozessen und Ergebnissen.

5.1.3.1 Grundlagen

Die Koordination cyber-physischer Systeme ist eng mit der internen Logistik verbunden. Der Begriff Logistik ist wissenschaftlich nicht einheitlich definiert. Allgemein kann jedoch festgestellt werden, dass Logistik „die Gestaltung logistischer Systeme sowie die Steuerung der darin ablaufenden logistischen Prozesse“ bedeutet.[606] Nach ARNOLD ET AL. lässt sich diese allgemeine Definition noch um folgende Charakteristika der Logistik ergänzen:[607]

(1) Informationen sind eine wesentliche Voraussetzung zur Steuerung der Prozesse. Jedes logistische System benötigt ein Informations- und Kommunikationssystem (IK-System), welches Bestandteil des logistischen Systems ist. Durch dieses werden die zu steuernden Objekte abgebildet, welche sich bewegen und weit voneinander entfernt sein können.

(2) Logistik ist die ganzheitliche Sicht auf alle Prozesse in einem System im Gegensatz zur Fokussierung auf einzelne Transport- und Lagerprozesse. Im Rahmen des „logistischen Denkens“ findet die ganzheitliche Betrachtung vieler Prozesse als Gesamtfluss in einem Netzwerk und ihre Abstimmung im Hinblick auf Gesamtziele des Systems statt.

(3) Logistik befasst sich mit physischen Systemen und Prozessen sowie der entsprechenden Gestaltung und Steuerung hinsichtlich sowohl technischer als auch ökonomischer Aspekte. Damit ist die Logistik interdisziplinär und Gegenstand der Wirtschaftswissenschaften, der Ingenieurwissenschaften und der Informatik.

Ein Teilgebiet der Logistik stellt die Intralogistik dar. Diese befasst sich vor allem mit den innerbetrieblichen Materialflüssen und Logistikprozessen und kann wie folgt definiert werden:[608] „Die Intralogistik umfasst die Organisation, Steuerung, Durchführung und Optimierung des innerbetrieblichen Materialflusses, der Informationsströme sowie des Warenumschlags in Industrie, Handel und öffentlichen Einrichtungen.“[609]

ARNOLD postuliert darüber hinausgehend die folgenden drei Anmerkungen zur Intralogistik:[610]

(1) Mit den innerbetrieblichen Materialflüssen sind entsprechende Informationsflüsse untrennbar verbunden.

(2) Die Intralogistik lässt sich umfassend auf alle Arten von Betrieben anwenden.

(3) Die Intralogistik besitzt Gültigkeit für alle Unternehmensgrößen und kann von unterschiedlichsten Anwendern im Unternehmen verwendet werden.

---

[606] Vgl. Arnold et al. (Handbuch Logistik), 2008, S. 3
[607] Vgl. Arnold et al. (Handbuch Logistik), 2008, S. 3 f.
[608] Vgl. Arnold (Intralogsitik: Einleitung), 2006, S. 1
[609] Vgl. Arnold (Intralogsitik: Einleitung), 2006, S. 1
[610] Vgl. Arnold (Intralogsitik: Einleitung), 2006, S. 1

Ein weiterer im Rahmen der Grundlagen zur Koordination cyber-physischer Systeme zu erläuternder Aspekt ist das Konzept des Computer Integrated Manufacturing (CIM). Dieses beschreibt die „integrierte Informationsverarbeitung für betriebswirtschaftliche und technische Aufgaben eines Industriebetriebs“[611]. Der Begriff Computer Integrated Manufacturing wurde von HARRINGTON[612] 1973 vorgestellt.[613] Er umfasst als Sammelbegriff unterschiedliche Tätigkeiten, die in Unternehmen durch Computer unterstützt durchgeführt werden können. Beispielhafte Bestandteile von CIM sind das Computer Aided Design (CAD), das Computer Aided Manufacturing (CAM), die rechnergestützte CNC-Programmierung oder ein rechnergestütztes Produktionsplanungs- und -steuerungssystem (PPS).[614] Ebenfalls Bestandteil des Computer Integrated Manufacturing ist die Betriebsdatenerfassung (BDE).[615]

Unter dem Begriff Betriebsdaten sind die im Produktionsprozess anfallenden oder verwendeten Daten zu verstehen. Dies umfasst sowohl technische als auch organisatorische Daten, welche das Verhalten oder den Zustand des Betriebes beschreiben.[616] Diese sind nachfolgend beispielhaft in Abbildung 90 dargestellt.

Abbildung 90: Elemente der Betriebsdatenerfassung[617]

Die Betriebsdatenerfassung „umfasst Maßnahmen, die erforderlich sind, um Betriebsdaten eines Produktionsbetriebes in maschinell verarbeitungsfähiger Form am Ort ihrer Verarbeitung bereitzustellen“[618]. Damit verbunden sein können auch ent-

[611] Vgl. Scheer (CIM), 1987, S. 3
[612] Vgl. Harrington (Computer Integrated Manufacturing), 1974
[613] Vgl. Becker (CIM-Integrationsmodell), 1991, S. 3
[614] Vgl. Scheer (CIM), 1987, S. 3 ff.
[615] Vgl. Roschmann (Betriebsdatenerfassung in der CIM-Umwelt), 1986, S. 67
[616] Vgl. Roschmann (Betriebsdatenerfassung in Industrieunternehmen), 1979, S. 16
[617] Vgl. Roschmann (Betriebsdatenerfassung in der CIM-Umwelt), 1986, S. 67
[618] Vgl. Roschmann (Betriebsdatenerfassung in Industrieunternehmen), 1979, S. 14

sprechende Verarbeitungsfunktionen.[619] Die dargestellte Definition nach ROSCHMANN bezieht sich zwar explizit auf die gesamte Produktion, ist implizit jedoch auf den Shopfloor beschränkt. Häufig wird der Begriff Betriebsdatenerfassung mit der Fertigungsüberwachung gleichgesetzt.[620]

5.1.3.2 Datengestützte Ressourcenbereitstellung

Die anforderungsgerechte Bereitstellung von Ressourcen ist eine Grundvoraussetzung für die Fertigung von Werkzeugen. Anforderungsgerecht bedeutet in diesem Zusammenhang zum einen zeitgerecht. Im Rahmen von Kapitel 5.1.2 wurde bereits die hochauflösende Ressourcen- und Auftragsplanung thematisiert. Diese kann jedoch nur in die Realität umgesetzt werden, wenn für die Fertigung benötigte Ressourcen auch in der Realität zeitgerecht bereitgestellt werden. Zum anderen müssen die entsprechenden Ressourcen in der geforderten Qualität vorliegen. Sowohl terminliche als auch qualitative Abweichungen sind grundsätzlich ein Risiko für Verzögerungen und zusätzliche Kosten im Herstellprozess von Werkzeugen.

Die auf dem digital vernetzten Shopfloor im Werkzeugbau unmittelbar für die Fertigungs- und Montageprozesse benötigten Ressourcen müssen zunächst ermittelt werden. Dazu sollte für jeden Prozessschritt eine klare Definition der notwendigen Ressourcen erfolgen. Diese können in materielle sowie immaterielle Ressourcen gegliedert werden. Materielle Ressourcen sind beispielsweise:

- **Werkstück/Material:** An den Fertigungs- oder Montagestationen wird das Werkstück benötigt, welches zuvor an einer anderen internen Fertigungsstation bearbeitet wurde oder extern zugestellt wird. Im Falle der ersten Fertigungsstation einer Fertigungskette kann zudem Material erforderlich sein.
- **Werkzeuge/Zubehör:** Die Fertigungsmaschinen benötigen die vorgesehenen Bearbeitungswerkzeuge. Zudem kann sowohl in der Fertigung als auch in der Montage besonderes Zubehör notwendig sein, beispielsweise Halterungen oder Spannmittel.

Auch die Fertigungsmaschine selbst kann als materielle Ressource verstanden werden. Dessen physische Existenz auf dem Shopfloor wird jedoch nachfolgend vorausgesetzt. Die Bereitstellung von Mitarbeiter- oder Maschinenkapazitäten wird im Rahmen der hochauflösenden Ressourcen- und Auftragsplanung thematisiert (vgl. Kapitel 5.1.2).

Die zeit- und qualitätsgerechte Bereitstellung von materiellen Ressourcen in produzierenden Unternehmen ist die Kernaufgabe der innerbetrieblichen Logistik. Im

[619] Vgl. Roschmann (Betriebsdatenerfassung in Industrieunternehmen), 1979, S. 14
[620] Vgl. Virnich (Betriebsdatenerfassung), 1988, S. 26

Rahmen von Kapitel 5.1.3.1 wurden bereits Grundlagen der Logistik erläutert. Es wurde bereits deutlich, dass jedes logistische System ein entsprechendes Informations- und Kommunikationssystem benötigt, um die bereitzustellenden Objekte abbilden und steuern zu können.[621] Bestehende Systeme sehen bereits die Verwendung von RFID-Etiketten und funkgesteuerte Scanner vor. Dabei handelt es sich jedoch in der Regel nur um punktuell eingesetzte örtliche oder terminliche Überprüfungen von Material oder Werkstücken.[622] Aufgrund der dadurch begrenzten Aussagekraft sowie des damit verbundenen hohen manuellen Aufwands werden die Möglichkeiten der datengestützten Logistik derzeit im Werkzeugbau kaum genutzt.[623] Auf dem digital vernetzten Shopfloor im Werkzeugbau hingegen werden die unterschiedlichen Datenquellen miteinander vernetzt, sodass statt einfacher Statusmeldungen eine lückenlose Überwachung materieller Ressourcen möglich ist. Dadurch kann die Bereitstellung materieller Ressourcen auf dem Shopfloor optimal digital vernetzt unterstützt werden.

Auf dem digital vernetzten Shopfloor im Werkzeugbau sind zu jedem Zeitpunkt der Status sowie die physische Position relevanter materieller Ressourcen bekannt. Dazu wird im Rahmen der Definition notwendiger Ressourcen festgelegt, ab welchem Zeitpunkt die Status- und Positionsermittlung sinnvoll ist. Beispielsweise kann es sinnvoll sein, die Verfügbarkeit eines Bearbeitungswerkzeugs für einen späten Fertigungsschritt schon ab dem Zeitpunkt des Abschlusses der Arbeitsplanung zu überwachen.

Zur Positionsermittlung materieller Ressourcen existieren grundsätzlich zwei unterschiedliche Möglichkeiten. Zum einen lässt sich die Position direkt ermitteln, falls entsprechende technische Voraussetzungen erfüllt sind. So lässt sich die direkte Positionsermittlung beispielsweise durch ein Indoor GPS-System realisieren. Alternativ kann die Position auch indirekt durch unterschiedliche Datenquellen ermittelt werden. So können Bestandsdaten des Lagersystems, Wegedaten der Transportmittel, Statusrückmeldungen des Fertigungsauftrags und rückgemeldete Bearbeitungszeiten der Fertigungsmaschinen genutzt werden, um die Position und den Status von materiellen Ressourcen zu überwachen.

Aufbauend auf der Überwachung von Status und Positionen kann die Bereitstellung der materiellen Ressourcen optimal unterstützt werden. Zum Beispiel können datenbasiert Algorithmen für Logistikfahrten genutzt werden, um kürzeste Wege und termingerechte Lieferungen auf Milk Runs umzusetzen. Zudem können auf Basis der vernetzten Prozessdaten Rückschlüsse auf die Qualität von materiellen Ressourcen

[621] Vgl. Arnold et al. (Handbuch Logistik), 2008, S. 3 f.

[622] Vgl. Porter & Heppelmann (Smarte Produkte verändern Unternehmen), 2015, S. 61

[623] Vgl. Gemeinsame Datenbank des Werkzeugmaschinenlabors WZL der RWTH Aachen und des Fraunhofer-Instituts für Produktionstechnologie IPT, Stand Mai 2016)

gezogen werden. Die Bereitstellung von Bearbeitungswerkzeugen ist im Werkzeugbau besonders kritisch, da diese qualitativ verschleißen und der Status deshalb besonders relevant ist. Auf Basis von Prozessdaten kann die Restlaufzeit eines Bearbeitungswerkzeugs durch die Auswertung von vorherigen Bearbeitungsschritten abgeschätzt werden. Diese Informationen stehen der Bereitstellung zur Verfügung und können genutzt werden.

Neben den materiellen Ressourcen existieren auch immaterielle Ressourcen, welche unmittelbar für Fertigungs- und Montageprozesse auf dem Shopfloor notwendig sind. Diese lauten beispielsweise:

- **Daten:** Häufig handelt es sich bei den Fertigungsmaschinen um NC-gesteuerte Maschinen. Daher wird für den Fertigungsprozess ein CAM-Programm benötigt. Zur Montage werden zudem CAD-Daten benötigt.
- **Informationen:** Zusätzlich zu den benötigten Daten können spezielle Informationen erforderlich sein, zum Beispiel besondere Hinweise für die Fertigung oder die Montage.

Auch immaterielle Ressourcen sind für jeden Fertigungs- und Montageschritt dediziert zu definieren und detailliert zu beschreiben. Für die Bereitstellung von Daten oder Informationen ist insbesondere die Vollständigkeit von hoher Bedeutung. Die Vernetzung unterschiedlicher Datenquellen ermöglicht beispielsweise den direkten Zugriff des Logistiksystems auf PDM- oder PLM-Systeme, um den Status und Vollständigkeiten zu überprüfen.

Alle beschriebenen Ressourcen können sowohl eine externe als auch eine interne Herkunft besitzen. Externe Wertschöpfungspartner stellen zum Beispiel Bauteile zur Verfügung oder übernehmen ganze Prozessschritte wie das Härten von Bauteilen oder die externe Fräsbearbeitung. Im Rahmen der datengestützten Ressourcenbereitstellung sind nach Möglichkeit demnach auch externe Datenquellen einzubeziehen.

5.1.3.3 Integrative Mensch-Maschine-Interaktion

Der zweite Gestaltungsaspekt der intelligenten Koordination cyber-physischer Systeme ist die integrative Mensch-Maschine-Interaktion. Auf dem digital vernetzten Shopfloor im Werkzeugbau arbeiten Menschen und Maschinen eng zusammen. Die integrative Interaktion zielt auf eine Erhöhung der Produktivzeit von Maschinen und Mitarbeitern ab. In nachfolgender Abbildung 91 ist die allgemeine Prozesskette auf dem Shopfloor dargestellt. Zudem sind Potenziale der integrativen Mensch-Maschine-Interaktion abgebildet.

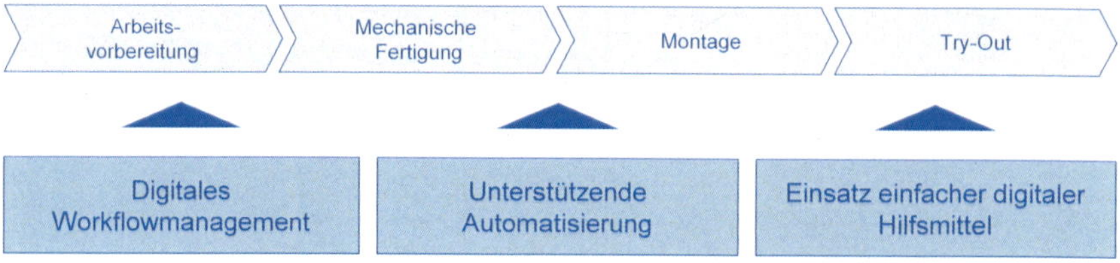

Abbildung 91: Potenziale der integrativen Mensch-Maschine-Interaktion

Das erste Potenzial der integrativen Mensch-Maschine-Interaktion ist das digitale Workflowmanagement. Die digitale Vernetzung der Prozesse ermöglicht die Unterstützung der durch Menschen ausgeführten Prozesse durch cyber-physische Systeme. Insbesondere kreative Prozesse sind häufig sehr individuell geprägt. Zwar sind in der Regel Prozesse definiert, die Prozessabläufe sind jedoch häufig nicht allen Mitarbeitern bekannt oder werden durch unterschiedliche Mitarbeiter anders interpretiert. Checklisten sollen die Prozessabläufe standardisieren, werden jedoch häufig als zusätzlicher Aufwand betrachtet. Zudem ist die Kontrolle der Einhaltung von Checklisten mit hohem Aufwand verbunden und bleibt dadurch häufig aus.

Das digitale Workflowmanagement unterstützt die Bearbeitung von Prozessen, indem virtuelle Abfragen in die reale Prozessbearbeitung integriert werden. Digitale Workflows bieten die Möglichkeit, interaktiv Informationen einzublenden und Mitarbeitern Hilfestellungen an geeigneter Stelle anzubieten. Zudem lassen sie sich einfach kontrollieren und ermöglichen die einfache Integration von Freigabeschleifen. Das digitale Workflowmanagement lässt sich insbesondere hinsichtlich Prozessen einsetzen, welche über keinen standardisierten Workflow verfügen. Als Beispiel kann ein digitaler Montageworkflow dienen, welcher die notwendigen Schritte zur Montage virtuell abbildet. Der Mitarbeiter wechselt zum nächsten Schritt durch das Quittieren des vorherigen Schritts. Gleichzeitig werden nützliche Informationen und Montagehinweise angezeigt.

Das zweite Potenzial der integrativen Mensch-Maschine-Interaktion ist die unterstützende Automatisierung. Der Mensch wird auf dem digital vernetzten Shopfloor im Werkzeugbau zunehmend zum Entscheider und Entwickler von Lösungen für komplexe Problemstellungen. Die Automatisierung unterstützt den Mitarbeiter dabei, indem sie einfache Tätigkeiten übernimmt und eine Fokussierung des Mitarbeiters auf komplexe Fragestellungen zulässt.

Bereits heute sind zahlreiche Maschinen im Werkzeugbau automatisiert. Die Vernetzung cyber-physischer Systeme ermöglicht zusätzlich die Kommunikation von Fertigungsmaschinen untereinander. Dadurch hat jede Maschine Zugriff auf Qualitäts- und Prozessdaten von Maschinen vorgelagerter Prozessschritte. Bestimmte Maschineneinstellungen und Rüsttätigkeiten können die Maschinen dadurch automatisiert ohne menschliches Handeln durchführen. Mitarbeiter hingegen werden gewarnt, falls bestimmte Warnschwellen über- oder unterschritten werden und können dann regulierend eingreifen.

Das dritte Potenzial ist der Einsatz einfacher digitaler Hilfsmittel. Bereits heute existieren zahlreiche einfache Lösungen, welche integrativ im Fertigungsprozess eingesetzt werden. Als Beispiel dafür können CAD-Viewer genannt werden, welche im Rahmen der Montage Anwendung finden. Allerdings handelt es sich dabei häufig um Insellösungen, welche nur partikuläre Ansätze zur Lösungen einer speziellen Problemstellung bieten. Die digitalen Hilfsmittel der integrativen Mensch-Maschine-Interaktion hingegen sind miteinander vernetzt und können auf einheitliche Datenstände zugreifen. Zudem ermöglicht der Einsatz mobiler Hardware, beispielsweise in Form von Tablet-PCs, Datenbrillen oder Projektoren auf dem Shopfloor, die Verwendung digitaler Hilfsmittel integriert im Fertigungsprozess. Als Beispiel für ein solches integriertes digitales Hilfsmittel kann die Verwendung einer Augmented Reality-Qualitätskontrolle dienen, welche vor Beginn der Montage durchgeführt wird.

Die CAD-Daten werden direkt aus dem PLM-System gelesen und stehen dem Hilfsmittel dadurch vernetzt auf dem Tablet-Computer zur Verfügung. Durch die Verwendung der Kamera im Tablet-Computer kann der zuständige Mitarbeiter die CAD-Daten optisch mit den Werkstücken abgleichen und Fehler direkt in der CAD-Zeichnung markieren. Die Integration in den Montageprozess ermöglicht zudem den einfachen Zugriff auf Informationen.

5.1.3.4 Umfassende Prozess- und Ergebnisvirtualisierung

Im Rahmen der Grundlagen (vgl. Kapitel 5.1.3.1) wurde bereits das Prinzip der Betriebsdatenerfassung beschrieben. Diese stellt eine punktuelle Ermittlung von Status im Produktionsprozess dar. Im Werkzeugbau werden heute unterschiedliche Formen der Betriebsdatenerfassung eingesetzt. Eine automatisierte Erfassung von Daten findet in der Regel höchstens vereinzelt an Engpassmaschinen statt. Ziel der Datenerhebung ist heute hauptsächlich die Darstellung der Leistungsfähigkeit von Maschinen. Zusätzlich werden einzelne Prozesse und Ereignisse auf dem Shopfloor punktuell dokumentiert. So melden beispielsweise Mitarbeiter die Fertigstellung einzelner Bearbeitungsschritte zurück oder führen eine Dokumentation von Messergebnissen im Rahmen des Qualitätsmanagements durch.

Durch die Vernetzung unterschiedlicher Datenquellen wird im Gegensatz zur Dokumentation punktueller Zustände eine umfassende Prozess- und Ergebnisvirtualisierung möglich. Dies bedeutet die durchgehende Abbildung des Werkzeugerstellungsprozesses sowie der Ergebnisse in der virtuellen Welt in Form eines „digitalen Schattens". Diesbezüglich können auf dem digital vernetzten Shopfloor im Werkzeugbau sowohl interne als auch externe Datenquellen genutzt werden.

Interne Datenquellen stellen eine weitestgehend automatisierte Virtualisieurng der internen Prozesse und Ergebnisse sicher. Der digital vernetzte Shopfloor im Werkzeugbau besteht aus zahlreichen cyber-physischen Systemen, welche permanent Daten generieren. Der Ursprung dieser Daten sind unterschiedliche Sensoren. Beispielsweise können Sensoren in einer Fräsmaschine Geschwindigkeiten oder Kräfte während des Fräsprozesses aufnehmen. Der Fertigungsfortschritt eines Auftrags an einer Maschine kann echtzeitnah ermittelt und automatisiert zurückgemeldet werden. Datenaufnahmen, welche sich nicht vollständig automatisieren lassen, können digital unterstützt und damit mit verringertem Aufwand für die Mitarbeiter durchgeführt werden. Zum Beispiel kann der Try-Out-Prozess eines Werkzeugs durch einen vorgegebenen Ablauf automatisiert dokumentiert werden, indem Prozessdaten virtualisiert gespeichert und archiviert werden. Abweichungen werden Mitarbeitern visualisiert und können zielgerichtet behoben werden.

Externe Datenquellen bestehen außerhalb des direkten Einflussbereichs des digital vernetzten Shopfloors. Dabei kann es sich beispielsweise um Qualitätsdaten von Kunden handeln, welche in regelmäßigen oder unregelmäßigen Abständen übermittelt werden. Diese Daten ermöglichen insbesondere die virtuelle Nachhaltung der Ergebnisse der Werkzeugerstellung. Sie stellen die Basis für organisationale Lerneffekte dar. Externe Daten lassen es zudem zu, Erkenntnisse bezüglich der Umgebung abzuleiten.

Die interne und externe Datenaufnahme kann sowohl stetig, unstetig aber regelmäßig oder situativ erfolgen. Die stetige Datenaufnahme stellt eine kontinuierliche Registrierung der Ist-Situation dar, beispielsweise hinsichtlich der Aufnahme elektrischer Leistung durch eine Fertigungsmaschine. Unter einer unstetigen aber regelmäßigen Datenaufnahme wird eine Abtastung verstanden, welche in regelmäßigem zeitlichen Abstand Datenpunkte liefert. Die situative Datenaufnahme hingegen erfolgt nach Auslösung durch ein besonderes Ereignis. Ein Beispiel dafür ist die Aufnahme bestimmter Fehlercharakteristika, nachdem ein Fehler im Produktionsprozess aufgetreten ist.

Die Virtualisierung von Prozessen und Ergebnissen auf dem digital vernetzten Shopfloor im Werkzeugbau basiert auf der Vernetzung der Datenquellen. Dadurch können unterschiedliche Daten aggregiert werden, um eine lückenlose Dokumentation des Herstellprozesses und der Ergebnisse zu gewährleisten. Für die Virtualisierung wird ein virtuelles Prozessmodell für jeden Auftrag erzeugt. Die unterschiedlichen Daten können im Rahmen des Prozessmodells referenziert werden. Ebenso werden virtuelle Datenmodelle der Werkzeugbauteile abgelegt. Aufgrund der Unikatfertigung im Werkzeugbau können auch Standardbauteile als Referenzmodelle zur Referenzierung der Daten dienen.

Die Dokumentation dient beispielsweise zur Erhebung von Kennzahlen für das datenbasierte Shopfloormanagement. Die Virtualisierung der Prozesse und Ergebnisse erlaubt auch ein kontinuierliches Qualitätsmanagement, im Rahmen dessen Abweichungen direkt erkannt werden. Zudem ist sie die Basis für die hochauflösende Ressourcen- und Auftragsplanung. Auch Lerneffekte werden erst durch die Virtualisierung des Prozesses sowie der Ergebnisse möglich. Um Erkenntnisse aus dem durch Sensorik oder manuelle Eingaben erlangten virtuellen Abbild des Shopfloors ableiten zu können, ist eine Betrachtung der Daten im Zeitverlauf notwendig. Der Zeitraum sowie die Auflösung der Datenspeicherung sind grundsätzlich variabel. Das Potenzial eines Erkenntnisgewinns ist jedoch umso höher, je höher auflösend die Daten gespeichert werden und wächst in der Regel mit einer Vergrößerung des Betrachtungszeitraums. Das Resultat der Datenspeicherung ist eine Datenmenge, welche auch als „Big Data“ bezeichnet wird.

5.2 Verhaltenselemente

Die Verhaltenselemente des Gestaltungsmodells beschreiben insbesondere das Kooperationsverhalten auf dem Shopfloor und fokussieren vor allem auf soziale Zusammenhänge. Dazu zählen die **Digitale Kultur,** das **Proaktive Lernen** sowie die **Kollaborative Shopfloor Community**. Diese Gestaltungselemente werden nachfolgend detailliert.

5.2.1 Digitale Kultur

Die stetig zunehmende Nutzung digitaler Technologien im Werkzeugbau beeinflusst neben den digitalisierten und vernetzten Abläufen selbst auch das Arbeitsumfeld und die Arbeitsweise der beteiligten Mitarbeiter. Die Veränderung kann als Anpassung des Produktionssystems verstanden werden, welche in zwei Abstufungen erfolgen kann. Die einfachste Möglichkeit ist die Ausnutzung bestehender Flexibilitätspotenziale. Flexibilität bedeutet in diesem Sinne die Fähigkeit zur schnellen Anpassung an Anforderungsänderungen ohne grundlegende Änderungen im Produktionssystem. Die zweite Möglichkeit der Anpassung ist die Wandelbarkeit des Produktionssystems. Sie beschreibt die Fähigkeit einer Veränderung des Produktionssystems selbst.[624]

Der Veränderung soll durch die Veränderung der Kultur Rechnung getragen werden. Die Gestaltung einer Kultur für den digital vernetzten Shopfloor im Werkzeugbau muss deshalb zum einen die Flexibilität der Mitarbeiter unterstützen, zum anderen jedoch auch eine grundsätzliche Veränderung vorbereiten und zulassen. Zusätzlich muss sie entsprechende Orientierung hinsichtlich des Verhaltens für Mitarbeiter

[624] Vgl. Lüder (Integration des Menschen), 2014, S. 493 f.

bieten (vgl. Kapitel 5.2.1.1). Die Gestaltungsaspekte der digitalen Kultur sind nachfolgend in Abbildung 92 dargestellt.

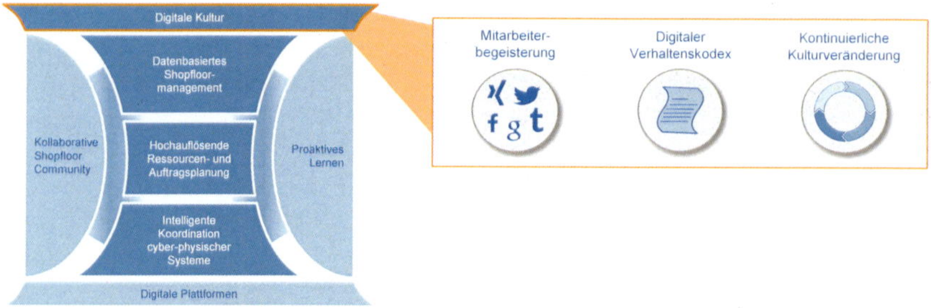

Abbildung 92: Gestaltungsaspekte der digitalen Kultur

Voraussetzung für den Erfolg der Digitalisierung und Vernetzung auf dem digital vernetzten Shopfloor im Werkzeugbau ist die **Mitarbeiterbegeisterung** für digitale Technologien. Nur wenn Mitarbeiter für die Nutzung der durch die Vernetzung und Digitalisierung bestehenden Möglichkeiten begeistert werden können, kann das Potenzial dieser hinreichend ausgeschöpft werden. Gleichzeitig verlangen die Mitarbeiter nach Orientierung hinsichtlich des Umgangs mit neuen Technologien und Verfahrensweisen. Die Digitalisierung bietet neue Möglichkeiten, jedoch auch neue Risiken, beispielsweise im Zusammenhang mit Datensicherheit. Ein **digitaler Verhaltenskodex** soll Mitarbeitern Orientierung bieten und richtige Verhaltensweisen im Umgang mit digitalen und vernetzten Prozessen darstellen. Der dritte Gestaltungsaspekt der digitalen Kultur ist die **kontinuierliche Kulturveränderung**. Aufgrund des schnellen Wandels der technologischen Möglichkeiten und einer damit verbundenen Anpassung der Arbeitsweise muss sich auch die Kultur schneller anpassen und verändern können. Die kontinuierliche Kulturveränderung soll dies vorsehen und entsprechende Mechanismen bereitstellen.

5.2.1.1 Grundlagen

Eine eindeutige Definition des Begriffs Kultur wird vor allem durch die Tatsache erschwert, dass hinsichtlich verschiedener (Wissenschafts-)Gebiete unterschiedliche Interpretationen des Wortes verfolgt werden. Schon 1952 sammelten KROEBER und KLUCKHOHN über 160 verschiedene Definitionen des Begriffs Kultur.[625] Sprachhistorisch ist das Wort Kultur von dem lateinischen „cultura“ abgeleitet, das zunächst nur den Landbau, später aber auch die Pflege von Körper und Geist bezeichnet.[626, 627] Im

[625] Vgl. Kroeber & Kluckhohn (Culture), 1952, S. 149
[626] Vgl. Duden (Kultur), 2015
[627] Vgl. Fichtner (Unternehmenskultur), 2008, S. 12

modernen, alltäglichen Sprachgebrauch wird der Begriff häufig auch für eine Zivilisation oder eine Geistesverfeinerung, beziehungsweise für die Resultate dieser Verfeinerung in Form von Bildung, Kunst und Literatur verwendet. Diese Wortnutzung unterscheidet sich jedoch deutlich vom (sozial-)wissenschaftlichen Gebrauch des Kulturbegriffs.[628]

Eine Kultur besteht aus einem sichtbaren und einem unsichtbaren Teil. Der auch „Percepta" genannte sichtbare Anteil der Kultur besteht aus wahrnehmbaren Phänomenen wie Handlungen sowie Symbolen und wird durch den unsichtbaren Kulturteil ausgelöst. Dieser wird „Concepta" genannt und stellt den grundlegenden Teil der Kultur dar. Die Bestandteile dieser sind Grundannahmen, Werte, Normen, Einstellungen und Überzeugungen.[629]

Während die Elemente des Concepta als unbewusst oder auch vorbewusst gelten, sind ein Großteil der Handlungen und Symbole als Teil der Percepta bewusst. Damit ist Kultur gleichzeitig sowohl implizit als auch explizit. Kultur hat gleichzeitig einen Bezug zur Vergangenheit, zur Gegenwart und zur Zukunft. Da die Kultur in hohem Maß von der Vergangenheit einer sozialen Einheit beeinflusst wird, gilt ein großer Teil von ihr als überliefert. Jedoch stellt die Kultur kein rein statisches Gebilde dar und ist anpassungsfähig, damit sie den vielfältigen Anforderungen der jeweiligen Gegenwart und der erwarteten Zukunft gerecht werden kann. Die genaue Verteilung dieser beiden Eigenschaften kann stark variieren.[630]

In der Wissenschaft ist Kultur immer ein kollektives Phänomen, das in einer Gruppe von Menschen mit zumindest teilweise geteiltem sozialen Umfeld gelebt wird.[631] Während die Persönlichkeit die Identität eines Individuums prägt, beeinflusst die Kultur die Identität einer sozialen Einheit. Die Enkulturation bezeichnet das natürliche Hereinwachsen eines Individuums in eine Kultur und das damit einhergehende Erlernen der dort herrschenden Denk-, Empfindungs- und Verhaltensmuster. Auch im Erwachsenenalter können fremde Kulturen erlernt werden, wobei dem Neu-Erlernen häufig Grenzen gesetzt sind, falls die neue Kultur der bisherigen zu stark widerspricht. Kultur ist einerseits das Ergebnis bisheriger Handlungen, da sie sich vor allem aus der Vergangenheit entwickelt. Andererseits beeinflusst der Concepta das gegenwärtige und zukünftige Handeln, sodass permanente Interdependenzen zwischen Percepta und Concepta entstehen. Kultur ist damit sowohl ein Produkt von als auch ein Einflussfaktor für Handlungen.[632]

[628] Vgl. Hofstede (Interkulturelle Zusammenarbeit), 1993, S. 18 f.
[629] Vgl. Kutschker & Schmid (Internationales Management), 2008, S. 673
[630] Vgl. Kutschker & Schmid (Internationales Management), 2008, S. 673
[631] Vgl. Hofstede (Interkulturelle Zusammenarbeit), 1993, S. 18 f.
[632] Vgl. Kutschker & Schmid (Internationales Management), 2008, S. 674

Während die allgemeine Kultur in gesellschaftlicher Hinsicht bereits seit langer Zeit wissenschaftlich erforscht wird, wurde der Kulturbegriff erst in den 1980er Jahren auf betriebswirtschaftliche Unternehmungen erweitert. Zuvor galt die Kultur diesbezüglich lediglich als externe Einflussgröße.[633] Erst die zunehmende Internationalisierung von Unternehmungen, vor allem hinsichtlich des asiatischen Raums, zeigte die großen Unterschiede, die zwischen verschiedenen Unternehmenskulturen herrschen können und rückte die Unternehmenskultur in den Fokus der Wissenschaft.[634] Im Unterschied zur allgemeinen Kultur nimmt in der Unternehmenskultur das Unternehmen den Platz der sozialen Einheit ein. Während eine soziale Einheit jede Größe von der gesamten Menschheit bis zum einzelnen Individuum annehmen kann, ist der Umfang des Unternehmens unveränderlich festgelegt. Damit sind für die Unternehmenskultur generell die unternehmensweit gemeinsam geteilten Grundannahmen, Werte, Normen, Einstellungen und Überzeugungen relevant.[635]

Auch für die Unternehmenskultur gibt es eine Vielzahl an Definitionen. FICHTNER leitet aus den gängigsten Definitionen zwei Kernmerkmale ab. Erstens stellt eine Unternehmenskultur eine interne Größe dar, die im Unternehmen selbst und nicht auf dem Markt angesiedelt ist. Zwar wird die Unternehmenskultur durchaus auch von externen Stakeholdern mitgeprägt[636], das Prägungsergebnis, also die Kultur, entsteht jedoch im Unternehmen.[637, 638] Zweitens entwickelt sich eine Unternehmenskultur über die Zeit, während ihr gegenwärtiger Zustand von den Entwicklungen der Vergangenheit abhängt. Die Unternehmenskultur stellt also ein historisch geprägtes und unternehmensinternes Konstrukt dar.[639] Einen Rahmen für das Verständnis dieses Konstrukts bietet das Modell der Unternehmenskultur von SCHEIN. Für SCHEIN manifestiert sich die Unternehmenskultur auf den drei Ebenen Grundannahmen, artikulierte Werte und Normen und Artefakte (vgl. Abbildung 93).[640] Dieser Grundüberlegung folgt ebenfalls das Schichtenmodell der Unternehmenskultur nach STEINLE.[641]

---

633 Vgl. Fichtner (Unternehmenskultur), 2008, S. 14
634 Vgl. Kutschker & Schmid (Internationales Management), 2008, S. 669
635 Vgl. Kutschker & Schmid (Internationales Management), 2008, S. 684 ff.
636 Vgl. Schein (Organizational Culture and Leadership), 2010, S. 89
637 Vgl. Schein (Organizational Culture and Leadership), 2010, S. 25 ff.
638 Vgl. Fichtner (Unternehmenskultur), 2008, S. 29 ff.
639 Vgl. Fichtner (Unternehmenskultur), 2008, S. 30 f.
640 Vgl. Schein (Organizational Culture and Leadership), 2010, S. 23 ff.
641 Vgl. Steinle (Ganzheitliches Management), 2005, S. 99

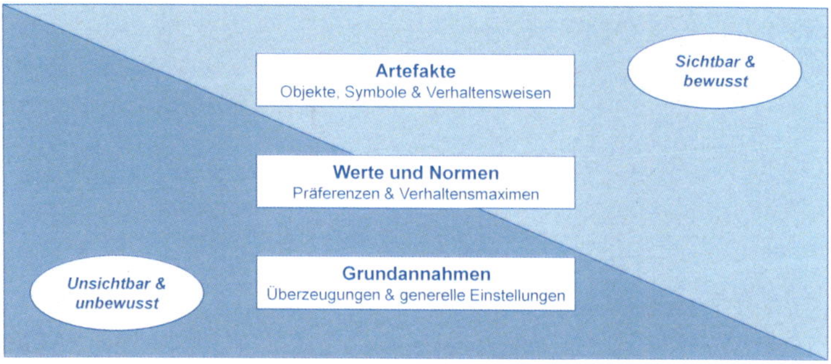

Abbildung 93: Ebenen der Unternehmenskultur nach SCHEIN[642]

Grundannahmen stellen die tiefste Ebene und das Wesen der Unternehmenskultur dar. Sie bestimmen unterbewusst das Verhalten, die Wahrnehmung, die Gedanken und Gefühle der Akteure.[643] Sie definieren damit das Bild, das ein Unternehmen von sich selbst und seiner Umgebung hat.[644] Grundannahmen entstehen, wenn die zuvor als Wert erachtete Problemlösung oft genug funktioniert hat, um zu einer Selbstverständlichkeit zu werden. Grundannahmen werden nicht mehr hinterfragt und stellen die tiefsten Überzeugungen sowie die generellen Einstellungen zu bestimmten Gegebenheiten dar. Sie werden automatisch als alternativlos angesehen und somit nicht mehr bewusst reflektiert, wodurch sie nur schwer zu identifizieren sind. Dennoch ist eine Kenntnis dieser dritten Ebene für das Verständnis der darüber liegenden Ebenen nahezu unverzichtbar.[645, 646] Die mittlere Ebene der Unternehmenskultur stellen die artikulierten **Werte und Normen** dar. Sie definieren, was von den Mitarbeitern des Unternehmens als richtig und falsch angesehen wird und bilden somit Präferenzen und Verhaltensmaxime ab. Es handelt sich um niedergeschriebene oder artikulierte Wertesysteme, die jedoch nicht zwingend mit dem tatsächlichen Handeln der Mitarbeiter übereinstimmen müssen.[647] So kann es sich beispielsweise auch lediglich um ein Vorhaben für die Zukunft handeln.[648] Werte und Normen entstehen aus von einzelnen Personen erarbeiteten Problemlösungen, die sich anschließend mehrfach als Reaktionsmuster bewährt haben. Insbesondere weil aber ein Großteil der Werte und Normen auf unterschiedlichen Einzelpersonen basiert, ist das Wertegefüge häufig nicht frei von Widersprüchen und äußert sich somit insgesamt auch nur bedingt in einem bewussten und wahrnehmbaren Verhalten der Unternehmens-

---

642 I.A.a. Sztuka (Unternehmenskultur), 2015; Vgl. Schein (Organizational Culture and Leadership), 2010, S. 24
643 Vgl. Schein (Organizational Culture and Leadership), 2010, S. 24
644 Vgl. Fichtner (Unternehmenskultur), 2008, S. 82
645 Vgl. Sztuka (Unternehmenskultur), 2015
646 Vgl. Steinle (Ganzheitliches Management), 2005, S. 99
647 Vgl. Schein (Organizational Culture and Leadership), 2010, S. 24
648 Vgl. Fichtner (Unternehmenskultur), 2008, S. 81 f.

mitglieder.[649] **Artefakte** bilden die oberste Ebene des Modells der Unternehmenskultur. Sie stellen das Seh-, Hör- und Fühlbare dar[650] und lassen sich in materielle sowie immaterielle Artefakte unterscheiden. Materielle Artefakte sind Objekte wie Gebäude, Einrichtung oder die Produkte eines Unternehmens. Immaterielle Artefakte bestehen aus sichtbaren Symbolen und Verhaltensweisen wie Technologien, Umgangsformen, unternehmenseigener Sprache oder Ritualen. Artefakte sind generell äußerlich wahrnehmbar und werden bewusst eingesetzt.[651, 652, 653]

Die Unternehmenskultur erfüllt zwei wichtige Funktionen. Zum einen ermöglicht sie die Vermittlung einer gemeinsamen Identität für die Mitarbeiter. Sie liefert gemeinsame Muster der Realitätsdeutung und -bewältigung und erzeugt eine gemeinsame Weltsicht. Zum anderen unterstützt die Unternehmenskultur das Führungspersonal bei der Koordination, Integration und Motivation der Mitarbeiter.[654]

5.2.1.2 Mitarbeiterbegeisterung

Der erste Gestaltungsaspekt der digitalen Kultur ist die Mitarbeiterbegeisterung für digitale und vernetzte Technologien. Diesbezüglich wird das Ziel verfolgt, eine grundlegende Offenheit gegenüber neuen Technologien und Verfahrensweisen bei den Mitarbeitern hervorzurufen, um Veränderungen hinsichtlich der anderen Gestaltungselemente erfolgreich umsetzen zu können. Dies soll die notwendige Flexibilität der Mitarbeiter hinsichtlich des Produktionssystems sicherstellen.[655]

Die Offenheit gegenüber digitalen und vernetzten Technologien sowie Verfahrensweisen ist direkt mit einer grundsätzlichen Akzeptanz von Veränderung verbunden. Bei dieser Akzeptanz handelt es sich um eine grundsätzliche Einstellung (vgl. Kapitel 5.2.1.1), welche nicht durch die Unternehmensführung vorgeschrieben werden kann. Vielmehr kann sie nur durch einen behutsamen Prozess eingeleitet und durch entsprechende grundsätzliche Rahmenbedingungen unterstützt werden. Zur Definition der Teilaspekte der Mitarbeiterbegeisterung soll der nachfolgend beschriebene Digitale Offenheitsindex (do:index) herangezogen werden.

Der Digitale Offenheitsindex (do:index) wurde von verschiedenen digital- und netzwerkorientierten Vereinen Deutschlands, Österreichs und der Schweiz ins Leben gerufen, um den Beitrag öffentlicher Körperschaften zu digitalen Gemeingütern wie Daten, Informationen, Wissen oder Infrastruktur mess- und damit vergleichbar zu

[649] Vgl. Sztuka (Unternehmenskultur), 2015
[650] Vgl. Schein (Organizational Culture and Leadership), 2010, S. 24
[651] Vgl. Schein (Organizational Culture and Leadership), 2010, S. 24
[652] Vgl. Sztuka (Unternehmenskultur), 2015
[653] Vgl. Fichtner (Unternehmenskultur), 2008, S. 80 f.
[654] Vgl. Sztuka (Unternehmenskultur), 2015
[655] Vgl. Lüder (Integration des Menschen), 2014, S. 493

machen. Zusätzlich soll das Projekt vor allem die Bandbreite möglicher Initiativen für mehr digitale Offenheit aufzeigen und eine offene Diskussion über Handlungsmöglichkeiten schaffen.[656] Zwar zielt der Digitale Offenheitsindex damit zunächst nur auf öffentliche Körperschaften wie Städte, Kommunen und Bundesländer ab, dennoch lassen sich die fünf dort definierten Teilbereiche in ihrer Grundidee auch auf die Unternehmenspolitik übertragen.[657]

Der Gestaltungsaspekt der Mitarbeiterbegeisterung besteht aus den folgenden vier Teilaspekten:

(1) Benutzerfreundlichkeit der eingesetzten digitalen vernetzten Systeme

(2) Partizipation der Führungskräfte und Mitarbeiter

(3) Erfahrungsaustausch der Mitarbeiter untereinander

(4) Abgestimmtes Schulungs- und Weiterbildungskonzept

Der Aspekt der Benutzerfreundlichkeit der digitalen Systeme beschreibt die entsprechende Gestaltung der digitalen vernetzten Systeme. Diese sollten intuitiv zu bedienen sein. Dies betrifft insbesondere die Mensch-Maschine-Schnittstelle (englisch Human Machine Interface oder kurz: HMI). Zur entsprechend optimalen Gestaltung existieren zahlreiche Richtlinien und Forschungsarbeiten. Beispielhaft seien hier nachfolgend die Kriterien zur benutzerfreundlichen Gestaltung von IT-Dialogen der International Organization for Standardization genannt:[658, 659]

- Suitability for the task (Aufgabenangemessenheit)
- Self-descriptiveness (Selbstbeschreibungsfähigkeit)
- Controllability (Steuerbarkeit)
- Conformity with user expectations (Erwartungskonformität)
- Error tolerance (Fehlertoleranz)
- Suitability for individualization (Individualisierbarkeit)
- Suitability for learning (Lernförderlichkeit)

Neben der Gestaltung der Mensch-Maschine-Schnittstelle sind jedoch auch noch andere Aspekte für die Benutzerfreundlichkeit relevant. Zum einen müssen die den Mitarbeiter betreffenden Datenstände stets aktuell, umfangreich und zugänglich sein. Die Bereitschaft der Mitarbeiter zur Nutzung digitaler Technologien ist maßgeblich davon abhängig, ob ein positiver Effekt hinsichtlich der Unterstützung des Mitarbeiters eintritt. Dies ist nur gewährleistet, wenn die entsprechenden Daten direkt verwendbar sind. Zum anderen müssen die Benutzerschnittstellen in ausreichender

[656] Vgl. Digitale Gesellschaft e.V. (do:index), 2015
[657] Vgl. Dobusch (Erste Ergebnisse), 2014
[658] Vgl. International Organization for Standardization (ISO 9241-110:2006), 2006
[659] Vgl. Richter (Kriterien der Benutzerfreundlichkeit), 1997, S. 7 f.

Form vorhanden und mit geringem Aufwand erreichbar sein. Mobile Endgeräte beispielsweise eignen sich generell besser als vereinzelt installierte Viewer, da diese nur durch Bewegung erreichbar sind.[660]

Der zweite Teilaspekt der Mitarbeiterbegeisterung ist die Partizipation der Führungskräfte und Mitarbeiter in digitalen Initiativen. Die digitale Vernetzung führt zu radikalen Veränderungen der Arbeitsumgebung. Durch die Lösung der örtlichen Bindung zahlreicher Tätigkeiten durch leistungsfähige und günstige Netzwerk- und EDV-Technik ergeben sich gänzlich neue Möglichkeiten hinsichtlich der Flexibilität von Arbeitsorten und -zeiten. Um der Ablehnung dieser radikalen Veränderungen entgegenzuwirken, sollten Führungskräfte die Veränderungen aktiv kommunizieren und veränderte Arbeitsweisen selbst vorleben. Zusätzlich sollten Mitarbeiter digitale Initiativen selbst gestalten können. Dies kann beispielsweise durch die Bildung von Arbeitsgruppen und Projektteams erreicht werden. Die Organisation dieser Gruppen wird wiederum durch den Einsatz digital vernetzter Technologie vereinfacht.

Zusätzlich kann der Aspekt des Erfahrungsaustausches zur Akzeptanz digitaler Technologien beitragen. Unternehmensintern können „kleine“ Hilfestellungen technisch-versierter Mitarbeiter oftmals bereits eine große Unterstützung für unerfahrenere Mitarbeiter darstellen. Hilfestellungen können aber auch über sogenannte digitale Mentoren erfolgen. Digitale Mentoren sind Mitarbeiter, die gewisse Erfahrungen im Umgang mit digitalen Technologien besitzen und daher die Rolle eines Mentors übernehmen, um Hilfestellungen für andere Mitarbeiter anzubieten. Die Vorteile sind einerseits der unkomplizierte Wissenserwerb sowie andererseits eine Zunahme der Zusammenarbeit auf dem Shopfloor. Neben der Unterstützung durch andere Mitarbeiter können in speziellen Fällen auch kontinuierliche Treffen zum Erfahrungsaustausch stattfinden. Unternehmensextern sollten Unternehmen versuchen, Kooperationen zu Universitäten oder Forschungseinrichtungen aufzubauen. Weiterhin sollten Fachzeitschriften und Magazine sowie der Besuch von Konferenzen und Fachtagungen angeboten werden, sodass auch die Möglichkeit besteht, neue Technologien und deren Umsetzung kennenzulernen und somit neue Impulse hinsichtlich der Nutzung neuer Technologien zu erhalten.

Der vierte Aspekt der Begeisterung von Mitarbeitern zur Nutzung digitaler Technologien ist ein abgestimmtes Schulungs- und Weiterbildungskonzept. Dazu ist der Schulungsbedarf individuell zu ermitteln. In der Realität ist die Einstellung eines jeden Mitarbeiters durch eine individuell verschiedene Art und Weise charakterisiert. In der Literatur existieren unterschiedliche Modelle zur Typisierung von Mitarbeitern. Beispielsweise können Mitarbeiter nach HÖLZLE hinsichtlich der bipolaren Dimensionen „Bewahrer“ und „Neuerer“ sowie „Denker“ und „Macher“ kategorisiert werden.[661]

---

[660] Vgl. Dobusch (Erste Ergebnisse), 2014

[661] Vgl. Hölzle (Projekt-Management), 2007, S. 98

Demnach besitzen einige Menschen eine höhere Akzeptanz für Veränderungen als andere. Zudem übt das Alter der Mitarbeiter einen Einfluss auf deren Offenheit für den Wissenserwerb aus. Unterschiedliche empirische Studien zeigen eine abnehmende Offenheit für neue Erfahrungen mit zunehmendem Alter der Mitarbeiter.[662] Dieser Trend wird verstärkt durch die Tatsache, dass junge Mitarbeiter mit digitalen Technologien aufgewachsen sind und den Umgang mit ihnen gewohnt sind, während ältere Mitarbeiter den Umgang häufig noch erlernen müssen.

Der Schulungs- und Weiterbildungsbedarf der Mitarbeiter ist individuell zu bestimmen. Dies kann beispielsweise durch die Verwendung von Modellen der Mitarbeitertypisierung bei gleichzeitiger Berücksichtigung der Altersstrukturen im Werkzeugbau erfolgen. Zudem ist es erforderlich, Schulungen und Weiterbildungsveranstaltungen hinsichtlich digitaler Technologien und vernetzter Arbeitsweisen nicht nur einmalig, sondern wiederkehrend in bestimmten zeitlichen Abständen durchzuführen. Zudem ist ein operativ direkt verwertbarer Lerninhalt hilfreich, um den Nutzen der Schulungs- und Weiterbildungsveranstaltungen zu unterstreichen und die Relevanz der Themen aus Mitarbeitersicht zu erhöhen.

5.2.1.3 Digitaler Verhaltenskodex

Der zweite Gestaltungsaspekt der digitalen Kultur ist die Implementierung eines digitalen Verhaltenskodex. Dies dient der konkreten Definition und Umsetzung der digitalen Kultur. Er soll einerseits ein anforderungsgerechtes Verhalten der Mitarbeiter ermöglichen und fördern, anderseits wird durch diesen Kodex auch ein digitales Werte- und Normensystem definiert. In der Literatur existiert eine große Zahl an Konzepten, die eine Einordnung und einen Vergleich verschiedener Kulturen ermöglichen sollen. Diese Konzepte basieren auf der grundlegenden Annahme, dass universelle Kategorien oder Dimensionen existieren, die in allen Kulturen dieser Welt zu finden sind.[663] KLUCKHOHN und STRODTBECK definierten 1961 folgende fünf Kulturdimensionen:[664, 665]

- Human nature (Individuelles Wesen)
- Man nature (Beziehung von Menschen zum Umfeld)
- Time (Zeitorientierung)
- Activity (Aktivitätsorientierung)
- Relational (Beziehung zu anderen Menschen)

---

[662] Vgl. Dittrich (Arbeitsmotivation), 2012, S. 89

[663] Vgl. Thomas & Utler (Kultur), 2013, S. 42

[664] Vgl. Kluckhohn & Strodtbeck (Value Orientations), 1961, S. 11 ff.

[665] Vgl. Hills (Kluckhohn and Strodtbeck's Values Orientation Theory), 2002, S. 5 f.

Der digitale Verhaltenskodex soll alle Dimensionen der digitalen Kultur adressieren. In Anlehnung an KLUCKHOHN und STRODTBECK, aber angepasst an die Digitalisierung der Unternehmenskultur, ergeben sich deshalb die in Abbildung 94 dargestellten Aspekte des digitalen Verhaltenskodex.

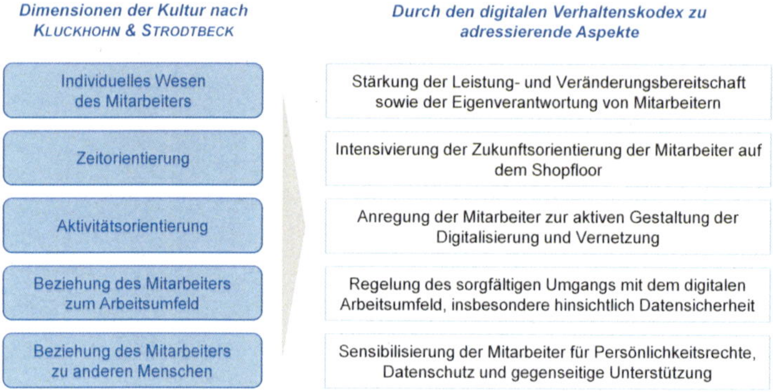

Abbildung 94: Inhalte des digitalen Verhaltenskodexes[666]

Der erste zu adressierende Aspekt ist die Stärkung der Leistungs- und Änderungsbereitschaft sowie der Eigenverantwortung von Mitarbeitern als Entscheider. Aufgrund der rasanten Entwicklung der digitalen Welt und der steigenden Systemkomplexität vernetzter Systeme stehen Mitarbeitern zahlreiche kleine und große Veränderungen bevor. Zusätzlich verändert sich die Rolle des Mitarbeiters zunehmend vom Maschinenbediener hin zum Entscheider hinsichtlich komplexer Problemstellungen. Die individuelle Leistungs- und Veränderungsbereitschaft sowie die Eigenverantwortung der Mitarbeiter sollten deshalb durch einen digitalen Verhaltenskodex explizit gefördert werden.

Der zweite zu adressierende Aspekt ist die Intensivierung der Zukunftsorientierung der Mitarbeiter auf dem Shopfloor. Im Rahmen der Mitarbeiterbegeisterung wurden bereits Grundsätze zur Steigerung der Offenheit von Mitarbeitern gegenüber neuen Technologien genannt. Im Vergleich zu bestehenden Unternehmenskulturen weist eine digitale Kultur aufgrund der zunehmenden Veränderungsgeschwindigkeit der Umwelt eine starke Fokussierung auf zukünftige Entwicklungen auf. Deshalb ist eine Sichtweise der Mitarbeiter auf zukünftige Chancen und Risiken zu fördern.

Aufbauend auf der Intensivierung der Zukunftsorientierung ist zudem die aktive Gestaltung der Digitalisierung und Vernetzung durch die Mitarbeiter zu fördern. Dadurch

[666] Vgl. Kluckhohn & Strodtbeck (Value Orientations), 1961, S. 11 ff.; Vgl. Hills (Kluckhohn and Strodtbeck's Values Orientation Theory), 2002, S. 5 f.

können digitale Initiativen unmittelbar umgesetzt werden. Außerdem können zahlreiche Ideen durch die Mitarbeiter generiert werden. Die aktive Gestaltung ist zusätzlich hinsichtlich der Akzeptanz von Veränderungen vorteilhaft. Der digitale Verhaltenskodex sollte Mitarbeiter permanent zur aktiven Gestaltung der Digitalisierung und Vernetzung anregen und entsprechendes Verhalten fördern.

Der vierte zu adressierende Aspekt ist die Regelung des sorgfältigen Umgangs mit dem digitalen Arbeitsumfeld. Das digitale Arbeitsumfeld in Form von Datenbanken, vernetzten Systemen und Apps erfordert einen besonderen Umgang mit den Daten selbst sowie mit den entsprechenden IT-Systemen. Beispielhaft betrifft dies die Ordnung und Sauberkeit im virtualisierten Arbeitsraum in Form von Dateibenennung, Dateiablagen, Versionierung, etc. Zudem müssen Mitarbeiter trotz regelmäßiger Backups für die Datensicherheit sensibilisiert werden. Klare Vorgaben und Regeln können Mitarbeiter dabei unterstützen, sorgfältig mit ihrem digitalen Arbeitsumfeld umzugehen.

Der fünfte zu adressierende Aspekt ist die Sensibilisierung der Mitarbeiter für Datenschutz und gegenseitige Unterstützung. Während der sorgfältige Umgang mit dem digitalen Arbeitsumfeld vor allem der Verlustsicherheit von Daten dienen soll, fokussiert dieser Aspekt auf den Datenschutz und der Vorbeugung vor Datendiebstahl. Insbesondere in der Kommunikation mit unternehmensexternen Kunden, Lieferanten und Wertschöpfungspartnern müssen sensible Daten geschützt werden. Aber auch innerhalb des Unternehmens ist darauf zu achten, dass der Kommunikationspartner die notwendigen Zugriffsrechte besitzt. Neben der Regelung des Umgangs mit sensiblen Daten muss der Verhaltenskodex daher zusätzlich auch die herrschenden Zugriffsrechte erklären können. Ein weiterer Bestandteil des fünften Aspekts ist die notwendige Dokumentation wichtiger Konversationsverläufe, wenn diese über digitale Medien erfolgen. Auch das Schaffen einer solchen Nachverfolgungsmöglichkeit gilt sowohl für unternehmensexterne als auch für interne Kommunikationspartner. Zusätzlich sollte der Verhaltenskodex die Beziehung der Mitarbeiter untereinander thematisieren. Für die große Anzahl von älteren Mitarbeitern der Werkzeugbaubetriebe wird der Digitalisierungsprozess immer wieder zur persönlichen Herausforderung. Eine gegenseitige Unterstützung wird damit insbesondere für den digitalen Teilbereich der Kultur unverzichtbar.

5.2.1.4 Kontinuierliche Kulturveränderung

Die Unternehmenskultur stellt ein komplexes und schwer zu erfassendes System von Annahmen, Normen und Werten dar. Veränderungen erweisen sich aufgrund unvorhersehbarer Wechselwirkungen und der Vielzahl an notwendigen individuellen Anpassungsprozessen oft als schwierig. Dennoch sind sie in einem erfolgreich arbeitenden Unternehmen unvermeidlich. Insbesondere hinsichtlich der digitalen Kultur ändern sich Randbedingungen durch neu entwickelte digitale Technologien schnell.

Radikale Veränderungen können die Stabilität und Klarheit, die eine Unternehmenskultur bietet, negativ beeinträchtigen und zusätzlich starke Auswirkungen auf die unternehmensinternen Machtverteilungen haben. Daher stoßen solch radikale Veränderungsprozesse häufig auf Widerstände und sind nur in Ausnahmesituationen sinnvoll. Deutlich Erfolg versprechender sind kleinere, stetige Kurskorrekturen in Form einer kontinuierlichen Kulturveränderung.[667, 668]

Die Grundlage der kontinuierlichen Kulturveränderung bildet der PDCA-Zyklus (Plan-Do-Check-Act) nach DEMING[669], der auf dem Konzept des KAIZEN (im Japanischen bedeutet „Kai“ Veränderung und „Zen“ zum Besseren) sowie dem KVP (kontinuierlichen Verbesserungsprozess) basiert[670].[671] Dabei ist jedoch zu beachten, dass dieses Konzept zunächst für die Anwendung auf konkrete Prozesse geschaffen wurde und für die Veränderung der digitalen Kultur angepasst werden muss. Der kontinuierliche Veränderungsprozess der digitalen Kultur ist nachfolgend in Abbildung 95 dargestellt.

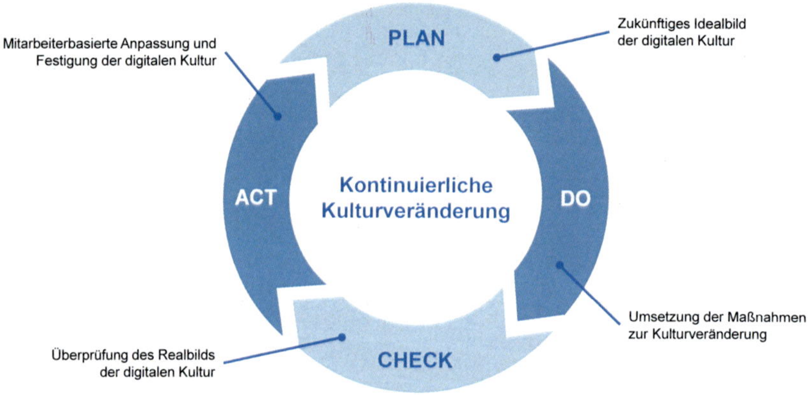

Abbildung 95: Der PDCA-Zyklus der kontinuierlichen Kulturveränderung[672]

Im Rahmen des Schritts „**Plan**“ wird zunächst die aktuell bestehende digitale Kultur durch die Unternehmensleitung auf ihren Fit zu den aktuellen Rahmenbedingungen des Unternehmens überprüft. Dazu müssen sowohl die Zustände innerhalb des Unternehmens als auch entsprechende Umweltfaktoren berücksichtigt werden. In Bezug auf die digitale Kultur ist vor allem auf neu entwickelte digitale Technologien oder Anwendungen, aber auch auf neue Management- und Unternehmenskulturmodelle

667 Vgl. Kostka & Kostka (Der Kontinuierliche Verbesserungsprozess), 2008, S. 12
668 Vgl. Sztuka (Unternehmenskultur), 2015
669 Vgl. Deming (Out of the crisis), 2000
670 Vgl. Hurtz & Stolz (Shop-Floor-Management), 2013, S. 195
671 Vgl. Gausemeier et al. (Zukunftsorientierte Unternehmensgestaltung), 2009, S. 334 f.
672 I.A.a. Gausemeier et al. (Zukunftsorientierte Unternehmensgestaltung), 2009, S. 334

zu achten. Eine neuer, als vorteilhaft für das Unternehmen eingestufter Kulturaspekt muss anschließend auf den Fit zur bisherigen Kultur überprüft werden, woraus sich eine notwendige Anpassung der Unternehmenskultur ergeben kann. Dann muss ein neues Idealbild der digitalen Kultur festgelegt werden. Der letzte Schritt der Planung besteht in der Definition von Maßnahmen, mit denen eine Kulturveränderung zu diesem Idealbild erreicht werden kann.

Nach dem Schritt der Planung erfolgt die eigentliche Umsetzung der Kulturveränderungsmaßnahmen, das „**Do**" der PDCA-Systematik. Eine zentrale Rolle kommt diesbezüglich dem Mitarbeitermanagement zu. Nur wenn die einzelnen Mitarbeiter von Beginn an einbezogen werden und an der Veränderung partizipieren, kann ein Wandel der Unternehmenskultur gewährleistet werden. Im Zuge der kontinuierlichen Kulturveränderung werden zumeist kleinere Anpassungen auf den oberen Schichten der Unternehmenskultur durchgenommen. Artefakte sowie der sichtbare und bewusste Teil der Werte und Normen können durch konkrete Vorschriften oder Änderungen des Verhaltenskodex angepasst werden. Deutlich komplizierter sind jedoch die unsichtbaren und vor allem unbewussten Teile der Unternehmenskultur zu beeinflussen. Vor allem ein entsprechend langer Zeithorizont stellt bezüglich tiefgreifender Änderungen einen wichtigen Faktor dar. Ziel der kontinuierlichen Kulturveränderung ist eine schrittweise stattfindende Anpassung der Unternehmenskultur.

Aufgrund der Komplexität der Kulturstruktur kann es geschehen, dass auch sinnvoll geplante Maßnahmen nicht zur erwünschten Kulturveränderung führen. Ein kontinuierlich durchgeführter „**Check**" des Maßnahmenerfolgs und damit auch des tatsächlichen Realbilds der digitalen Kultur ist daher unerlässlich. Während hinsichtlcih Fertigungsprozessen oft auf ohnehin aufgezeichnete Key Performance Indicators (KPIs) zurückgegriffen werden kann, müssen diese für eine Kulturveränderung in der Regel neu definiert werden. Als Beispiel kann dazu der tatsächliche Nutzungsgrad einer neu eingeführten Technologie durch eine anonyme Mitarbeiterbefragung überprüft werden. Alternativ können beispielsweise Softwareelemente implementiert werden, die eine Nutzungsauswertung erlauben.

Oft wissen die Mitarbeiter selbst am besten, welche Kulturveränderungen notwendig sind und welche Maßnahmen eine Kulturveränderung ermöglichen. In der „**Act**"-Phase sollte das Unternehmen seinen Mitarbeitern die Fähigkeiten und Rechte einräumen, selbstständig auf ein Kulturidealbild hinzuarbeiten. Eine solche autonome Optimierung ist vor allem für kleinere Gruppen innerhalb des Unternehmens von großer Bedeutung. Führt eine spezielle Veränderung der digitalen Kultur wie die Nutzung einer bestimmten digitalen Technologie in einem kleinen Teilbereich belegbar zu einer Verschlechterung der Arbeitsbedingungen, kann das Idealbild in Absprache mit der Führungskraft vor Ort explizit für diesen Unternehmensbereich angepasst werden. Doch auch unternehmensweit ist das „Acting" der Mitarbeiter sinnvoll. Kultur ist ein kollektives Phänomen, das sich nur durch das Teilen und Mitteilen wirklich festigen kann. Auch die Kultur selbst muss kontinuierliche Verbesserung durch Mitarbeiter zulassen und sogar fördern, um unter anderem selbst davon profitieren zu können.[673] Insbesondere tiefgründige Kulturveränderungen müssen auch von den Mitarbeitern verbreitet werden, um schließlich unternehmensweit akzeptiert zu werden.

5.2.2 Proaktives Lernen

Das organisationale Lernen befindet sich inmitten einer strukturellen Transformation (vgl. Abbildung 96). Während das klassische organisationale Lernen als bildende Maßnahme für Mitarbeiter verstanden werden kann, umfasst das moderne Verständnis des organisationalen Lernens dieses als ein Führungsverhalten. Das moderne organisationale Lernen wird als Anschub ständigen Wandels verstanden, der bestehende Perspektiven und Verhaltensweisen hinterfragt und integriert in die praktischen Abläufe für stetige Veränderung sorgt.[674]

Bisheriges Verständnis organisationalen Lernens		*Modernes Verständnis organisationalen Lernens*
Lernen als personelle Weiterentwicklung	▶	Lernen als strategischer und organisationaler Prozess
Fokussierung auf kognitive Kompetenzen	▶	Berücksichtigung sozialer, politischer und ethischer Kompetenzen
Durchführung des Lernprozesses innerhalb einer hierarchischen Lehrer-Studenten-Beziehung	▶	Lernen als Ergebnis einer horizontalen Punkt-zu-Punkt-Beziehung in einem Netzwerk
Transfer von bestehendem Wissen, Training von beabsichtigtem Können	▶	Hinterfragen von bestehenden Perspektiven und Verhaltensweisen
Fokussierung auf die Qualifizierung für zukünftige Anwendung	▶	Fokussierung von kontinuierlicher Innovation, Wandel und Transformation
Findet parallel zur Praxis statt	▶	Ist integriert in die Praxis
Lernen als bildende Maßnahme	▶	*Lernen als Führungsverhalten*

Abbildung 96: Transformation des organisationalen Lernens[675]

Dieses moderne Verständnis organisationalen Lernens wird nachfolgend auf den digital vernetzten Shopfloor im Werkzeugbau angewendet. Dazu dienen die drei Gestaltungsaspekte digitale Datenaufbereitung, organisationales Lernen und individuelles Lernen (vgl. Abbildung 97).

[673] Vgl. Kletti & Schumacher (Die perfekte Produktion), 2014, S. 58 f.
[674] Vgl. Deiser (Smart Organization), 2009, S. 55 f.
[675] Vgl. Deiser (Smart Organization), 2009, S. 55

Das moderne Verständnis des organisationalen Lernens stützt sich auf die grundsätzliche Transparenz bezüglich des Status Quo sowie bestehender Potenziale und stattfindender Veränderungen im Umfeld.[676] Auf dem digital vernetzten Shopfloor im Werkzeugbau existiert deshalb eine effektive **digitale Datenaufbereitung**, um mögliche Muster erkennen zu können und Lernpotenziale sowohl für die Organisation selbst als auch für Individuen ableiten zu können.

Aufbauend auf der digitalen Datenaufbereitung findet das **organisationale Lernen** auf dem Shopfloor statt, welches strukturelle Veränderungen in der Organisation selbst initiiert. Dazu kann datenbasiert die bestehende organisationale Wissensbasis verändert werden, um Mitarbeitern eine fundierte Basis für den Problemlöseprozess und den kontinuierlichen Verbesserungsprozess zu bieten. Das organisationale Lernen stellt zudem ein probates Mittel zur Veränderung des Bezugsrahmens hinsichtlich der Anwendung der Wissensbasis dar. Das bedeutet, dass Anpassungen im Fertigungsprozess direkt datengestützt erfolgen können. Zudem ist eine Veränderung des Lernprozesses aus dem digitalen Datenstrom möglich.

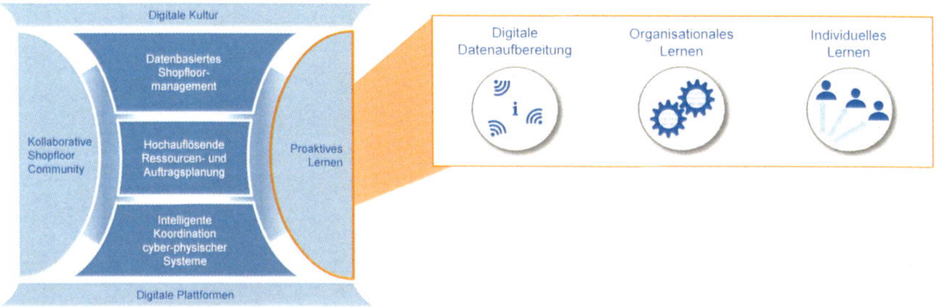

Abbildung 97: Gestaltungsaspekte des proaktiven Lernens

Ebenfalls basierend auf der digitalen Datenaufbereitung erfolgt das **individuelle Lernen**. Neben dem organisationalen Lernen ermöglicht der digital vernetzte Shopfloor im Werkzeugbau auch einen individuellen Lernprozess für die Mitarbeiter. Die digitale und vernetzte Wissensbasis sowie die digitale Datenaufbereitung und die rechnergestützte Bewertung nutzbarer Daten verbessern den individuellen Lernprozess, indem Potenziale umgehend erkannt werden und Maßnahmen zielgerichtet erfolgen.

---

[676] Vgl. Deiser (Smart Organization), 2009, S. 41 ff.

5.2.2.1 Grundlagen

Lernen wird in unserer Gesellschaft häufig mit dem schulischen Wissenserwerb gleichgesetzt, umfasst aber deutlich mehr als dies. ANDERSON definiert Lernen als Prozess, der als Ergebnis von Erfahrungen relativ langfristige Änderungen im Verhaltenspotenzial erzeugt.[677] Lernen stellt damit einen Veränderungsprozess dar, dessen Resultat sich nicht zwingend im beobachtbaren Verhalten der entsprechenden Person äußern muss, sondern in deren Verhaltenspotenzial. Zudem ist Lernen erfahrungsgebunden, sodass rein körperliches Wachstum und Reife auszuschließen sind.[678]

Diese Definition kann auch auf organisationales Lernen übertragen werden, allerdings steht an der Stelle eines Individuums mit Gedächtnis eine Organisation mit ihrer Wissensbasis, also dem Wissen, das von allen Organisationsmitgliedern geteilt wird.[679] Unter organisationalem Lernen wird demnach eine „Veränderung der organisationalen Wert- und Wissensbasis" verstanden, um „die Problemlösungs- und Handlungskompetenz zu erhöhen sowie den Bezugsrahmen einer Organisation zu verändern".[680] ARGYRIS und SCHÖN unterscheiden drei aufeinander aufbauende Arten des organisationalen Lernprozesses (vgl. Abbildung 98).[681]

[677] Vgl. Anderson (Learning and Memory), 2000, S. 4
[678] Vgl. Kiesel & Koch (Lernen), 2012, S. 11 f.
[679] Vgl. Thommen & Achleitner (Allgemeine Betriebswirtschaftslehre), 2012, S. 1030
[680] Vgl. Thommen & Achleitner (Allgemeine Betriebswirtschaftslehre), 2012, S. 1030
[681] Vgl. Argyris & Schön (Organizational Learning), 1978, S. 18 ff.

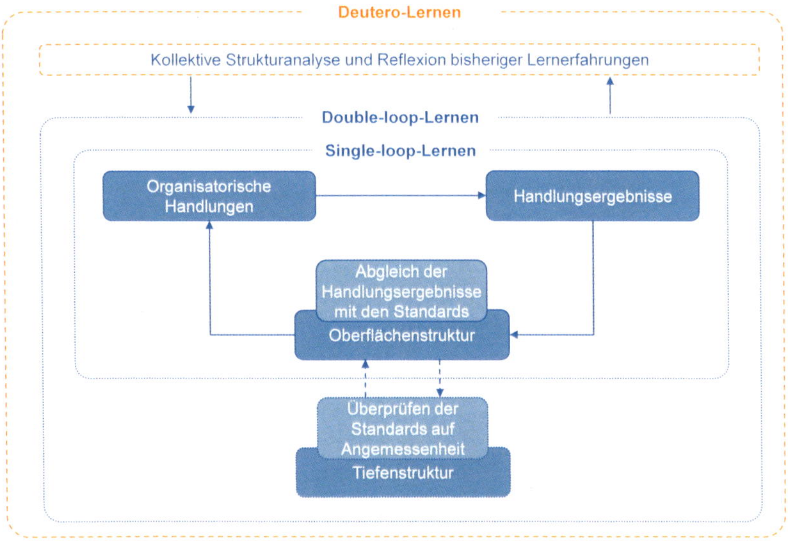

Abbildung 98: Ebenen organisationalen Lernens[682]

Die erste Ebene des organisationalen Lernens ist das **Single-Loop-Learning**. Die Organisation passt sich an veränderte Bedingungen an, indem erkannte Probleme unkritisch mit vorgegebenen Erfahrungen und Standards abgeglichen und entsprechende Aktionen zur Lösung der Probleme eingeleitet werden. Single-Loop-Learning beschäftigt sich vor allem mit der Oberflächenstruktur, also der nach außen hin sichtbaren Gesamtheit von organisatorischen Regeln, die sich somit auf standardisierte Strukturen oder Prozesse beziehen können.[683]

Sobald Lernen tiefgründiger angelegt ist als das bloße Wissen um mehr Fakten, muss eine Organisation sich selbst reflektiert betrachten können. Diese Fähigkeit zur kritischen Selbstreflexion stellt die Basis für ein heute erfolgreiches Unternehmen dar und wird auch als institutionalisierte Metareflexion bezeichnet.[684] Beim **Double-Loop-Learning** oder auch reflexiven Lernen läuft der Lernprozess zunächst wie beim Single-Loop-Learning ab, allerdings werden die bisherigen Erfahrungen und Regeln, mit denen das Problem verglichen wird, zusätzlich vor dem Hintergrund der tieferen Ziele und Werte kritisch hinterfragt. Erscheinen die bisherigen Standardvorgehensweisen nicht mehr geeignet, wird durch deren Anpassung ein neuer Bezugsrahmen geschaffen. Im Gegensatz zum Single-Loop-Learning setzt das Double-

---

682 I.A.a. Vahs (Organisation), 2005, S. 395; Vgl. Thommen & Achleitner (Allgemeine Betriebswirtschaftslehre), 2012, S. 1032; Vgl. Argyris & Schön (Organizational Learning), 1978, S. 18 ff.

683 Vgl. Thommen & Achleitner (Allgemeine Betriebswirtschaftslehre), 2012, S. 1032

684 Vgl. Geiselhart (Das lernende Unternehmen), 2001, S. 38 f.

Loop-Learning bei der Tiefenstruktur der Unternehmenskultur an. Dabei können sich auch neue Handlungsansätze oder Strukturen ergeben.[685]

Das **Deutero-Learning** ist doppelt reflexiv und erweitert den Prozess des Double-Loop-Learnings noch einmal. Hier erfolgt zusätzlich noch eine kritische Analyse der bisherigen Lernprozesse durch ein Hinterfragen der Grundannahmen des Systems. Aus dieser Analyse der Tiefenstruktur werden Maßnahmen zur Förderung organisationaler Lernprozesse abgeleitet.[686] Deutero-Learning beeinflusst also die Grundannahmen des Systems und thematisiert diese unternehmenseigenen grundlegenden Strukturen hinsichtlich Lernkontext, Lernhindernissen und Lernerleichterungen.[687]

Das durch Lernen erworbene Wissen wird allgemein als Gesamtheit von Kenntnissen und Fähigkeiten, die zur Problemlösung eingesetzt werden, definiert.[688] Nach NONAKA unterscheidet man zwischen explizitem und implizitem Wissen (vgl. Abbildung 99).[689]

Abbildung 99: Formen des Wissenstransfers[690]

Explizites Wissen liegt in dokumentierter Form vor, ist also schriftlich oder in Datenform festgehalten. Dadurch ist es leicht zu transferieren. Zur Ausübung braucht explizites Wissen einen spezifischen Kontext, ohne den es lediglich Informationswert besitzt.[691]

Implizites Wissen hingegen ist nicht dokumentiertes Wissen, das lediglich im Gedächtnis der Mitarbeiter existiert. Es kann in tacit knowledge[692], das unbewusst oder nicht sprachlich erklärbar ist, und nicht-explizites Wissen unterteilt werden. Nicht-

[685] Vgl. Thommen & Achleitner (Allgemeine Betriebswirtschaftslehre), 2012, S. 1032
[686] Vgl. Thommen & Achleitner (Allgemeine Betriebswirtschaftslehre), 2012, S. 1032
[687] Vgl. Argyris & Schön (Organizational Learning), 1978, S. 26 f.
[688] Vgl. Probst et al. (Wissen managen), 2012, S. 23
[689] Vgl. Nonaka (Organizational Knowledge Creation), 1994, S. 19
[690] I.A.a. Nonaka (Organizational Knowledge Creation), 1994, S. 19; Vgl. Thommen & Achleitner (Allgemeine Betriebswirtschaftslehre), 2012, S. 1029
[691] Vgl. Thommen & Achleitner (Allgemeine Betriebswirtschaftslehre), 2012, S. 1028

explizites Wissen stellt Wissen dar, das nicht dokumentiert ist, aber potenziell expliziert werden kann. Implizites Wissen stellt etwa 90% des gesamten Wissens dar und nimmt eine dementsprechend hohe Bedeutung ein.[693]

Den rein impliziten Wissenstransfer bezeichnet NONAKA als **Sozialisation**. Dabei lernt eine Person durch Beobachtung anderer Personen und Nachahmung des beobachteten Verhaltens. Das implizite Wissen wird ohne explizite Darstellung der Hintergründe übernommen. Sozialisation funktioniert vor allem durch persönliche Interaktion und ist in einem Unternehmen insbesondere dann sinnvoll, wenn existierendes implizites Wissen der Mitarbeiter bewahrt werden soll.[694, 695]

Die Überführung von implizitem in explizites Wissen wird **Externalisierung** genannt. Die Dokumentation des Wissens erfolgt mithilfe von Schrift, Metaphern, Modellen oder Konzepten und wird dadurch weiteren Personen zugänglich gemacht. Externalisierung hat bei der Verteilung von Wissen den großen Vorteil, das Dokumente insbesondere in Form von digitalen Daten leicht vervielfältigbar sind und somit eine Vielzahl an Adressaten erreicht werden kann.[696, 697]

Das Gegenteil der Externalisierung, also den Wissenstransfer von explizitem zu implizitem Wissen, stellt die **Internalisierung** dar. Neues explizites Wissen wird dabei allmählich aktiv angewendet und somit zu einem Bestandteil des impliziten Wissens verarbeitet. Die Internalisierung funktioniert sowohl über mündliche Interaktion als auch über schriftliche Dokumente. Damit ist sie wie die Externalisierung auch vielen Mitarbeitern gleichzeitig möglich.[698, 699]

Die **Kombination** stellt die Bildung neuen expliziten Wissens aus bereits existierendem expliziten Wissen dar. Beispiele dafür sind Diskussionsforen im Internet.[700, 701]

5.2.2.2 Digitale Datenaufbereitung

Den ersten Gestaltungsaspekt des proaktiven Lernens stellt die digitale Datenaufbereitung dar. Diese ist die Basis des organisationalen sowie individuellen Lernens. Das Ziel der Datenaufbereitung ist die kontinuierliche Bewertung des virtuellen Abbilds der Prozesse und Ergebnisse auf dem Shopfloor (vgl. Kapitel 5.1.3.4). Diese

[692] Vgl. Polanyi (The tacit dimension), 1966
[693] Vgl. Thommen & Achleitner (Allgemeine Betriebswirtschaftslehre), 2012, S. 1028 f.
[694] Vgl. Nonaka (Organizational Knowledge Creation), 1994, S. 19
[695] Vgl. Thommen & Achleitner (Allgemeine Betriebswirtschaftslehre), 2012, S. 1028
[696] Vgl. Nonaka (Organizational Knowledge Creation), 1994, S. 19
[697] Vgl. Thommen & Achleitner (Allgemeine Betriebswirtschaftslehre), 2012, S. 1028
[698] Vgl. Nonaka (Organizational Knowledge Creation), 1994, S. 19
[699] Vgl. Thommen & Achleitner (Allgemeine Betriebswirtschaftslehre), 2012, S. 1028
[700] Vgl. Nonaka (Organizational Knowledge Creation), 1994, S. 19
[701] Vgl. Thommen & Achleitner (Allgemeine Betriebswirtschaftslehre), 2012, S. 1028

Bewertung ermöglicht die Ableitung von Erkenntnissen, welche als Basis für den organisationalen und individuellen Lernprozess gelten.

Die auf dem digital vernetzten Shopfloor virtualisierten Prozesse und Ergebnisse stellen ein virtuelles Abbild des Shopfloors dar. Dieses existiert in Form einer vernetzten Datenbasis. Veränderungen hinsichtlich des virtuellen Abbilds werden über den Zeitverlauf gespeichert. Das Resultat der Datenspeicherung ist eine Datenmenge, welche auch als „Big Data" bezeichnet wird (vgl. Kapitel 5.1.3.4).

Big Data zeichnet sich vor allem dadurch aus, dass hinsichtlich drei unterschiedlicher Dimensionen extreme Ausprägungen bestehen. Diese drei Dimensionen werden auch durch „3V" abgekürzt und lauten:[702]

- Volume (Datenmenge)
- Variety (Heterogenität der Daten)
- Velocity (Frequenz des Datenanfalls)

Der Gewinn von Erkenntnissen aus Big Data ist aufgrund der Menge, Heterogenität und Frequenz nur automatisiert und durch aktuelle IT-Lösungen möglich. Der Prozess der Verdichtung von Big Data zu Smart Data, also erkenntnisreichen Daten, wird auch Data Mining genannt. Smart Data lässt sich nicht nur besser für die Steuerung, Wartung und Verbesserung der smarten Shopfloorelemente einsetzen, sondern bildet auch die Basis, um daraus lernen zu können.[703]

Die Ermittlung erkenntnisreicher Daten kann grundsätzlich hypothesengestützt oder weitgehend hypothesenfrei durchgeführt werden.[704, 705] Ein Beispiel für eine hypothesengestützte Analyseform ist die Regressionsanalyse, welche eine unsichere Zielgröße durch eine oder mehrere Variablen mittels eines funktionalen Zusammenhangs erklärt.[706] Eine weitgehend hypothesenfreie Analyseform hingegen ist die Clusteranalyse, welche die Entdeckung von Ähnlichkeiten zwischen Datenobjekten ermöglichen soll.[707]

Die Veredelung von Big Data zu Smart Data kann in der Produktion zum Beispiel durch Complex Event Processing (CEP) realisiert werden. Diese komplexe Ereig-

---

702 Vgl. Laney (3D Data Management), 2001, S. 1 f.

703 Vgl. acatech Deutsche Akademie der Technikwissenschaften (Smart Service Welt Abschlussbericht), 2015, S. 14

704 Vgl. Scholz (Business Intelligence), 2005, S. 47 ff.

705 Vgl. Grothe & Gentsch (Business Intelligence), 2000, S. 21

706 Vgl. Bättig (Angewandte Datenanalyse), 2015, S. 276

707 Vgl. Bankhofer & Vogel (Datenanalyse und Statistik), 2008, S. 173 ff.

nisanalyse verarbeitet den Datenstrom und gibt nur die relevanten Informationen an die übergeordnete Ebene weiter. Relevante Informationen sind diesbezüglich:[708]

- **Außergewöhnliche Werte:** Eine Ereignisanalyse identifiziert Anomalien im Datenstrom, beispielsweise eine Varianz hinsichtlich der Leistungsaufnahme einer Fräsmaschine im Falle eines Bruchs des Fräswerkzeugs
- **Trends:** Leistungsfähige Algorithmen ermitteln nachhaltige Veränderungen in den Datenströmen und reduzieren Detaildaten auf wenige Aussagen, zum Beispiel bei einer langfristigen Erhöhung von Fehlerraten
- **Aggregierte Werte:** Im Zuge der Datenauswertung werden Summen, Minima, Maxima und Durchschnittswerte über bestimmte Zeitfenster gebildet, um den Datenstrom auf wenige Aussagen mit Informationsgehalt zu reduzieren.

Das Ergebnis der digitalen Datenaufbereitung auf dem Shopfloor sind nutzbare Informationen, welche als Basis für das organisationale sowie individuelle Lernen dienen.

5.2.2.3 Organisationales Lernen

Der Begriff des organisationalen Lernens ist definiert als „Prozess der Veränderung der organisationalen Wert- und Wissensbasis, um die Problemlösungs- und Handlungskompetenz zu erhöhen sowie den Bezugsrahmen einer Organisation zu verändern".[709] Basierend auf dieser Definition sowie aufbauend auf den drei Ebenen organisationalen Lernens nach ARGYRIS und SCHÖN[710] (vgl. Kapitel 5.2.2.1 und Abbildung 98) besteht das organisationale Lernen aus den folgenden drei Elementen:

- Veränderung der Wissensbasis (Single-Loop-Learning)
- Veränderung der Wertebasis (Double-Loop-Learning)
- Anpassung des Lernprozesses (Deutero-Learning)

Daraus lassen die folgenden drei Elemente organisationalen Lernens auf dem digital vernetzten Shopfloor im Werkzeugbau ableiten:

(1) Veränderung der organisationalen Wissensbasis zur Erhöhung der Problemlösungskompetenz

(2) Veränderung des Bezugsrahmens hinsichtlich der Anwendung der Wissensbasis

(3) Anpassung der Datenaufbereitung sowie des Daten-Bewertungsprozesses

[708] Vgl. Schöning & Dorchain (Data Mining und Analyse), 2014, S. 548 f.
[709] Vgl. Thommen & Achleitner (Allgemeine Betriebswirtschaftslehre), 2012, S. 1030
[710] Vgl. Argyris & Schön (Organizational Learning), 1978, S. 18 ff.

Die drei Elemente organisationalen Lernens auf dem digital vernetzten Shopfloor im Werkzeugbau sind nachfolgend in Abbildung 100 im Kontext der Auftragsabwicklung dargestellt.

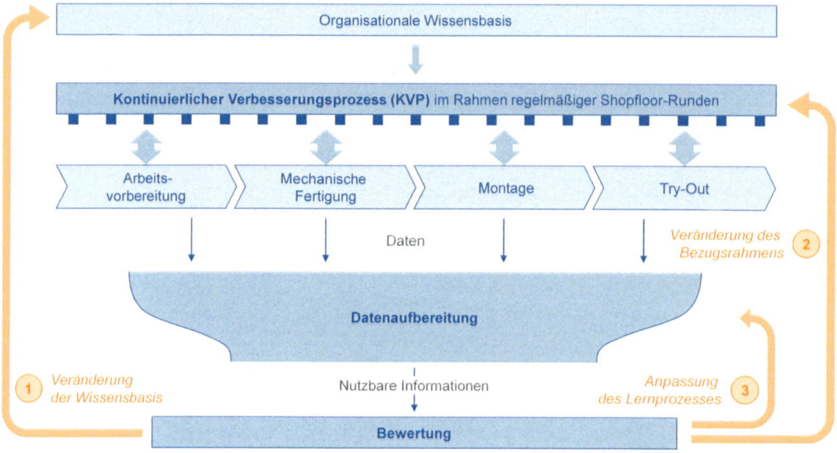

Abbildung 100: Organisationales Lernen auf dem digital vernetzten Shopfloor im Werkzeugbau

Die einzelnen Fertigungsschritte auf dem Shopfloor sind grob in die Prozesse Arbeitsvorbereitung, mechanische Fertigung, Montage und Try-Out gegliedert (vgl. Kapitel 2.2). Die Prozesse werden begleitend unterstützt durch einen kontinuierlichen Verbesserungsprozess, welcher unter anderem durch regelmäßige Shopfloor-Runden im Rahmen des datenbasierten Shopfloormanagements umgesetzt wird (vgl. Kapitel 5.1.1). In den regelmäßigen Shopfloor-Runden werden Fehler und Schwierigkeiten im Fertigungsverlauf besprochen. Zudem werden Optimierungsideen der Mitarbeiter diskutiert. Zum Ergebnis der Shopfloor-Runden zählen unter anderem gemeinsam definierte Maßnahmen, welche im weiteren Verlauf abgearbeitet werden. Zur gemeinsamen Erarbeitung der Maßnahmen greifen die Mitarbeiter auf die organisationale Wissensbasis zurück. Diese stellt „den Wissensbestand, der einer Organisation für ihre Handlungen und Entscheidungen zur Verfügung steht"[711], dar.[712] Die organisationale Wissensbasis setzt sich zusammen aus individuellen Wissensbeständen der Mitarbeiter sowie kollektiven Wissensbeständen des Unternehmens. Zudem umfasst sie „Daten und Informationsbestände, auf welchen individuelles und organisationales Wissen aufbaut".[713]

[711] Vgl. Thommen & Achleitner (Allgemeine Betriebswirtschaftslehre), 2012, S. 1030
[712] Vgl. Pautzke (Evolution der organisatorischen Wissensbasis), 1989, S. 63 ff.
[713] Vgl. Probst et al. (Wissen managen), 2012, S. 23

Das erste Element organisationalen Lernens auf dem digital vernetzten Shopfloor im Werkzeugbau ist die datengestützte Veränderung der organisationalen Wissensbasis. Die unzähligen während des Fertigungsprozesses anfallenden Daten werden im Rahmen der Prozess- und Ergebnisvirtualisieurng aggregiert und dokumentiert. Anschließend erfolgt im Rahmen der digitalen Datenaufbereitung eine Ableitung von nutzbaren Informationen, welche zum Beispiel Trends oder Auffälligkeiten im Datenstrom erkennen lassen. Diese nutzbaren Informationen werden anschließend bewertet, woraufhin der Lernprozess eingeleitet wird. Die Bewertung kann entweder automatisiert, basierend auf digitalen Algorithmen oder Logiken, erfolgen oder durch verantwortliche Mitarbeiter durchgeführt werden. Die Bewertung einer Auffälligkeit im Datenstrom kann dann in einer Veränderung der organisationalen Wissensbasis resultieren. Konkret bedeutet dies beispielsweise die Anpassung von Handbüchern oder Wissensdatenbanken, auf die Mitarbeiter zugreifen.

Im Rahmen des zweiten Elementes organisationalen Lernens, der Veränderung des Bezugsrahmens hinsichtlich der Anwendung der organisationalen Wissensbasis, wird direkt in den kontinuierlichen Verbesserungsprozess eingegriffen. Das bedeutet, dass aufbauend auf der Bewertung nutzbarer Informationen die Entscheidung getroffen wird, Geschäftsprozesse zu verändern. Beispielsweise können Standardvorgehensweisen oder Freigaben angepasst werden.

Das dritte Element organisationalen Lernens ist die Anpassung des Lernprozesses selbst. Dies bedeutet, dass aufbauend auf der Bewertung nutzbarer Informationen die Entscheidung getroffen wird, die Datenaufbereitung oder die Bewertung nutzbarer Daten selbst zu ändern. Durch die kritische Analyse des bisherigen Lernprozesses ist es möglich, das System als Ganzes ständig an sich verändernde Rahmenbedingungen anzupassen.

5.2.2.4 Individuelles Lernen

Während im Rahmen des zuvor beschriebenen organisationalen Lernens vor allem die Anpassung der organisationalen Wissensbasis hinsichtlich kollektiver Wissensbestände thematisiert wird, soll nachfolgend vor allem die Erweiterung individueller Wissensbestände der Mitarbeiter fokussiert werden.

Analog zum organisationalen Lernen können aufbauend auf der Definition des Lernens[714] sowie den Ebenen organisationalen Lernens nach ARGYRIS und SCHÖN[715] die folgenden drei Elemente des individuellen Lernens auf dem digital vernetzten Shopfloor im Werkzeugbau definiert werden:

(1) Veränderung der individuellen Wissensbasis

(2) Veränderung des Bezugsrahmens hinsichtlich der individuellen Anwendung der organisationalen Wissensbasis

(3) Anpassung des individuellen Lernprozesses

Bezüglich der drei Elemente individuellen Lernens ist zudem zwischen explizitem und implizitem Wissen zu unterscheiden (vgl. Kapitel 5.2.2.1). Explizites Wissen sollte soweit möglich als kollektiver Wissensbestandteil des organisationalen Wissens im Unternehmen vorliegen, um es für die Gesamtheit der Mitarbeiter nutzbar zu machen. Implizites Wissen sollte individuell so optimiert werden, dass Mitarbeiter ihre Aufgaben bestmöglich erfüllen können.

Individuelles implizites Wissen lässt sich auf dem Shopfloor auf der einen Seite durch eigene Erfahrungen erlangen. Mitarbeiter, die eine Tätigkeit zum wiederholten Mal ausführen, lernen durch die Ausübung der Tätigkeit individuell. Individuelles Lernen lässt sich auf der anderen Seite durch einen Wissenstransfer erreichen und ist damit, in Anlehnung an die unterschiedlichen Formen des Wissenstransfers nach NONAKA[716, 717] (vgl. Kapitel 5.2.2.1 und Abbildung 99), durch Sozialisation und Internalisierung möglich.

Die Sozialisation stellt den impliziten Wissenserwerb einer impliziten Fähigkeit dar. Zum Beispiel lernt ein Mitarbeiter durch Nachahmung eines anderen Mitarbeiters dessen Fähigkeiten, ohne dass diese explizit dargestellt werden müssen. Dies kann durch Mentoring-Programme oder spezielle Schulungen umgesetzt werden. Die Internalisierung hingegen stellt einen Aufbau von implizitem Wissen durch die Überführung aus explizitem Wissen dar. Im Rahmen des Gestaltungselements des datenbasierten Shopfloormanagements wurde bereits intensiv die unmittelbare Wissensversorgung auf dem digital vernetzten Shopfloor im Werkzeugbau thematisiert (vgl. Kapitel 5.1.1). Sie stellt eine problemorientierte Internalisierung dar, da die Wissensversorgung eines Mitarbeiters durch eine Anomalie im Fertigungsprozess ausgelöst wird. Äquivalent dazu kann eine solche Wissensversorgung auch durch ein Optimierungspotenzial ausgelöst werden. Wird zum Beispiel im Rahmen der Bewertung der aufbereiteten Informationen ein solches Potenzial festgestellt, kann entspre-

[714] Vgl. Thommen & Achleitner (Allgemeine Betriebswirtschaftslehre), 2012, S. 1030
[715] Vgl. Argyris & Schön (Organizational Learning), 1978, S. 18 ff.
[716] I.A.a. Nonaka (Organizational Knowledge Creation), 1994, S. 19
[717] I.A.a. Thommen & Achleitner (Allgemeine Betriebswirtschaftslehre), 2012, S. 1029

chendes Wissen Mitarbeitern zur Verfügung gestellt werden. Dieses kann auch, beispielsweise in Form von Schulungen oder dem Zugriff auf externe Datenbanken, am Markt beschafft werden.

Zusammenfassend lassen sich die folgenden Möglichkeiten des individuellen Lernens festhalten:

- Lernen durch Nachahmung oder Beobachtung
- Sozialisation durch Mentoring und Schulungen
- Internalisierung durch Wissensversorgung
    - Problemorientiert
    - Optimierungsorientiert

Durch die dargestellten Möglichkeiten können alle drei Elemente des individuellen Lernens auf dem digital vernetzten Shopfloor adressiert werden. Durch den Wissenserwerb verändert sich die individuelle Wissensbasis. Der Bezugsrahmen hinsichtlich der individuellen Anwendung der organisationalen Wissensbasis ändert sich beispielsweise durch die Anpassung eigener Verhaltensweisen beim Auftreten von Fehlern. Zusätzlich ist die Anpassung der individuellen Lernstrategie durch das Angebot spezieller Schulungen möglich. Die digitale und vernetzte Wissensbasis sowie die digitale Datenaufbereitung und die rechnergestützte Bewertung nutzbarer Daten sichern langfristig sowohl das organisationale als auch das individuelle Lernen, indem Potenzial umgehend erkannt wird und Maßnahmen zielgerichtet erfolgen.

5.2.3 Kollaborative Shopfloor Community

Digitale Communities bieten auf Grundlage vernetzter digitaler Informations- und Kommunikationstechnologie neue Formen der Gemeinschaftsbildung innerhalb eines Unternehmens.[718] Basierend auf den nachfolgend dargestellten Grundlagen (vgl. Kapitel 5.2.3.1) ergeben sich grundsätzlich zwei sich gegenseitig ergänzende Betrachtungsperspektiven digitaler Communities im Werkzeugbau. Einerseits stellt eine Community eine digitale Sozialgemeinschaft dar, die soziale Beziehungen über ein digitales Netzwerk verknüpft und abbildet. Andererseits ist eine Community auch als Gruppe mit gemeinsamen Zielen oder Interessen zu verstehen, in der durch wechselseitige Interaktion an der Erreichung der Ziele gearbeitet wird (im Folgenden auch Kollaboration genannt) oder ein interessensspezifischer Informationsaustausch stattfinden kann (im Folgenden auch Kooperation genannt).[719] Zusätzlich lassen sich externe Wertschöpfungspartner und Kunden in die Gemeinschaft auf dem digital vernetzten Shopfloor im Werkzeugbau integrieren. Als Ergebnis der Überlegungen können drei Gestaltungsaspekte der kollaborativen Shopfloor-Community auf dem

[718] Vgl. Castells (Network Society), 2005, S. 6 f.

[719] Vgl. Zboralski (Communities of Practice), 2007, S. 32 f.; Schmidt (Social Media), 2013, S. 10 f.

digital vernetzten Shopfloor im Werkzeugbau festgehalten werden (vgl. Abbildung 101).

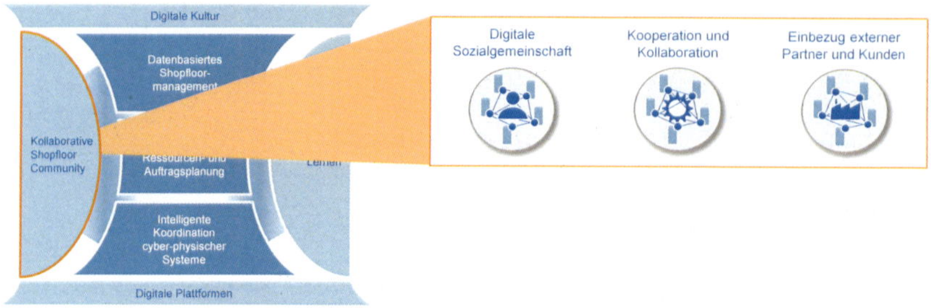

Abbildung 101: Gestaltungsaspekte der kollaborativen Shopfloor-Community

Der erste Gestaltungsaspekt der kollaborativen Shopfloor-Community ist die **digitale Sozialgemeinschaft**, die sich auf Basis vernetzter Systeme realisieren lässt. Mitarbeiter bilden durch ein digitales soziales Netzwerk eine virtuelle Gemeinschaft, welche die reale Gemeinschaft auf dem Shopfloor im Werkzeugbau ideal ergänzt. Die Informations- und Kommunikationstechnologie bietet Mitarbeitern die Möglichkeit, virtuell direkt miteinander zu kommunizieren und Informationen sowie Neuigkeiten über Mitarbeiter zu erfahren, ohne direkt in Kontakt miteinander stehen zu müssen. Daraus resultierend bildet sich ein umfassenderes Sozialgefüge im Werkzeugbau, welches im Gegensatz zur Bildung kleiner und häufig in sich abgeschlossener sozialer Gruppen in der Vergangenheit steht.

Auf Basis der digitalen Sozialgemeinschaft können digital vernetzte Kommunikations- und Informationssysteme für eine direkte Interaktion der Mitarbeiter genutzt werden. Durch die Bereitstellung virtueller Arbeitsräume wird die unmittelbare Zusammenarbeit der Mitarbeiter ermöglicht und gefördert. Dies umfasst sowohl die **Kooperation** im Sinne eines interessenpezifischen Informationsaustausches als auch die **Kollaboration**, welche nachfolgend als wechselseitige Interaktion zur gemeinsamen Erreichung von Zielen definiert ist.

Der dritte Gestaltungsaspekt der kollaborativen Shopfloor Community ist der **Einbezug externer Wertschöpfungspartner und Kunden**. Dieser Aspekt erweitert die interne Kooperation und Kollaboration um externe Netzwerkteilnehmer. Dadurch können Synergien durch eine intensive Kooperation entstehen und genutzt werden. Zudem ermöglicht eine Integration in Kundenprozesse eine zunehmende Differenzierung zum Wettbewerb.

5.2.3.1 Grundlagen

Der Begriff Community bezeichnet eine Gemeinschaft, also ein soziales Kollektiv von Menschen mit gemeinsamen Zielen, Interessen und Wertvorstellungen.[720] Diese Gemeinschaft stellt ein organisiertes Netzwerk von miteinander in Interaktion stehenden Individuen dar, die sich innerhalb eines spezifischen Zeitraums auf affektive und kognitive Weise wechselseitig beeinflussen, wobei auch ein Zusammengehörigkeitsgefühl entsteht.[721]

Grundsätzlich strebt der Mensch nach Stabilität und Routine, während die Neugierde ihn sich gleichzeitig nach Erkundung und Wandel sehnen lässt. Das grundsätzlich gegensätzliche Streben nach Stabilität und der Neugierde des Menschen äußert sich auch in den Gemeinschaften, welche der Mensch im täglichen Leben bildet.[722] Während traditionelle Gemeinschaften ein hohes Maß an Stabilität aufweisen, ermöglichen digitale vernetzte Medien ein weitgehend standortunabhängiges und kurzfristiges Zusammenwirken einzelner Menschen. Digitale Communities, auch die „Network Society“[723] genannt, zeichnen sich durch eine variable Zusammensetzung sowie eine hohe Schnelllebigkeit aus.[724] CASTELLS definiert die Network Society als eine soziale Struktur basierend auf Netzwerken, welche durch Informations- und Kommunikationstechnologie betrieben wird, die das akkumulierte Wissen der Gemeinschaft in Form von Informationen generiert, verarbeitet und verbreitet.[725] Digitale Communities sind sowohl für Individuen als auch für Organisationen von großem Nutzen, da sie aktiv dabei unterstützen können, Wissen und Informationen zu generieren und zu verteilen. Sie treiben so Innovationen voran. CASTELLS warnt aber auch davor, dass digitale Communities unter anderem zu sozialer Vereinsamung Einzelner führen können.[726]

Neben den bereits nach dem bisherigen Gemeinschaftsverständnis existierenden Communities, denen durch die Digitalisierung vor allem ein neues, effektiveres und effizienteres Kommunikationswerkzeug zugrunde gelegt werden kann, schafft die Digitalisierung und Vernetzung des Shopfloors auch die Möglichkeiten, neue, bisher nicht existierende digitale Communities zu entwickeln.

Die Digitalisierung existierender Gemeinschaften orientiert sich stark an bestehenden Organisationsstrukturen. Organisationsstrukturen im Unternehmen dienen allgemein der Koordination arbeitsteiliger Aufgabenerfüllung und bilden in der produzierenden

[720] Vgl. Duden (Community), 2015
[721] Vgl. Gabler Wirtschaftslexikon (Community), 2015
[722] Vgl. Albert et al. (Networked Communities), 2009, S. 2
[723] Vgl. Castells (Network Society), 2005, S. 3 ff.
[724] Vgl. Albert et al. (Networked Communities), 2009, S. 2
[725] Vgl. Castells (Network Society), 2005, S. 7
[726] Vgl. Albert et al. (Networked Communities), 2009, S. 3

Industrie ein zielgerichtetes System, welches die Produktionsfaktoren zu einem Produkt verarbeitet.[727] Gemeinschaften entstehen vor allem durch die Aufbauorganisation, welche Aufgaben, Kompetenzen und Verantwortungen im Unternehmen auf dadurch definierte Stellen und Abteilungen, die sogenannten Organisationseinheiten, aufteilt. Alle Aufbauorganisationsformen bestehen aus Organisationseinheiten und deren Weisungs- und Informationsbeziehungen.[728] Organisationseinheiten stellen immer eine Gruppierung von Mitarbeitern zu Gemeinschaften dar und zeichnen sich im Werkzeugbau häufig auch durch räumliche Nähe der Mitglieder zueinander aus.[729] Der große Vorteil, den die Digitalisierung und Vernetzung existierenden Gemeinschaften bietet, ist die Bereitstellung einer gemeinsamen digitalen Kommunikations- und Informationsplattform.[730]

Ebenso können neue Communities durch die Bereitstellung neuartiger Kommunikationsmöglichkeiten einer gemeinsamen Plattform entstehen. Eine Gemeinschaft entsteht durch die wiederholte Interaktion, durch die sich die Mitglieder in der Regel eigenständig und informell organisieren.[731] In räumlich geeinten Gemeinschaften kann eine solche Interaktion auch bereits durch die räumliche Nähe entstehen. Durch den Einsatz einer digital vernetzten Kommunikationsplattform kann sich eine regelmäßige Interaktion und Kommunikation allerdings auch mit räumlich entfernten oder sogar bislang unbekannten Personen entwickeln.[732] Zudem kann die Interaktion unmittelbarer und eingebettet in die alltäglichen Tätigkeiten erfolgen. Digitale Communities schwächen damit die Voraussetzung räumlicher Nähe zur Entstehung und Pflege von Gemeinschaften ab und ermöglichen einen unmittelbaren und räumlich unabhänigigen Informationsaustausch.[733]

5.2.3.2 Digitale Sozialgemeinschaft

Während digitale soziale Netzwerke im privaten Bereich bereits umfassend genutzt werden, bietet die Bildung einer digitalen Sozialgemeinschaft auf dem Shopfloor im Werkzeugbau noch großes ungenutztes Potenzial. Unter einem sozialen Netzwerk wird im privaten Kontext eine Plattform verstanden, mithilfe derer Menschen auf digitalem Weg in Verbindung treten können.[734] Besonders bekannte Beispiele solcher sozialer Netzwerke sind Facebook[735] und Twitter[736]. Für Unternehmen besteht

[727] Vgl. Spath (Grundlagen der Organisationsgestaltung), 2009, S. 3

[728] Vgl. Spath (Grundlagen der Organisationsgestaltung), 2009, S. 6 f.

[729] Vgl. Gemeinsame Datenbank des Werkzeugmaschinenlabors WZL der RWTH Aachen und des Fraunhofer-Instituts für Produktionstechnologie IPT, Stand Mai 2016)

[730] Vgl. Castells (Network Society), 2005, S. 6 f.

[731] Vgl. Wesoly et al. (Wissensmanagement), 2009, S. 707

[732] Vgl. Schmidt (Social Media), 2013, S. 10 f.

[733] Vgl. Schmidt (Social Media), 2013, S. 10

[734] Vgl. Zarrella & Heidl (Social Media Marketing), 2010, S. 61

[735] Vgl. Facebook (www.facebook.com), 2016

[736] Vgl. Twitter (www.twitter.com), 2016

der Nutzen dieser Netzwerke vor allem hinsichtlich des Marketings, da Kunden aufgrund ihrer angegebenen Informationen, Gruppenzugehörigkeiten und Gefallensbekundungen in Form von „Likes" gezielt angesprochen werden können.[737] Auch soziale Netzwerke wie XING[738] oder LinkedIn[739], die als Business-Netzwerke das Herstellen sowie die Pflege beruflicher Kontakte vereinfachen, werden von Unternehmen zunehmend im Rahmen der Suche nach neuen Mitarbeitern verwendet.[740] Demgegenüber steht bisher eine kaum vorhandene Nutzung von unternehmensinternen sozialen Netzwerken zur Bildung einer Sozialgemeinschaft im Werkzeugbau.[741]

Je nach Funktionsweise und Verwendungszweck können soziale Netzwerke hinsichtlich ihrer Kernelemente stark variieren. Einige Aspekte können jedoch übergreifend als Merkmale sozialer Netzwerke definiert werden.[742] Basierend auf diesen Gemeinsamkeiten sozialer Netzwerke können vier Kernaspekte einer digitalen Sozialgemeinschaft für den Shopfloor im Werkzeugbau definiert werden (vgl. Abbildung 102).

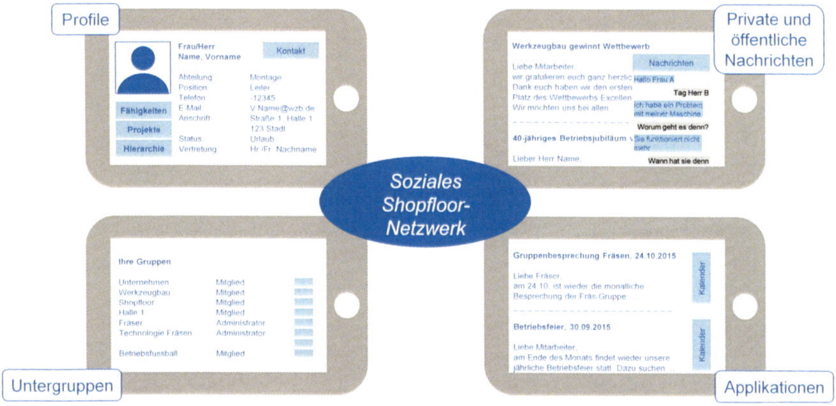

Abbildung 102: Merkmale eines digitalen sozialen Shopfloor-Netzwerks

Das grundlegende Element eines digitalen sozialen Netzwerks bilden Profile. Jeder Mitarbeiter ist gekennzeichnet durch genau eine Profilseite, welche Informationen über ihn enthält.[743] Für die beruflich geprägte digitale Sozialgemeinschaft auf dem Shopfloor sind vor allem Kontaktdaten und ein Überblick über Fähigkeiten und Tätigkeiten im Unternehmen relevant. Neben klassischen Kontaktinformationen wie Na-

737 Vgl. Zarrella & Heidl (Social Media Marketing), 2010, S. 61

738 Vgl. XING (www.xing.com), 2016

739 Vgl. LinkedIn (www.linkedin.com), 2016

740 Vgl. Chatfield (Digitale Kultur), 2013, S. 106

741 Vgl. Gemeinsame Datenbank des Werkzeugmaschinenlabors WZL der RWTH Aachen und des Fraunhofer-Instituts für Produktionstechnologie IPT, Stand Mai 2016)

742 Vgl. Zarrella & Heidl (Social Media Marketing), 2010, S. 65 ff.

743 Vgl. Zarrella & Heidl (Social Media Marketing), 2010, S. 66 f.

me, Positionsbezeichnung, Anschrift, E-Mail-Adresse und Telefonnummer kann im Mitarbeiterprofil auch eine Zuordnung des Mitarbeiters in Abteilungen und Communities sowie eine Verlinkung zu Vorgesetzten, direkten Mitarbeitern und Kollegen angegeben werden. Zusätzlich können Details zum Arbeitsalltag des Mitarbeiters vermerkt werden, beispielsweise spezielle Fähigkeiten wie die Bedienung einer besonderen Maschine sowie Berechtigungen wie Führerscheine oder Auditierungszertifikate. Dies umfasst auch bisherige und aktuelle Tätigkeiten im Unternehmen und zeigt letztlich die besondere Expertise eines Mitarbeiters an. Dadurch bekommt jeder Mitarbeiter eine virtuelle Identität im digitalen sozialen Netzwerk auf dem Shopfloor im Werkzeugbau. Wichtig ist die Sicherstellung der Aktivität der Profile, um eine Nutzung durch alle Mitarbeiter herbeizuführen.

Vertrauliche und öffentliche Nachrichten sind Teil eines jeden sozialen Netzwerks.[744] Darauf aufbauend sollte ein digitales soziales Shopfloor-Netzwerk sowohl die Funktion vertraulicher Nachrichten bieten als auch die Möglichkeit, unternehmensweit Nachrichten zu veröffentlichen. Vertrauliche Nachrichten zwischen einzelnen Mitarbeitern ermöglichen auch im Unternehmen einen schnellen und direkten Kontakt. Der Informationsaustausch ist jedoch als informelle Interaktion zu verstehen, welche keinen offiziellen Charakter hat. Dies ermöglicht den zwang- und formlosen Austausch und fördert den Kontakt zwischen den Mitarbeitern. Eine Dokumentation und Archivierung der Nachrichtenverläufe ist hinsichtlich des Einsatzes der Nachrichtenfunktion genau zu prüfen. Unternehmensweite Nachrichten ermöglichen es Mitarbeitern, Inhalte mit zahlreichen anderen Mitarbeitern zu teilen und zu diskutieren. Diesbezüglich ist vor allem auf eine Adressatengerechtheit der Inhalte zu achten, welche beispielsweise durch eine Moderatorenfunktion sichergestellt werden kann. Sowohl vertrauliche als auch unternehmensweite Nachrichten sollten die Möglichkeit des Versands von Fotos oder anderen Dateien ermöglichen, um eine hohe Attraktivität für einen breiten Nutzerkreis darzustellen.

Damit öffentliche Nachrichten dem richtigen Mitgliederkreis zukommen können, sollte die Funktion der Untergruppen implementiert werden. Dadurch können sich einzelne Communities innerhalb der Community bilden. Mitarbeiter sollten selbst die Möglichkeit haben, andere Mitarbeiter einzuladen und damit zu Untergruppen hinzuzufügen. So kann beispielsweise ein konkretes Fertigungsprojekt eine thematische Grundlage für eine Untergruppe darstellen. Untergruppen stellen zudem die Basis für die weitere themenspezifische Kollaboration und Kooperation dar.

Mit dem Begriff Applikationen werden Anwendungsprogramme bezeichnet, die über Programmierschnittstellen (Application Programming Interfaces) auf die digitale Sozialgemeinschaft zugreifen können und mit zusätzlichen Funktionen die Funktionali-

[744] Vgl. Zarrella & Heidl (Social Media Marketing), 2010, S. 67 ff.

tät des Netzwerks erweitern.[745] Die Ausgestaltung einzelner Apps ist unternehmensindividuell festzulegen. Denkbar ist beispielswiese die Integration von Kalenderfunktionen oder Funktionalitäten der Office-Software.

Die Implementierung eines digitalen sozialen Shopfloor-Netzwerks schafft vor allem eine verbesserte Organisationsmöglichkeit für die Mitarbeiter. Dies ist insbesondere bei großen Nutzerzahlen vorteilhaft. Deshalb sollte die Attraktivität des Angebots eines derartigen Netzwerks aktiv adressiert werden.

5.2.3.3 Kooperation und Kollaboration

Der Einsatz digitaler Kommunikationstechnologie in Kombination mit der virtuellen Vernetzung der Mitarbeiter auf Plattformen ermöglicht eine direkte Interaktion selbst bei räumlicher Entfernung oder mit bisher unbekannten Personen.[746] Dadurch können die beiden Aspekte der Problemlösung sowie der Kommunikation des Shopfloormanagements nach ENGROFF adressiert werden (vgl. Kapitel 2.1.3.3).[747]

Durch die Bereitstellung virtueller Arbeitsräume wird die unmittelbare Zusammenarbeit der Mitarbeiter ermöglicht und gefördert. Dies umfasst sowohl die Kooperation im Sinne eines interessenspezifischen Informationsaustausches als auch die Kollaboration, welche nachfolgend als wechselseitige Interaktion zur gemeinsamen Erreichung von Zielen definiert ist.

Derartige virtuelle Arbeitsräume können durch unterschiedliche IT-Systeme zur Verfügung gestellt werden. Diese können gezielt die unmittelbare Interaktion auf dem Shopfloor, beispielsweise in Shopfloor-Runden, ergänzen. Im Rahmen der digitalen Sozialgemeinschaft wurde die Implementierung eines digitalen sozialen Shopfloor-Netzwerks beschrieben. Dieses sieht die Funktion der Bildung von einzelnen Sub-Communities durch Untergruppen vor, welche durch Mitarbeiter selbst erstellt und verwaltet werden. Insbesondere die Funktion der Sub-Communities bietet die Möglichkeit, themenspezifische und teilweise temporäre Gemeinschaften zu bilden und zur Kooperation und Kollaboration im Rahmen virtueller Arbeitsräume zu nutzen.

Kooperations-Communities entwickeln sich selbstorganisierend, sobald sich mehrere Mitarbeiter für das gleiche Thema interessieren. Die Zugehörigkeit der Mitarbeiter zu einer gemeinsamen Organisationseinheit innerhalb der Aufbauorganisation ist diesbezüglich unerheblich, sodass auch Mitarbeiter unterschiedlicher Bereiche miteinander in Kontakt treten können. Kooperations-Communities bieten ihren Mitgliedern eine Plattform für einen Informationsaustausch bezüglich einer bestimmten Thema-

---

[745] Vgl. Zarrella & Heidl (Social Media Marketing), 2010, S. 73 f.
[746] Vgl. Schmidt (Social Media), 2013, S. 10 f.
[747] Vgl. AWF Arbeitsgemeinschaft für Wirtschaftliche Fertigung (Visuelles Management), 2012, S. 33

tik. Die Interaktion in einer solchen Community erfolgt wie bereits beschrieben auf zwei verschiedene Arten (vgl. Kapitel 5.1.1).

Wissen kann einerseits als genereller Informationsvorgang nach dem Push-Prinzip mit anderen Mitarbeitern geteilt werden. Dabei erlangt ein Mitarbeiter auf dem digital vernetzten Shopfloor durch eine Datenquelle (vergleiche Kapitel 5.1.1 und 5.2.2) an Wissen, welches seiner Einschätzung nach für andere Mitglieder einer oder mehrerer Sub-Communities interessant oder hilfreich ist. Daraufhin stellt er die betroffenen Informationen oder Wissensbestandteile im Rahmen der digitalen sozialen Shopfloor-Community anderen Mitarbeitern zur Verfügung. Andere Mitglieder einer Community erfahren beispielsweise auf einer persönlichen Startseite analog zu privaten sozialen Netzwerken, wie beispielsweise Facebook, von neuen Einträgen. Das digitale soziale Shopfloor-Netzwerk bietet zudem die Möglichkeit, Inhalte virtuell miteinander zu diskutieren.

Auf der anderen Seite kann Wissen zudem mithilfe des Pull-Prinzips von Community-Mitgliedern angefordert werden. Im Fall einer Frage oder eines Problems, welches ein Mitarbeiter nicht ohne Hilfe lösen kann, besteht die Möglichkeit, gezielt Experten anzusprechen oder Fragen zu veröffentlichen. Diese Anfrage kann zudem unterstützt werden durch digitale Medien wie Fotos, Datensätze oder Fehlerbeschreibungen. Auch hinsichtlich des Pull-Prinzips ermöglichen virtuelle Arbeitsräume die Diskussion von Inhalten durch die Mitarbeiter. Dazu können Mitarbeiter auf dem digital vernetzten Shopfloor im Werkzeugbau Leerzeiten während der Maschinenbedienung gezielt nutzen, indem sie zeitversetzt Inhalte veröffentlichen. Eine Bildung von realen Expertenrunden abseits der virtuellen Arbeitsräume ist in diesen Zwischenräumen häufig nicht möglich und erfordert umfangreiche Koordinationstätigkeiten.

Eine Kollaborations-Community dient der wechselseitigen Interaktion zur gemeinsamen Erreichung von Zielen und wird durch eine Aufgabenzuordnung ausgelöst. Die eigentliche Interaktion erfolgt selbstorganisiert, kann jedoch moderiert werden. Dies kann zum Beispiel durch einen Projektleiter erfolgen. Kollaborations-Communities sind in ihrer Existenz zeitlich begrenzt und zeichnen sich durch eine projektorientierte Arbeitsweise aus. Die Ausgestaltung des virtuellen Arbeitsraums orientiert sich an der jeweiligen Aufgabenstellung.

Im Falle einer sehr eigenständig durch die Mitarbeiter organisierten Arbeitsweise können Kollaborations-Communities auch durch die Mitarbeiter selbst initiiert werden. Dies kann geschehen, wenn ein Mitarbeiter um Unterstützung bittet, da er eine bestimmte Aufgabe alleine nicht bewältigen kann. So können Experten gezielt hinzugezogen werden.

Die Kooperation und Kollaboration auf Basis virtueller Arbeitsräume erlangt zusätzliche Relevanz durch die Nutzung neuer Technologien wie beispielsweise Augmented oder Virtual Reality. Die virtuelle und die reale Welt wachsen dadurch enger zusammen. Ein weiteres Beispiel ist die Diskussion von CAD-Zeichnungen im virtuellen Raum. Eine vernetzte Datenbasis bei gleichzeitiger Digitalisierung der Zugriffsmöglichkeiten ermöglicht eine zielgerichtete Diskussion von Lösungen. Dies ist zudem auch bei räumlicher Trennung möglich, beispielsweise im Rahmen einer Dienstleistungserbringung beim Kunden vor Ort. In diesem Fall können Mitarbeiter unterstützend hinzugezogen werden, obwohl diese sich auf dem heimischen Shopfloor befinden.

5.2.3.4 Einbezug externer Wertschöpfungspartner und Kunden

Die zuvor beschriebenen Aspekte der kollaborativen Shopfloor Community beziehen sich auf die interne Vernetzung der Mitarbeiter auf dem Shopfloor. Werkzeugbaubetriebe sind jedoch heute auf eine intensive und harmonisierende Zusammenarbeit mit externen Wertschöpfungspartnern und Kunden angewiesen (vgl. Kapitel 2.2.3). Dadurch können Synergien durch eine intensive Kooperation entstehen und genutzt werden. Zudem ermöglicht eine Integration in Kundenprozesse eine zunehmende Differenzierung zum Wettbewerb (vgl. Abbildung 103).[748] Analog zur bereits beschriebenen internen Kooperation und Kollaboration sind externe Wertschöpfungspartner und Kunden auf dem digital vernetzten Shopfloor im Werkzeugbau mit den eigenen Mitarbeitern zu vernetzen.

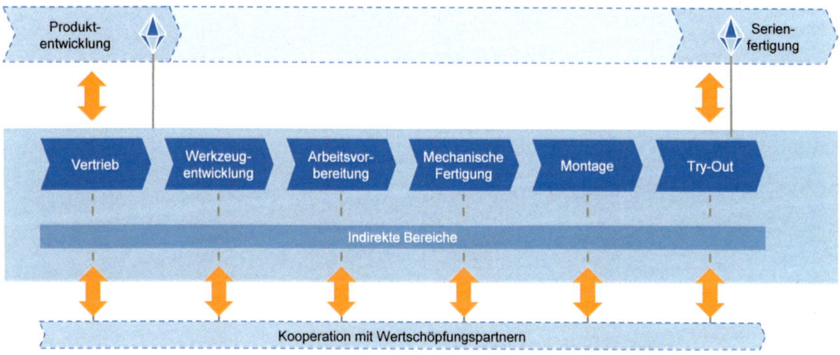

Abbildung 103: Kooperation mit externen Wertschöpfungspartnern und Kunden[749]

Die Vernetzung mit externen Wertschöpfungspartnern und Kunden setzt eine gemeinsame Plattform voraus, auf die alle beteiligten Parteien zugreifen können. Sowohl hinsichtlich einer gemeinsamen Kooperation als auch bezüglich der anwendungsbezogenen Kollaboration sind dafür entsprechende Schnittstellen bei den Wertschöpfungspartnern und Kunden notwendig. Die Zusammenarbeit lässt sich

[748] Vgl. Schuh et al. (Digitalisierung im Werkzeugbau), 2014, S. 89

[749] I.A.a. Schuh et al. (Vernetzte Wertschöpfung), 2014, S. 58

zum einen mithilfe von dedizierten Softwaresystemen realisieren. Diese stellt jedoch eine zusätzliche Schnittstelle auf dem digital vernetzten Shopfloor dar. Eine weitere Möglichkeit ist die Integration externer Wertschöpfungspartner und Kunden in die bestehende Systemlandschaft auf dem digital vernetzten Shopfloor. Insbesondere diesbezüglich sind Zugriffsrechte klar zu definieren, indem interne Mitarbeiter und externe Partner und Kunden voneinander abgegrenzt werden. Externe Wertschöpfungspartner und Kunden erhalten eingeschränkte Rechte, um sowohl den Datenschutz als auch die Datensicherheit gewährleisten zu können.

Gleichzeitig müssen Anreize gesetzt werden, um Wertschöpfungspartner und Kunden hinsichtlich der Nutzung einer Kooperations- und Kollaborationsplattform zu motivieren. Eine besondere Herausforderung stellt die Motivation der Kunden zur Nutzung einer solchen Plattform dar. Als Mehrwert sowohl für den Werkzeugbau als auch für den Kunden kann die direkte Diskussion von Kundenanforderungen und Änderungen genannt werden. Zusätzlich kann eine Kooperations- und Kollaborationsplattform mit anderen IT-Systemen gekoppelt werden, welche beispielsweise Status Updates im Sinne eines Smart Services für Kunden anbieten. Wertschöpfungspartner hingegen können mittels einer vertraglichen Vereinbarung zur Nutzung einer gemeinsamen Plattform motiviert werden. Zudem kann den Partnern ein einfacherer Zugang zur Unterstützung sowie zur Beantwortung von Fragen erläutert werden.

Neben der Bereitstellung einer gemeinsamen Plattform und der Motivation von Wertschöpfungspartnern und Kunden sind zudem rechtliche Vereinbarungen unter den Teilnehmern zu klären. Insbesondere ist zu klären, welche rechtliche Verbindlichkeit Aussagen besitzen, die im Rahmen des Netzwerks auf einer digitalen Vernetzungsplattform getroffen werden.

Nach Klärung der genannten Voraussetzungen sind zahlreiche unterschiedliche Aspekte der Kooperation und Kollaboration mit Kunden und externen Wertschöpfungspartnern umsetzbar. Dies betrifft nahezu alle Prozesse auf dem Shopfloor, beispielsweise eine integrierte Planung und Steuerung, der gemeinsame Zugriff auf CAD- und CAM-Daten, die Diskussion von Toleranzen und Fertigungsparametern oder die gemeinsame Nutzung eines Abnahmeprotokolls im Try-Out.

5.3 Strukturelement

Das Strukturelement bildet die Basis für die Digitalisierung des Shopfloors im Werkzeugbau. Es umfasst das Gestaltungselement **Digitale Plattformen**, welches nachfolgend beschrieben wird.

5.3.1 Digitale Plattformen

Der digital vernetzte Shopfloor im Werkzeugbau basiert auf der Nutzung von Informations- und Kommunikations-Technologie. Die auch cyber-physische Systeme genannten Elemente müssen grundlegend kompatibel zueinander sein und in einem Gesamtsystem miteinander interagieren können. Dies wird durch eine abgestimmte Umgebung im Rahmen von digitalen Plattformen ermöglicht. Sie stellen eine Basis dar, auf Grundlage derer cyber-physische Systeme auf dem digital vernetzten Shopfloor im Werkzeugbau integriert werden können. Dazu existieren drei Gestaltungsaspekte der digitalen Plattformen (vgl. Abbildung 104).

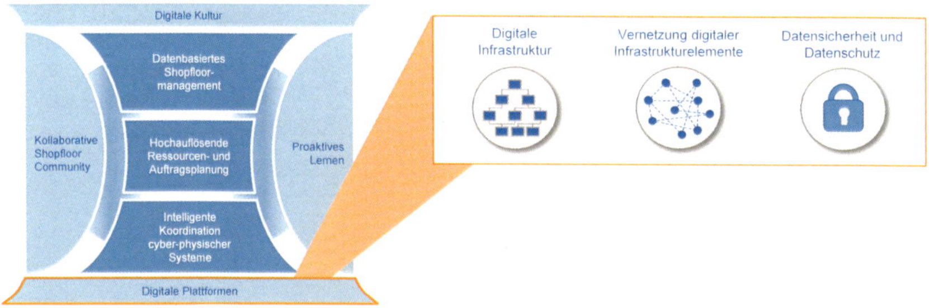

Abbildung 104: Gestaltungsaspekte digitaler Plattformen

Der erste Gestaltungsaspekt der digitalen Plattformen ist die **digitale Infrastruktur** in Form von Hardware und Software. Um die auf dem digital vernetzten Shopfloor im Werkzeugbau eingesetzten Systeme kompatibel zu gestalten, ist eine aufeinander abgestimmte Hardware und Software notwendig. Diese muss vor allem über definierte Schnittstellen und Leistungen verfügen. Auf Basis dessen kann anschließend die **Vernetzung digitaler Infrastrukturelemente** gestaltet werden. Dazu müssen die Infrastrukturelemente über entsprechende Hardware-Vernetzungselemente verfügen. Die Einbindung erfolgt anschließend mithilfe eines Client-Server-Modells auf Basis einer Service-orientierten Architektur. Die Vernetzung digitaler Infrastruktur stellt auf der einen Seite die Basis für alle anderen Gestaltungselemente des digital vernetzten Shopfloors im Werkzeugbau dar. Auf der anderen Seite steigt durch die Vernetzung unterschiedlicher Systeme die interne Komplexität der digitalen Hilfsmittel an. Die Virtualisierung des Shopfloors geht zudem einher mit der potenziellen Sichtbarkeit sensibler Daten. Die dadurch entstehenden Risiken werden im Rahmen des dritten Gestaltungsaspekts **Datensicherheit und Datenschutz** thematisiert.

Nachfolgend werden zunächst die für die Erläuterung des Gestaltungselements der digitalen Plattformen relevanten Grundlagen vorgestellt (vgl. Kapitel 5.3.1.1). Anschließend erfolgt die Darstellung der drei Gestaltungsaspekte der digitalen Plattformen (vgl. Kapitel 5.3.1.2 bis 5.3.1.4).

5.3.1.1 Grundlagen

Der Begriff Plattform beschreibt allgemein eine Ebene, ein Fundament, eine Operationsbasis oder eine Arbeitsgrundlage.[750] Demnach stellt eine Plattform eine Arbeitsgrundlage dar, auf der etwas Weiterführendes aufsetzen kann. Bezogen auf die Informations- und Kommunikationstechnik bezeichnet eine Plattform die Operationsbasis für die Entwicklung und Ausführung darauf aufsetzender Computerprogramme.[751] Diesbezüglich wird zwischen Hardware- und Software-Plattformen unterschieden.[752]

Hardware-Plattformen werden durch eine Computerarchitektur gebildet, die primär auf einer Prozessorarchitektur und auf Arbeits- und Befehlsstrukturen basiert. Beispiele für eine solche Rechnerarchitektur sind CISC (Complex Instruction Set Computing) und RISC (Reduced Instruction Set Computing), wobei CISC einen deutlich komplexeren Vorrat an Maschinenbefehlen aufweist.[753, 754] Vereinfacht dargestellt lässt sich die Hardware eines IT-Systems als die physisch greifbare vorhandene Komponente beschreiben.[755]

Im Gegensatz zur Hardware ist Software physisch nicht greifbar.[756] Software-Plattformen stellen eine Folge von zusammenhängenden und maschinenverständlichen Arbeitsanweisungen dar. Diese müssen in Verbindung mit der Hardware stehen. Software-Plattformen ermöglichen eine Verarbeitung von Daten und somit eine sinnvolle Nutzung der Hardware. Software lässt sich in Systemsoftware und Anwendungssoftware gliedern. Systemsoftware wird für Betrieb und Steuerung der Hardware benötigt und umfasst neben klassischen Betriebssystemen auch Datenbanksysteme, Netzwerksoftware und Software-Entwicklungswerkzeuge. Anwendungssoftware hingegen umfasst Programme, die den Anwender im Rahmen fachspezifischer Aufgabenstellungen unterstützen.[757]

Damit unterschiedliche Hardware- und auch verschiedene Software-Plattformen miteinander kommunizieren und infolgedessen auch interagieren können, müssen sie zueinander kompatibel sein.[758] Die Kompatibilität wird durch die Gestaltung der

---

750 Vgl. Duden (Plattform), 2015), 2016
751 Vgl. Duden (Plattform), 2015), 2016
752 Vgl. IT-Wissen (Plattform), 2016, 2016
753 Vgl. IT-Wissen (Plattform), 2016, 2016
754 Vgl. Abts & Mülder (Grundkurs Wirtschaftsinformatik), 2002, S. 35
755 Vgl. Kaier (Wegweiser), 1984, S. 2
756 Vgl. Kaier (Wegweiser), 1984, S. 2
757 Vgl. Abts & Mülder (Grundkurs Wirtschaftsinformatik), 2002, S. 53 ff.
758 Vgl. IT-Wissen (Plattform), 2016), 2016

Schnittstellen gewährleistet. Diese stellen generell Berührungspunkte zwischen verschiedenen Plattformen dar.[759]

Hardware-Schnittstellen verbinden die einzelnen Hardware-Plattformen miteinander. Dabei unterscheidet man serielle von parallelen Schnittstellen. Während serielle Schnittstellen die Daten bitweise übertragen, erlauben parallele Schnittstellen die gleichzeitige Übertragung der Bit eines Byte auf verschiedenen Datenleitungen.[760, 761] Zusätzlich zu reinen Hardware-zu-Hardware-Verbindungen werden auch die Berührungspunkte zwischen Hardware und Betriebssystem als Hardware-Schnittstelle bezeichnet.[762]

Software-Schnittstellen ermöglichen den Datenaustausch zwischen unterschiedlichen Software-Programmen.[763] Diese Programmierschnittstellen können je nach Programmiersprache, Anbieter oder Programmversion sehr große Unterschiede ausweisen und sind daher nicht immer kompatibel. Je nach Betriebssystem werden so beispielsweise unterschiedliche Versionen des gleichen Programms benötigt.[764]

Die direkte Interaktion zwischen Anwendern und dem Anwendungsprogramm wird durch Benutzungsschnittstellen sichergestellt. Anwender erteilen durch die Verwendung unterschiedlicher Medien, beispielsweise über Tastatur, Maus oder Touchscreens, Befehle, welche zur Steuerung der Software dienen. Die Ergebnisse der Datenverarbeitung werden anschließend durch ein Anwendungsprogramm auf einem Hardware-Element, beispielsweise einem Bildschirm, angezeigt.[765]

5.3.1.2 Digitale Infrastruktur

Die digitale Infrastruktur besteht aus Hardware und Software. Unterschiedliche Hard- und Software-Komponenten bilden modulare Plattform-Elemente. Die Bestandteile eines Plattform-Elements sind eine Stromversorgung, Sensorik, Aktorik, eine zentrale Recheneinheit (CPU), Speicherelemente, eine Basissoftware sowie Ein- und Ausgabeelemente (vgl. Abbildung 105).[766]

---

[759] Vgl. Gabler Wirtschaftslexikon (Schnittstelle), 2016), 2016
[760] Vgl. Abts & Mülder (Grundkurs Wirtschaftsinformatik), 2002, S. 35
[761] Vgl. Gabler Wirtschaftslexikon (Schnittstelle), 2016), 2016
[762] Vgl. Gabler Wirtschaftslexikon (Schnittstelle), 2016), 2016
[763] Vgl. Gabler Wirtschaftslexikon (Schnittstelle), 2016), 2016
[764] Vgl. IT-Wissen (Plattform), 2016), 2016
[765] Vgl. Abts & Mülder (Grundkurs Wirtschaftsinformatik), 2002, S. 62 ff.
[766] Vgl. Abts & Mülder (Grundkurs Wirtschaftsinformatik), 2002, S. 31 ff.

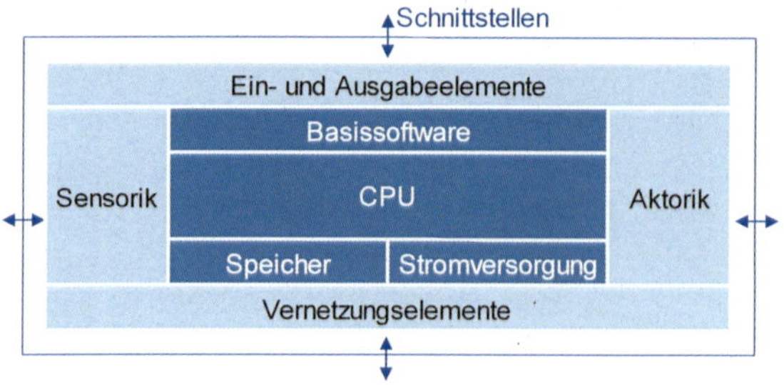

Abbildung 105: Bestandteile eines Plattform-Elements[767]

Den Kern eines Plattform-Elements stellt die zentrale Recheneinheit (CPU) dar. Sie führt Rechenprozesse aus und greift dazu auf Speichermodule zurück. Diese lassen sich in Programmspeicher, Datenspeicher und Permanentspeicher gliedern. Die von der CPU ausgeführten Rechenoperationen werden durch die Basissoftware vorgegeben. Sie kommuniziert in Maschinensprache mit der Recheneinheit und ist somit Grundvoraussetzung für die Datenverarbeitung.[768] Zusammen mit einer Form der Stromversorgung bilden die CPU, die Speicherelemente und die Basissoftware die Basis eines Plattform-Elements. Je nach Anwendungsfall können zusätzlich Sensoren, Aktoren, unterschiedliche Vernetzungselemente sowie Ein- und Ausgabeelemente Bestandteile eines Plattform-Elements sein.

Sensoren sind physische Bauteile zur Aufnahme von quantiativen und qualitativen Größen jeglicher Art. Ein Sensor besteht immer aus einem Sensorelement und einer Auswerteelektronik. Eine nicht-elektrische Eingangsgröße wird über die Auswerteelektronik in ein elektrisches verwertbares Signal gewandelt.[769] Auf dem digital vernetzten Shopfloor im Werkzeugbau wird die Sensorik vor allem als Datenquelle für die im Rahmen der Gestaltungselemente skizzierten Anwendungsfälle verwendet. Diesbezüglich ist zu beachten, dass nicht zwangsläufig dedizierte oder neue Sensorik installiert werden muss, um entsprechende Daten aufzunehmen. Häufig ist die notwendige Sensorik bereits vorhanden und muss lediglich anforderungsgerecht genutzt werden. So kann beispielsweise die Leistungsaufnahme einer Bearbeitungsmaschine Aufschluss über die Laufzeiten der Maschine geben. In der Regel verfügen die Bearbeitungsmaschinen selbst bereits über umfangreiche Sensorik, welche systematisch genutzt werden sollte. Dies umfasst beispielsweise Kraftsensorik, Lagesensorik oder Wärmesensorik. Dazu sollten übergeordnet notwendige Daten auf dem digital vernetzten Shopfloor unternehmensspezifisch bestimmt werden, um anschließend eine Festlegung notwendiger Sensorik treffen zu können.

---

767 Vgl. Abts & Mülder (Grundkurs Wirtschaftsinformatik), 2002, S. 31 ff.

768 Vgl. Kiel (Industrielle Produktion und Automatisierung), 2007, S. 48 ff.

769 Vgl. Hering (Sensoren), 2012, S. 1 f.

Aktoren führen mechanische Prozesse durch das gezielte Einbringen von Kräften aus.[770] Sie sind die Verbindungsglieder zwischen informationstechnischen Steuerungen und technischen Prozessen. Aktoren bestehen immer aus zwei wesentlichen Komponenten, dem Energiesteller und dem Energiewandler. Während der Energiesteller die unterschiedlichen Energieformen als Hilfsenergie zugeführt bekommt, werden im Energiewandler die Kräfte und Bewegungen in Signale umgeformt.[771] Aktorik kann auf dem digital vernetzten Shopfloor dazu genutzt werden, die Intelligenz cyberphysischer Systeme in die Realtität umzusetzen. Nachdem mittels geeigneter Sensorik aufgenommene Daten in einem Regelkreis verarbeitet wurden, können Aktoren zur Umsetzung der Regelungsbefehle genutzt werden. Dadurch können Prozesse ganzheitlich automatisiert werden.

Vernetzungselemente ermöglichen die Kommunikation unterschiedlicher Plattform-Elemente. Dazu kann sowohl kabelgebundene als auch kabellose Kommunikationstechnik eingesetzt werden. Insbesondere die kabellose Netzwerktechnik hat sich in den vergangenen Jahren rasant entwickelt. Während die Leistungsfähigkeit stark gestiegen ist, haben sich die Größe der Sender und Empfänger sowie die Leistungsaufnahme verringert. Durch Technologien wie WLAN (Wireless Local Area Network), Bluetooth oder RFID (Radio-Frequency Identification) lassen sich Plattform-Elemente in Netzwerke einbinden.[772]

Ein- und Ausgabeelemente sind physische Elemente, die die notwendige Mensch-Technik-Interaktion ermöglichen. Sie stellen somit das Human-Machine-Interface (HMI) dar. In den vergangenen Jahren haben sich Ein- und Ausgabeelemente von Bildschirmen und einfachen Knöpfen hin zu komplexen Systemen entwickelt, welche eine für den Menschen intuitive Steuerung der IT-Systeme ermöglichen. So werden heute bereits zahlreiche Systeme zur Steuerung per Bewegungserfassung (Touchscreens) oder Spracherkennung genutzt. Weitere Möglichkeiten sind die Blick- oder Gestenerkennung und -interpretation.[773] Auf dem digital vernetzten Shopfloor im Werkzeugbau dienen Ein- und Ausgabeelemente vor allem der anforderungsgerechten Systembedienung. Diese sollte insbesondere intuitiv erfolgen, um einen hohen Lernaufwand zu vermeiden. Der Mitarbeiter nimmt im Rahmen des digital vernetzten Shopfloors im Werkzeugbau zunehmend die Rolle des Entscheiders ein und sollte durch eine geeignete Auswahl der Ein- und Ausgabeelemente optimal bei der Systembedienung unterstützt werden.

Plattform-Elemente verfügen über ein klares Leistungsspektrum sowie definierte Schnittstellen. Dies ermöglicht den kombinierten Einsatz der unterschiedlichen Sys-

[770] Vgl. Kiel (Industrielle Produktion und Automatisierung), 2007, S. 48
[771] Vgl. Roddeck (Mechatronik), 2003, S. 194
[772] Vgl. Mattern (Technische Basis), 2005, S. 48 ff.
[773] Vgl. Peissner & Hipp (Mensch-Technik-Interaktion), 2013, S. 36 f.

teme ohne signifikante Medienbrüche. Das Ziel ist eine möglichst durchgängige Vernetzung der Systeme.

Die Plattform-Elemente werden durch den Einsatz von Anwendungssoftware nutzbar. Hinsichtlich dieser kann zwischen umfassenden Anwendungssoftware-Systemen und dedizierter Software für eine spezifische Aufgabe unterschieden werden. Komplexe Anwendungssoftware-Systeme greifen auf unterschiedliche Plattform-Elemente zu und erfüllen komplexe Aufgaben. Ein Beispiel sind Produktionsplanungs- und -steuerungssysteme. Dedizierte Softwaresysteme hingegen lösen ein spezifisches Anwendungsproblem und greifen dazu auf wenige oder sogar nur ein Plattform-Element zu. Als Beispiel können in diesem Zusammenhang Applikationen auf mobilen Endgeräten (sog. Apps) genannt werden, die häufig einen sehr beschränkten Zweck besitzen.

Deutsche Werkzeugbaubetriebe nutzen derzeit vor allem folgende Anwendungssoftware-Systeme (vgl. Kapitel 2.2.3.2):[774]

- Finanz- und Buchhaltungs-Systeme
- Kalkulations-Systeme
- Customer-Relation-Management-Systeme (CRM)
- Computer-Aided-Manufacturing-Systeme (CAM)
- Computer-Aided-Design-Systeme (CAD)
- Enterprise-Ressource-Planning-Systeme (ERP)
- Produktionsplanungs- und -steuerungssysteme (PPS)
- Product-Lifecycle-Management-Systeme (PLM)
- Betriebsdatenerfassungssysteme (BDE)

Insbesondere in kleinen Werkzeugbaubetrieben werden häufig zusätzlich oder ersetzend individuelle und selbst entwickelte Excel- oder Access-Lösungen eingesetzt. [775]

Auf dem digital vernetzten Shopfloor im Werkzeugbau wird zudem Software zur Datenanalyse und Dateninterpretation eingesetzt. Diese wird aufgrund der kollaborativen Shopfloor-Community ergänzt durch Kooperations- und Kollaborationssoftware.

5.3.1.3 Vernetzung digitaler Infrastrukturelemente

Die Vernetzung digitaler Infrastrukturelemente auf dem Shopfloor im Werkzeugbau ermöglicht die Umsetzung eines virtuellen Abbilds der realen Fertigungsstruktur (vgl. Kapitel 5.1.3.4). Dieses spiegelt die reale, physische Welt in der Welt der Informati-

[774] Vgl. Gemeinsame Datenbank des Werkzeugmaschinenlabors WZL der RWTH Aachen und des Fraunhofer-Instituts für Produktionstechnologie IPT, Stand Mai 2016)

[775] Vgl. Gemeinsame Datenbank des Werkzeugmaschinenlabors WZL der RWTH Aachen und des Fraunhofer-Instituts für Produktionstechnologie IPT, Stand Mai 2016)

onstechnologie wider und bildet alle Elemente des Shopfloors virtuell ab. Für jedes relevante Objekt auf dem Shopfloor, beispielsweise eine Maschine oder ein Bearbeitungswerkzeug, existiert demnach ein Objekt auf dem virtuellen Shopfloor. Veränderungen in der realen Welt, beispielsweise eine Bestandsveränderung im Materiallager oder eine Veränderung der Restlaufzeit eines Bearbeitungswerkzeugs, werden echtzeitnah auch im virtuellen Abbild nachvollzogen.[776]

Die virtuelle Abbildung der Realität dient zum einen der Simulation von Veränderungen. Dadurch können die Auswirkungen einer Entscheidung echtzeit- und realitätsnah abgeschätzt werden. Zum anderen können Zusammenhänge ermittelt und visualisiert werden. Dafür kann spezielle Data Analytics Software eingesetzt werden (vgl. Kapitel 5.2.2). Zusätzlich ermöglicht das virtuelle Abbild aller Objekte die übergreifende Kommunikation der Objekte untereinander. Dadurch wird die Regelung von Prozessen ermöglicht, beispielsweise die automatisierte Nachbestellung von Material bei Unterschreiten einer bestimmten Mindestmaterialmenge.

Die Voraussetzung der Abbildung realer Objekte auf dem virtuellen Shopfloor im Werkzeugbau ist zum einen die physische Einbindung der Plattform-Elemente in ein Netzwerk (vgl. Abbildung 106). Dazu müssen die einzubindenden Plattform-Elemente über entsprechende Hardware-Vernetzungselemente verfügen. Die Einbindung erfolgt anschließend mithilfe eines Client-Server-Modells. Dies stellt ein grundlegendes Architekturmodell der Software-Integration dar. Der Grundgedanke des Modells ist die Trennung zwischen einem oder mehreren Servern sowie mehreren Clients. Clients kommunizieren mithilfe von Anfragen mit einem Server. Dieser nimmt Anfragen entgegen, verarbeitet diese und sendet Antworten zurück.[777]

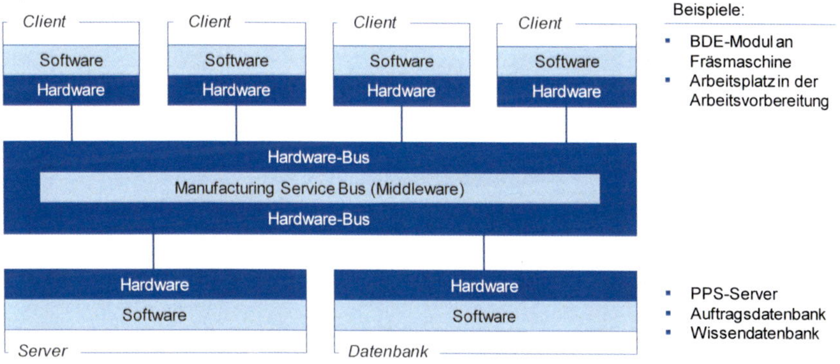

Abbildung 106: Vernetzung digitaler Infrastrukturelemente

[776] Vgl. Amberg (Cyber-physische Systeme), 2015, S. 44 f.

[777] Vgl. Abts & Mülder (Grundkurs Wirtschaftsinformatik), 2002, S. 50 f.

Aufgrund der Heterogenität der Softwarekomponenten auf dem Shopfloor im Werkzeugbau sowie der damit einhergehenden Unterschiede der Dienste, welche auf Clients und Servern miteinander kommunizieren, wird zusätzlich sogenannte Middleware eingesetzt. Diese vermittelt zwischen unterschiedlicher Anwendersoftware und den entsprechenden Hardware- und Softwarekomponenten. Die Vermittlung erfolgt durch die Bereitstellung von Software-unabhängigen Diensten.[778] Die Untergliederung der Softwarekomponenten in Dienste entspricht einer Service-orientierten Architektur. Unter dieser wird eine IT-Systemarchitektur verstanden, „die vielfältige, verschiedene und eventuell inkompatible Methoden oder Applikationen als wiederverwendbare und offen zugreifbare Dienste repräsentiert und dadurch eine plattform- und sprachenunabhängige Nutzung und Wiederverwendung ermöglicht“[779]. Ein Dienst ist in diesem Zusammenhang eine Softwarekomponente, welche lokal oder über ein Netzwerk genutzt werden kann. Dazu müssen die Leistungen der Komponente in einer sogenannten Service Description in maschinenlesbarer Form beschrieben werden. Zudem müssen die Schnittstellen der Softwarekomponente klar definiert sein. Durch die Veröffentlichung aller verfügbaren Services eines Gesamtsystems in einem Dienstverzeichnis können Dienstnutzer, also auch andere Softwarekomponenten, nach Diensten suchen und diese verwenden. Eine Service-orientierte Architektur stellt also eine Strukturierung und Gestaltung vernetzter Softwarekomponenten dar, welche durch offene Standards, definierte Leistungen und Schnittstellen sowie ein zentrales Dienstverzeichnis das Zusammenwirken aller Komponenten im Gesamtsystem ermöglicht.[780]

Zur Umsetzung einer Service-orientierten Architektur im Werkzeugbau werden bestehende Programme als Services zur Verfügung gestellt. Dadurch kann die bestehende Infrastruktur verwendet werden. Eine beschriebene Middleware dient als Integrationsschicht zwischen den durch die Softwarekomponenten zur Verfügung gestellten Diensten. Diese Integrationsschicht kann durch einen Enterprise Service Bus gewährleistet werden.[781] Dazu stellt diese Software Routing- und Transformationsdienste zur Verfügung und standardisiert dadurch den Datenaustausch der von Softwarekomponenten bereitgestellten Dienste.[782] Ein speziell an die Bedürfnisse der produzierenden Industrie angepasster Enterprise Service Bus ist der Manufacturing Service Bus, welcher die Kommunikation von Diensten produktionsspezifischer Softwarekomponenten ermöglicht (vgl. auch Kapitel 3.2.6). Der Manufacturing Service Bus ermöglicht zudem die Integration föderativer Datenbanken.[783]

---

[778] Vgl. Ruh et al. (Enterprise application integration), 2001, S. 2 f.

[779] Vgl. Melzer (Service-orientierte Architekturen), 2010, S. 13

[780] Vgl. Melzer (Service-orientierte Architekturen), 2010, S. 13 ff.

[781] Vgl. Percival (Enterprise Bus), 2006

[782] Vgl. Chappell (Enterprise service bus), 2004, S. 1

[783] Vgl. Diemer (Industrie 4.0-Plattformen), 2014, S. 373 f.

Die Vernetzung der Infrastrukturelemente mithilfe eines Manufacturing Service Bus ermöglicht übergreifenden Zugriff von Diensten auf Daten. Dadurch kann die Widerspruchsfreiheit von Daten im Sinne des Prinzips „Single Source of Truth" (vgl. Kapitel 5.1.1.2) gewährleistet werden.

5.3.1.4 Datensicherheit und Datenschutz

Neben den zahlreichen Chancen, die der vernetzte Einsatz digitaler Systeme auf dem Shopfloor im Werkzeugbau bietet, existieren zu adressierende Risiken. Zum einen steigt durch die Vernetzung unterschiedlicher Systeme die interne Komplexität der digitalen Hilfsmittel an. Die Virtualisierung des Shopfloors und die zunehmende Datentransparenz gehen zudem einher mit dem Risiko der Sichtbarkeit sensibler Daten. Die sich durch die Nutzung digitaler vernetzter Systeme ergebenden Hauptrisiken lassen sich zum einen in das Risiko einer Funktionsstörung und zum anderen in Risiken hinsichtlich der Verletzung von Rechten gliedern.

Das Risiko einer **Funktionsstörung** eines vernetzten digitalen Systems ist vor allem durch seine innere Komplexität begründet. Die Vielzahl der Komponenten und Schnittstellen bietet ein hohes Potenzial sowohl hinsichtlich der Fehlbedienung des Systems als auch der Fehlfunktion eines korrekt bedienten Systems. Zum einen kann es zu Datenverlusten kommen. Durch Fehlbedienung können diese beispielsweise durch unbeabsichtigtes Löschen von Datensätzen entstehen. Ebenso kann defekte Hard- oder Software für einen Datenverlust verantwortlich sein. Auf der anderen Seite kann es zu Funktionsstörungen durch Dateninkonsistenzen kommen. Sind beispielsweise widersprüchliche Datensätze vorhanden, kann die einwandfreie Funktion des Systems nicht mehr gewährleistet werden.

Das Risiko der **Verletzung von Rechten** stellt einen Überbegriff für die Verletzung von Persönlichkeitsrechten von Mitarbeitern auf dem Shopfloor sowie für die Verletzung von Besitzrechten des Werkzeugbaus an Daten und Informationen dar. Die digitale Vernetzung des Shopfloors geht mit einer weitgehenden Transparenz einher, welche in Teilen persönliche Rechte der Mitarbeiter verletzten kann. Die auf dem Shopfloor erhobenen Daten lassen eine nahezu lückenlose Überwachung einzelner Mitarbeiter zu. Insbesondere Zeiterfassungsdaten, Rückmeldedaten eines ERP-Systems oder Qualitätsdaten einzelner Fertigungsaufträge lassen beispielsweise eine Bewertung einzelner Mitarbeiter über lange Zeiträume hinweg zu. Der Arbeitgeber hat jedoch die rechtliche Pflicht, die Persönlichkeit der Arbeitnehmer zu achten und zu schützen. Da die erhobenen Daten gleichzeitig zur Steigerung der Effizienz auf dem Shopfloor dienen können, stellt die Erhebung und Auswertung von mitarbeiterbezogenen Daten auf dem Shopfloor stets ein Risiko dar.[784] Die erhobenen Daten

[784] Vgl. Mollet (Überwachung), 2008, S. 26

können auf der anderen Seite wertvoll für Externe sein. Der Shopfloor im Werkzeugbau ist häufig geprägt durch spezifische Fertigungskompetenz, welche sich datengestützt nachvollziehen lässt. Zudem handelt es sich bei den Produkt- und Werkzeugparametern und -daten häufig um geheime Informationen. Sensible Daten und Informationen auf dem Shopfloor liegen digital vor und können in einem vernetzten System dem Zugriff Externer unterliegen. Dies birgt das Risiko eines Daten- oder Informationsdiebstahls.

Die Ursachen für die genannten Risiken sind vielfältig. Zum einen können die verwendeten digitalen vernetzten IT-Systeme auf dem Shopfloor falsch ausgelegt sein und so beispielsweise Sicherheitslücken aufweisen. Zum anderen kann eine hardware- oder softwareseitige Fehlfunktion des Systems vorliegen. Die dritte Hauptursache für die genannten Risiken stellt eine Fehlbedienung der Systeme durch Mitarbeiter dar, beispielsweise das unbeabsichtigte Löschen von Datensätzen. Eine weitere Ursache für das Eintreten der genannten Risiken kann ein absichtlich herbeigeführter Schaden sein, beispielsweise durch eine induzierte Schadsoftware, welche Informationen ausspioniert oder Datensätze unbrauchbar macht.

Um den genannten Risiken zu begegnen und eine weitestmögliche Datensicherheit und einen bestmöglichen Datenschutz sicherzustellen, sind diese sowohl bei der Auslegung als auch während des Betriebs der digitalen vernetzten Systeme zu berücksichtigen. DIEMER bezeichnet die beiden Ansatzpunkte als „Security by Design" und „Security Governance".[785] In diesem Rahmen ist beispielsweise eine strukturierte Risikoanalyse zur Identifikation von potenziellen Schwachstellen in bestehenden und geplanten digitalen und vernetzten Systemen durchzuführen. Die tendenziell geringe Mitarbeiterzahl im Werkzeugbau führt häufig dazu, dass kein Verantwortlicher für die IT-Systeme benannt wird. Die Vorhaltung von dedizierten Kapazitäten für die Verwaltung und Wartung von IT-Systemen sollte jedoch vorgenommen werden, um klare Verantwortungen zu schaffen und ein professionelles Risikomanagement umsetzen zu können. Insbesondere der Schutz der Besitzrechte an Daten und Informationen bedarf einer klaren Verantwortlichkeit im Unternehmen. Der Einsatz von Mitarbeiterprofilen sowie die Definition von Rollen und Rechten lassen eine anforderungsgerechte Zugriffssteuerung zu sensiblen Daten und Informationen zu und gewährleisten gleichzeitig die Nachvollziehbarkeit des Zugriffs sowie der Verwendung von Daten und Informationen. Diesbezüglich sollte jeder Nutzer die kleinste Menge an Rechten erhalten, welche zur Erfüllung seiner Aufgaben notwendig sind.[786, 787]

Zur kontinuierlichen Minimierung der genannten Risiken während des Betriebs der Systeme sollten internationale und nationale Normen wie beispielsweise ISO 27001

[785] Vgl. Diemer (Industrie 4.0-Plattformen), 2014, S. 387
[786] Vgl. Diemer (Industrie 4.0-Plattformen), 2014, S. 386
[787] Vgl. Kriha & Schmitz (Sichere Systeme), 2009, S. 98 ff.

oder BSI-Standard 100-1 angewendet werden.[788] Die eingesetzten IT-Systeme sind regelmäßig zu aktualisieren, um erkannte Sicherheits- und Funktionsmängel direkt zu beheben. Datenverlusten und Dateninkonsistenzen kann mithilfe von Backup-Lösungen entgegengewirkt werden. Dateninkonsistenzen werden zudem durch das Prinzip der Single Source of Truth (vgl. Kapitel 5.1.1.2) weitestgehend vermieden. Sensible Daten sollten zudem verschlüsselt übermittelt werden.

Zusätzlich zu allen Maßnahmen ist eine ausreichende Information und Schulung der Mitarbeiter zu beachten. Die genannten Risiken sind den Mitarbeitern gegenüber transparent darzustellen, um eine entsprechende Sensibilisierung zu erreichen.

5.4 Wechselwirkungen der Gestaltungselemente

Im Rahmen der Kapitel 5.1, 5.2 und 5.3 wurden die sieben Gestaltungselemente des Gestaltungsmodells für den digital vernetzten Shopfloor im Werkzeugbau detailliert. Die Gestaltungselemente sind jedoch nicht isoliert zu betrachten. Es existieren sowohl Wechselwirkungen zwischen den dargestellten Gestaltungselementen als auch Beziehungen zu anderen Bereichen des Werkzeugbaus und der Außenwelt.

Die Aktivitätselemente Datenbasiertes Shopfloormanagement, Hochauflösende Ressourcen- und Auftragsplanung und Intelligente Koordination cyber-physischer Systeme stellen den Kern des Gestaltungsmodells dar. Durch diese Elemente wird die konkrete Bearbeitung von Aufträgen thematisiert und unterstützt. Die erforderliche Datenaufnahme erfolgt insbesondere im Rahmen der **Intelligenten Koordination cyber-physischer Systeme**. Diese Daten sind die Grundlage für alle anderen definierten Gestaltungselemente. Das Aktivitätselement **Hochauflösende Ressourcen- und Auftragsplanung** nutzt die im Rahmen des Gestaltungselements Intelligente Koordination cyber-physischer Systeme beschriebene Datenaufnahme. Wechselwirkungen bestehen vor allem mit dem Gestaltungselement Datenbasiertes Shopfloormanagement, da im Rahmen dessen die Koordination der Planung durch die Mitarbeiter beschrieben wird. Das Aktivitätselement **Datenbasiertes Shopfloormanagement** thematisiert einen großen Teil der direkten Schnittstellen zwischen den IT-Systemen und den Mitarbeitern. Aus diesem Grund existieren Wechselwirkungen zu allen anderen Gestaltungselementen. Die hinsichtlich des Elements Digitale Kultur beschriebenen Faktoren haben einen hohen Einfluss auf die Wirksamkeit des Shopfloormanagements. Die Ergebnisse des Proaktiven Lernens werden im Rahmen des Datenbasierten Shop-floormanagements umgesetzt. Zudem hat das Shopfloormanagement direkten Einfluss auf die Kollaborative Shopfloor Community.

[788] Vgl. Diemer (Industrie 4.0-Plattformen), 2014, S. 386

Das Verhaltenselement **Digitale Kultur** beschreibt die Instrumente zur Begeisterung der Mitarbeiter sowie die Gestaltung eines Verhaltenskodex. Aus diesem Grund bestehen insbesondere starke Wechselwirkungen zu den Aktivitätselementen Datenbasiertes Shopfloormanagement und Intelligente Koordination cyber-physischer Systeme. Zu den Verhaltenselementen Kollaborative Shopfloor Community und Proaktives Lernen bestehen jedoch direkte Beziehungen. Das Verhaltenselement **Kollaborative Shopfloor Community** thematisiert das kooperative und kollaborative Zusammenwirken der Mitarbeiter. Aus diesem Grund bestehen insbesondere starke Wechselwirkungen zu den drei Aktivitätselementen bezüglich der Auftragsbearbeitung auf dem Shopfloor. Aber auch hinsichtlich des Proaktiven Lernens bestehen Beziehungen, da viele Lernerfolge durch die Zusammenarbeit der Mitarbeiter erreicht werden. Zwischen den Aktivitätselementen und dem Verhaltenselement **Proaktives Lernen** bestehen ebenfalls starke Wechselwirkungen. Sowohl organisationale als auch individuelle Lernerfolge basieren auf der Auftragsbearbeitung auf dem Shopfloor. Die im Rahmen der Intelligenten Koordination cyber-physischer Systeme generierten Daten ermöglichen die Ableitung von Erkenntnissen und damit das Lernen. Das **Strukturelement** Digitale Plattformen stellt die Basis des Gestaltungselements dar. Es beschreibt die erforderliche Infrastruktur und thematisiert dessen Nutzung. Da alle Gestaltungselemente auf die digitale Infrastruktur angewiesen sind, bestehen starke Beziehungen zu allen anderen Gestaltungselementen. Neben den Wechselwirkungen zwischen den verschiedenen Gestaltungselementen bestehen zudem Beziehungen mit anderen Bereichen des Werkzeugbaus und der Außenwelt. Diese sind nachfolgend in Abbildung 107 dargestellt.

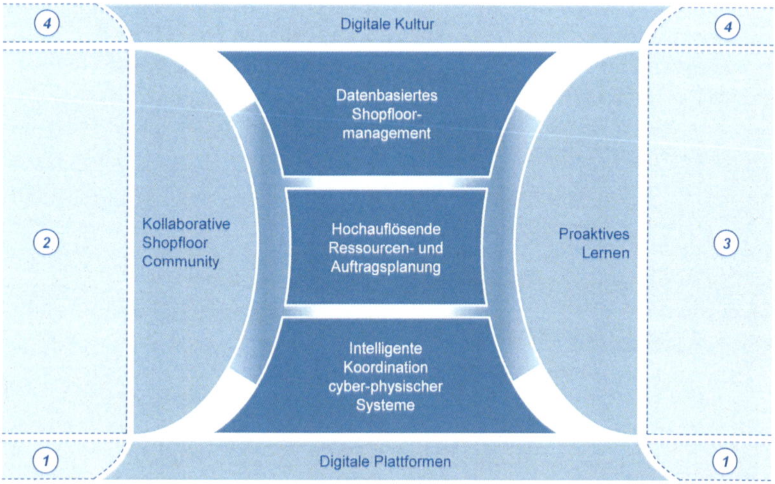

Abbildung 107: Wechselwirkungen zwischen den Gestaltungselementen und anderen Unternehmensbereichen

Die im Rahmen des Strukturelements **Digitale Plattformen** beschriebene Infrastruktur wurde für den digital vernetzten Shopfloor definiert. Die Infrastruktur auf dem Shopfloor steht jedoch im direkten Zusammenhang mit der Infrastruktur, die im restlichen Unternehmen eingesetzt wird. Deshalb besteht eine Wechselwirkung zwischen der bestehenden Infrastruktur und dem Gestaltungselement Digitale Plattformen auf dem Shopfloor (siehe (1)).

Das Verhaltenselement **Kollaborative Shopfloor Community** steht in direkter Beziehung zu Communities außerhalb des Shopfloors (siehe (2)). Je nach Unternehmensgröße kann beispielsweise die Bildung einer Community für das gesamte Unternehmen sinnvoll sein. Dies ermöglicht die Bildung von Teil-Communities zur Kollaboration und Kooperation im gesamten Unternehmen oder einem Unternehmensteil.

Im Rahmen des Verhaltenselements **Proaktives Lernen** wurde das organisationale Lernen beschrieben. Dieses lässt sich auch auf Unternehmensteilbereiche oder das Gesamtunternehmen ausweiten. Zudem können zur Gewinnung von Erkenntnissen auf dem Shopfloor nicht nur Daten des Shopfloors, sondern auch Daten aus anderen Unternehmensbereichen genutzt werden. Aus diesem Grund steht das Verhaltenselement Proaktives Lernen in direkter Beziehung zu anderen Unternehmensbereichen (siehe (3)).

Das Verhaltenselement **Digitale Kultur** thematisiert die Unternehmenskultur auf dem Shopfloor. Diese steht im direkten Zusammenhang mit der Kultur des Gesamtunternehmens oder zumindest eines übergeordneten Teilbereichs des Unternehmens. Das Gestaltungselement Digitale Kultur besitzt deshalb direkte Beziehungen zur Gestaltung einer übergeordneten Kultur des Unternehmens oder eines Teilbereichs dessen (siehe (4)).

6 Fallbeispiele und kritische Reflexion

Im Anschluss an die Detaillierung der Gestaltungselemente wird nachfolgend das Gestaltungsmodell für den digital vernetzten Shopfloor im Werkzeugbau validiert. Dazu wird der entwickelte Ansatz im Anwendungszusammenhang überprüft. Diese Vorgehensweise entspricht dem Forschungsprozess für angewandte Forschung nach ULRICH.[789]

Die Validierung erfolgt anhand von zwei Fallbeispielen. Dazu wird das Gestaltungsmodell am Beispiel von zwei für die Branche repräsentativen Werkzeugbaubetrieben angewendet. Beide Fallbeispiele adressieren aufgrund der Komplexität der ganzheitlichen Anwendung des Gestaltungsmodells jeweils unterschiedliche Aspekte des Gestaltungsmodells. Im Rahmen des ersten Fallbeispiels, des internen Werkzeugbaus der AUDI AG am Standort Ingolstadt, liegt der Fokus auf der digitalen Kultur, den digitalen Plattformen, der hochauflösenden Ressourcen- und Auftragsplanung sowie der intelligenten Koordination cyber-physischer Systeme. Die Beschreibung des Fallbeispiels der OPUS Formenbau GmbH fokussiert auf das proaktive Lernen, die kollaborative Shopfloor Community sowie das datenbasierte Shopfloormanagement.

6.1 Fallbeispiel: AUDI AG

Die AUDI AG ist ein Automobilhersteller im Premiumsegment des Volkswagen Konzerns. Zum Audi-Konzern zählen die Automobilmarken Audi und Lamborghini sowie die Motorradmarke Ducati.[790] Die AUDI AG erwirtschaftete 2015 einen Umsatz von 58,4 Mrd. Euro mit insgesamt rund 82.000 Mitarbeitern.[791] Der Hauptsitz der AUDI AG ist Ingolstadt, wo sich neben der technischen Entwicklung, dem Vertrieb und der Verwaltung ein großer Teil der Produktion befindet.[792]

Der Autor hat im Rahmen seiner Tätigkeit als wissenschaftlicher Mitarbeiter ein bilaterales Projekt mit dem Audi Werkzeugbau am Standort Ingolstadt durchgeführt. Im Rahmen dieses Projekts wurde die Gestaltung der digitalen vernetzten Wertschöpfung auf dem Shopfloor im Werkzeugbau adressiert.

---

[789] Vgl. Ulrich (Management), 1984, S. 193
[790] Vgl. AUDI AG (Audi auf einen Blick), 2016
[791] Vgl. AUDI AG (Audi Geschäftsbericht 2015), 2015, S. 144 ff.
[792] Vgl. AUDI AG (Audi auf einen Blick), 2016

6.1.1 Ausgangssituation

Zentraler Bestandteil des Geschäftsbereichs Produktion der AUDI AG ist die 1993 gegründete Sparte Werkzeugbau. Diese unterstützt die komplette Kette der Blechteileherstellung, von der frühen Design-Beratung über die Erstellung von Karosseriewerkzeugen bis hin zum Anlagenbau und deren Inbetriebnahme. Als Kernkompetenz des Audi Werkzeugbaus gilt die Herstellung von Werkzeugen zur Fertigung von PKW-Außenhautteilen mit höchsten Oberflächenanforderungen und schwer zu verarbeitenden Strukturteilen, beispielsweise pressgehärteten Umformteilen. Die Sparte Werkzeugbau beliefert sowohl die AUDI AG als auch andere Marken des Volkswagen-Konzerns mit Umformwerkzeugen und Fertigungsanlagen. An den aktuell fünf Werkzeugbau-Standorten Ingolstadt, Neckarsulm, Martorell (Spanien), Györ (Ungarn) und Peking (China) beschäftigt Audi derzeit mehr als 2.000 Mitarbeiter.[793] Der größte Anteil der Werkzeuge wird am Standort Ingolstadt auf rund 37.000m^2 Produktionsfläche mit ca. 980 Mitarbeitern gefertigt.

Der Shopfloor des Audi Werkzeugbaus am Standort Ingolstadt ist grob in die drei Bereiche mechanische Fertigung, Aufbau/Neubau und Try-Out gegliedert. Im Rahmen der mechanischen Fertigung werden Komponenten für Werkzeuge gefertigt. Diese werden, gemeinsam mit extern zugekauften Komponenten, im Aufbau/Neubau montiert. Anschließend erfolgt die Erprobung und Einarbeitung der Werkzeuge im Bereich Try-Out.

6.1.2 Anwendung

Die Beschreibung der Anwendung des Gestaltungsmodells ist anhand der Gestaltungselemente des entwickelten Gestaltungsmodells gegliedert. Der Fokus der Beschreibung der Anwendung im Audi Werkzeugbau am Standort Ingolstadt liegt auf der digitalen Kultur, den digitalen Plattformen, der intelligenten Koordination cyberphysischer Systeme sowie der hochauflösenden Ressourcen- und Auftragsplanung.

Der Audi Werkzeugbau am Standort Ingolstadt verfügt über eine ausgeprägte **digitale Kultur**. Der Werkzeugbau hat eine transparent kommunizierte strategische Ausrichtung hin zu einem digital vernetzten Shopfloor sowie einer durchgängigen virtuellen Prozesskette. Der Werkzeugbau gilt im Konzern als Vorreiter auf dem Weg zur intelligenten vernetzten Fabrik. Die strategische Positionierung wird im Geschäfsbericht der AUDI AG formuliert[794] und ist allen Mitarbeitern auf dem Shopfloor bekannt. Durch die klare Ausrichtung und Kommunikation werden die Mitarbeiter für die digitale Vernetzung begeistert. Verstärkt wird diese Begeisterung durch die Teilnahme an unternehmensinternen sowie unternehmensübergreifenden Wettbewerben, wie bei-

[793] Vgl. werkzeug & formenbau (Werkzeugbau 2015), 2015

[794] Vgl. AUDI AG (Audi Geschäftsbericht 2015), 2015, S. 42

spielsweise dem Wettbewerb „Excellence in Production“ zum Werkzeugbau des Jahres. Die in diesem Rahmen erzielten Erfolge, die in hohem Maße auf die fortschrittliche digitale Vernetzung des Shopfloors zurückzuführen sind, begeistern und motivieren die Mitarbeiter zusätzlich. Die Maßnahmen zur digitalen Vernetzung werden im Audi Werkzeugbau am Standort Ingolstadt zudem durch interne Projekte organisiert, welche von unterschiedlichen Mitarbeitern umgesetzt werden. Der partizipative Ansatz lässt die Mitarbeiter an den Entwicklungen mitwirken. Diese Mitarbeit motiviert und begeistert ebenfalls für die digitale Vernetzung des Arbeitsumfelds der Mitarbeiter.

Zur Umsetzung der digitalen Vernetzung auf dem Shopfloor werden im Werkzeugbau **digitale Plattformen** eingesetzt. Derzeit erfolgen umfangreiche Schritte zur Modularisierung der Software im Audi Werkzeugbau am Standort Ingolstadt. Im Rahmen der Einführung von PSI Penta werden zahlreiche Einzellösungen zur Betriebsdatenerfassung, zur Auftragsplanung und -steuerung sowie zur Ressourcenplanung abgelöst und durch integrative Software-Module ersetzt. Dies verbessert die Transparenz hinsichtlich der Schnittstellen und der vorhandenen Datenströme. Zudem werden Kompatibilitätsprobleme hinsichtlich unterschiedlicher Softwareversionen und manuelle Datenpflegeaufwände eliminiert. Zusätzlich wird der Einsatz unabhängiger Excel-Lösungen reduziert. Der nächste Schritt im Audi Werkzeugbau ist der Einsatz modularer Hardware auf dem Shopfloor. Dazu werden bereits erste Pilotanwendungen eingesetzt, wie zum Beispiel Augmented Reality Anwendungen zur Qualitätskontrolle auf vernetzten Tablet-Computern.

Der Audi Werkzeugbau am Standort Ingolstadt verfügt über umfangreiche Anwendungen zur **intelligenten Koordination cyber-physischer Systeme**. Im Mittelpunkt der Entwicklung neuer Lösungen steht die umfassende Prozess- und Ergebnisvirtualisierung. Dazu werden stetig mehr Elemente der Prozesskette in das digitale Netzwerk eingebunden. Bereits heute besteht Kenntnis über den gesamten „Lebenslauf“ eines Bauteils. Derzeit wird daran gearbeitet, auch Bauteilpositionen auf dem Shopfloor digital zu dokumentieren. Ein weiteres internes Projekt ist die Entwicklung einer Trendprognose für den Anfertigungsfortschritt. Die Aggregation von Informationen des Mitarbeiters sowie von Maschinendaten soll eine möglichst genaue Prognose der Restlaufzeit von NC-Programmen auf Bearbeitungsmaschinen ermöglichen. Diese Daten werden für die hochauflösende Ressourcen- und Auftragsplanung benötigt. Weitere Anwendungen zur intelligenten Koordination cyber-physischer Systeme sind eine zentrale Werkzeugdatenverwaltung sowie eine intelligente Werkzeuganalyse.

Ein weiterer Baustein zur digitalen Vernetzung des Shopfloors im Audi Werkzeugbau am Standort Ingolstadt ist die **hochauflösende Ressourcen- und Auftragsplanung.** Die Datenerfassung erfolgt bereits heute weitestgehend automatisch. Dazu wird ein BDE-System zur hochauflösenden Rückmeldung von Bearbeitungszeiten und -status eingesetzt. Um die Planung einzelner Arbeitsgänge zu automatisieren, existieren interne Projekte zur Umsetzung einer adaptiven Feinplanung. In Zusammenarbeit mit PSI wird das bestehende System PSI Penta befähigt, den Mitarbeitern Umplanungsvorschläge zu unterbreiten, um diese bestmöglich zu unterstützen. Basis dessen ist eine kontinuierliche Bewertung von Aufwänden und Bearbeitungszeiten hinsichtlich der eingeplanten Fertigungsaufträge und -vorgänge. Ziel der hochauflösenden Ressourcen- und Auftragsplanung ist die Erschließung weiterer Flexibilisierungspotenziale, um schneller auf sich verändernde Rahmenbedingungen reagieren zu können. So soll zusätzliche Agilität gewonnen werden, um beispielsweise veränderte Kundenanforderungen umsetzen zu können.

Im Rahmen eines gemeinsamen Projekts mit dem Audi Werkzeugbau am Standort Ingolstadt wurden einzelne interne Projekte zur digitalen Vernetzung des Shopfloors synchronisiert. Zudem wurden Lösungsvorschläge zur Flexibilisierung der derzeit getakteten Synchronfertigung unter Einsatz digitaler Hilfsmittel erarbeitet.

6.1.3 Fazit

Im Audi Werkzeugbau am Standort Ingolstadt werden zahlreiche Lösungen zur digitalen Vernetzung auf dem Shopfloor umgesetzt. Der Fokus der Anwendung der im Rahmen dieser Arbeit entwickelten Gestaltungselemente liegt derzeit auf der digitalen Kultur, den digitalen Plattformen, der intelligenten Koordination cyber-physischer Systeme sowie der hochauflösenden Ressourcen- und Auftragsplanung. Durch die Entwicklung von konkreten Lösungen bezüglich dieser Gestaltungselemente konnten im Audi Werkzeugbau bereits zahlreiche Potenziale zur Effizienzsteigerung sowie Flexibilisierung erzielt werden. Weitere Potenziale bestehen vor allem in der Umsetzung des proaktiven Lernens, der kollaborativen Shopfloor Community sowie des datenbasierten Shopfloormanagements.

6.2 Fallbeispiel: OPUS Formenbau GmbH

Die OPUS Formenbau GmbH ist ein externer Werkzeugbau mit ca. 40 Mitarbeitern. Das Unternehmen entwickelt und fertigt Spritzgieß- und Vulkationsationswerkzeuge für die Automobilindustrie. Die Werkzeuge werden zur Herstellung von Karosseriedichtungen, Glasumspritzungen und Mehrkomponentensystemen verwendet.[795]

Der Autor hat im Rahmen seiner Tätigkeit als wissenschaftlicher Mitarbeiter ein bilaterales Projekt mit der OPUS Formenbau GmbH durchgeführt. Im Rahmen dieses Projekts wurde die Gestaltung der digital vernetzten Wertschöpfung auf dem Shopfloor im Werkzeugbau adressiert.

---

[795] Vgl. Fraunhofer-Institut für Produktionstechnologie (Werkzeugbau des Jahres 2014), 2014

6.2.1 Ausgangssituation

Die technische Kernkompetenz der OPUS Formenbau GmbH besteht in der Fertigung von Werkzeugen, mit denen elastomere Materialien wie beispielsweise EPDM und TPE zu Produkten für den Bereich Fahrzeugabdichtungen verarbeitet werden. Dazu gehören vor allem Fensterführungen sowie Cabrio- und Coupé-Dichtsysteme. Zum Leistungsspektrum zählen sowohl einfach aufgebaute Prototypen-Werkzeuge aus Aluminium als auch voll kinematisierte und prozessintegrierte Serienwerkzeuge.

Zu den Erfolgsfaktoren der OPUS Formenbau GmbH zählt ein mit modernsten Maschinen ausgestatteter Shopfloor mit hohem Automatisierungsgrad. Gleichzeitig sind hoch qualifizierte Fachkräfte für eine hohe Effizienz der Leistungserstellung verantwortlich. Zudem sichert ein umfangreiches Know-how der Mitarbeiter die Möglichkeit, Kunden in allen Projektphasen von der Produktentstehung bis zum Serienanlauf ganzheitlich zu unterstützen.

Im Jahr 2015 ist die OPUS Formenbau GmbH in ein neues Gebäude umgezogen und hat in diesem Zuge eine vollumfängliche Neugestaltung des Shopfloors vollzogen. Diese beinhaltete sowohl eine Ausrichtung des Fertigungslayouts am Materialfluss als auch die Umsetzung maßgeschneiderter Shopfloormanagement-Lösungen.

6.2.2 Anwendung

Die Beschreibung der Anwendung des Gestaltungsmodells ist anhand der Gestaltungselemente des entwickelten Gestaltungsmodells gegliedert. Der Fokus der Beschreibung der Anwendung in der OPUS Formenbau GmbH liegt auf dem datenbasierten Shopfloormanagement, dem proaktiven Lernen sowie der kollaborativen Shopfloor Community.

Die OPUS Formenbau GmbH verfügt über ein **datenbasiertes Shopfloormanagement**. Im Zuge der Neugestaltung des Shopfloors wurde das Shopfloormanagement neu gestaltet. Dazu wurden im Fertigungslayout spezifische Orte definiert, an denen Mitarbeiter informiert werden können und Zugriff auf Wissen erhalten. An diesen zentralen Stellen des Shopfloors wurden Touchscreens errichtet, welche zur echtzeitnahen Informationsbereitstellung dienen. Die dargestellten Kennzahlen und Informationen wurden strukturiert auf Basis der operativen Ziele sowie der entsprechenden Strategie definiert. So wurden aus operativen Zielen einzelner Bereiche des Shopfloors zu visualisierende Kennzahlen und Informationen abgeleitet. Gemeinsam mit den Mitarbeitern wurden anschließend tägliche Shopfloor-Besprechungen vereinbart, um die dargestellten Informationen zu diskutieren und, falls notwendig, Maßnahmen abzuleiten. Diese Maßnahmen werden digital in einem KVP-System nachgehalten, welches auch zum proaktiven Lernen verwendet wird.

Das Shopfloormanagement bei OPUS findet mithilfe vernetzter digitaler Systeme auf Basis von Daten statt, die echtzeitnah erhoben und ausgewertet werden. Die zur Darstellung der Informationen und Kennzahlen verwendete Software wurde von der OPUS Formenbau GmbH in Zusammenarbeit mit einem externen Partner eigenständig entwickelt und verfügt über Schnittstellen zu anderen relevanten IT-Systemen im Unternehmen. Die Verbindung zum ERP- und PPS-System beispielsweise ermöglicht die Darstellung von Erfolgskennzahlen wie der Termintreue aktueller Aufträge hinsichtlich interner Meilenstein-Termine.

Ein weiteres in der OPUS Formenbau GmbH angewendetes Gestaltungselement ist das **proaktive Lernen**. Dazu dient vor allem eine selbst konzeptionierte Software, die gemeinsam mit einem externen Softwareentwickler umgesetzt wurde. Die Software namens „Teamtafeln“ ist für alle Mitarbeiter an allen Büroarbeitsplätzen sowie an zentralen Touchscreens auf dem Shopfloor zugänglich und ermöglicht die strukturierte und systematische Eingabe von Auffälligkeiten. Diese Auffälligkeiten können zum einen positiv sein, zum Beispiel eine neu erdachte und erfolgreich getestete Frässtrategie in der Programmierung. Zum anderen können negative Auffälligkeiten, also beispielsweise Fehler in der Programmierung oder der Bearbeitung einzelner Bauteile, festgehalten werden. Die Eingabemaske der Software besteht sowohl aus Auswahlfeldern als auch aus Freitextfeldern. Die Auswahlfelder ermöglichen die systemische Auswertung der Fehler. Insbesondere durch die Verknüpfung mit Daten aus dem ERP- und PPS-System können systematisch Schlüsse zur kontinuierlichen Verbesserung gezogen werden.

Neue Teamtafel-Einträge werden im Rahmen der täglichen Shopfloor-Besprechung mit allen Mitarbeitern eines Bereichs, beispielsweise der Montage, diskutiert. Anschließend werden direkt Maßnahmen abgeleitet. Zudem entscheiden die Führungskräfte und Mitarbeiter über persönliche Weiterentwicklungsmöglichkeiten.

Neben dem datenbasierten Shopfloormanagement und dem proaktiven Lernen verfügt die OPUS Formenbau GmbH über eine **kollaborative Shopfloor Community**. Die Prozesse auf dem Shopfloor sind virtuell im Rahmen der Software Q.Wiki abgebildet. Diese stellt ein Wiki-System als durchsuch- und editierbare Sammlung von Prozessbeschreibungen und Standarddokumenten dar. Zusätzlich ermöglicht Q.Wiki die Abbildung von Freigabeworkflows sowie eine moderierte Diskussion von Themen durch die Mitarbeiter. Die Mitarbeiter der OPUS Formenbau GmbH haben alle relevanten Prozesse in der Software Q.Wiki beschrieben. Diese virtualisierte Prozesslandschaft ist von allen Mitarbeitern editierbar. Zudem sind Standarddokumente direkt mit den entsprechenden Prozessen verknüpft. Veränderungen in der Prozess- und Dokumentenlandschaft werden von den Führungskräften digital moderiert.

Die selbstständige Pflege der Dokumente und Prozesse fördert die Partizipation der Mitarbeiter und stärkt die Identifikation mit dem Unternehmen. Gleichzeitig können

Veränderungen digital diskutiert werden. Die Diskussion findet dadurch dokumentiert und nachvollziehbar statt. Ein Einbezug externer Partner findet derzeit nicht statt.

6.2.3 Fazit

Die digitale Vernetzung des Shopfloors wurde bei der OPUS Formenbau GmbH bisher vor allem hinsichtlich der Gestaltungsfelder des datenbasierten Shopfloormanagements, des proaktiven Lernens sowie der kollaborativen Shopfloor Community umgesetzt. Durch die datenbasierte Information der Mitarbeiter, den partizipativen Managementansatz sowie die digital unterstützte Kollaboration der Mitarbeiter konnten bereits maßgebliche Produktivitätssteigerungen erzielt werden. Zudem konnte die Identifikation der Mitarbeiter mit dem Unternehmen erhöht werden. Zusätzliches Potenzial besteht vor allem hinsichtlich der Umsetzung der hochauflösenden Ressourcen- und Auftragsplanung sowie der intelligenten Koordination cyber-physischer Systeme. Zusätzlich sollte die bestehende Hard- und Software in digitale Plattformen überführt werden, um Schnittstellen noch transparenter zu gestalten und weitere Hard- und Softwareelemente modular einbinden zu können.

6.3 Kritische Reflexion

Anhand der beiden Fallbeispiele im Audi Werkzeugbau sowie dem OPUS Formenbau wird gezeigt, dass die digitale Vernetzung des Shopfloors umgesetzt werden kann und die Realisierung der in Kapitel 2.4 dargestellten Chancen ermöglicht. So konnte im Audi Werkzeugbau am Standort Ingolstadt insbesondere die Transparenz erhöht werden. Zudem konnten Potenziale hinsichtlich der Entscheidungsunterstützung der Mitarbeiter realisiert werden. Im OPUS Formenbau führte die digitale Vernetzung zu einem verbesserten Wissenszugang für die Mitarbeiter und zu einer verstärkten Mitarbeiterintegration. Insgesamt konnte bei beiden Fallbeispielen sowohl die Produktivität als auch die Effizienz gesteigert werden. Die Realisierung dieser Chancen der digitalen Vernetzung ermöglicht die Begegnung mit den aktuellen Herausforderungen im Werkzeugbau.

Durch die Anwendung des Gestaltungsmodells in der Praxis wird insbesondere gezeigt, dass sowohl die **allgemeinen** als auch die **werkzeugbauspezifischen Anforderungen** erfüllt werden (vgl. Kapitel 3.1.2). Durch die praxisorientierte Formulierung der Gestaltungsfelder sowie die stringente Struktur des Gestaltungsmodells können je Gestaltungselement konkrete Lösungen hinsichtlich der Fallbeispiele erläutert werden. Die Praktikabilität der Gestaltungsfelder wird anhand der Anwendung in der Praxis nachgewiesen. Die Anwendung zeigt zudem die Eignung des Gestaltungsmodells für die Unikat- und Kleinstserienfertigung. Die Fallbeispiele zeigen, dass das Gestaltungsmodell auch zur Gestaltung von Wertschöpfung geeignet ist, im Rahmen derer geringe bis gar keine Wiederholhäufigkeiten existieren. Zudem berücksichtigt das Gestaltungsmodell spezifische Unternehmensrandbedingungen.

Während das erste Fallbeispiel im Audi Werkzeugbau am Standort Ingolstadt die Anwendung der Gestaltungselemente in einem internen Werkzeugbau der Blechumformung mit ca. 980 Mitarbeitern zeigt, stellt das zweite Fallbeispiel im OPUS Formenbau die Umsetzung der Gestaltungsfelder in einem externen Spritzgieß-Werkzeugbau mit ca. 40 Mitarbeitern dar. In beiden sehr unterschiedlichen Werkzeugbaubetrieben konnte eine erfolgreiche Anwendung der Gestaltungselemente nachgewiesen werden.

Die Anwendung des Gestaltungsmodells legt zudem dar, dass neben den allgemeinen und den werkzeugbauspezifischen Anforderungen auch die **digitalisierungsbezogenen** sowie die **shopfloorbezogenen Anforderungen** erfüllt werden (vgl. Kapitel 3.1.2). Die Fallbeispiele zeigen die Relevanz der Gestaltungselemente und verifizieren die Struktur des Gestaltungsmodells. Gleichzeitig wird jedoch auch deutlich, dass die Ausgestaltung der Elemente betriebsspezifisch durchzuführen ist. Die Lösungen innerhalb der Gestaltungselemente sind stark von den betrieblichen Rahmenbedinungen abhängig.

Die Fallbeispiele haben gezeigt, dass das Gestaltungsmodell für den digital vernetzten Shopfloor im Werkzeugbau erfolgreich angewendet werden kann. Die Heterogenität der beiden Fallbeispiele hinsichtlich Unternehmensgröße, Werkzeugspektrum und Marktzugang weist die Anwendbarkeit des Modells auf die gesamte Branche Werkzeugbau nach. Das Gestaltungsmodell wurde damit als ganzheitlicher Lösungsansatz verifiziert. Der übergeordneten Zielsetzung dieser Arbeit wird somit entsprochen.

7 Zusammenfassung und Ausblick

Der deutsche Werkzeugbau wird weltweit aufgrund innovativer und leistungsfähiger Erzeugnisse geschätzt. Gleichzeitig steht er jedoch vor großen Herausforderungen. Immer kürzere Produktlebens- und auch Produktentwicklungszyklen sowie steigende Qualitätsanforderungen führen zu einer anwachsenden Komplexität in der Werkzeugentwicklung und -erstellung. Unterdessen resultiert der demografische Wandel in einem Mangel an Fachkräften sowie großen Herausforderungen hinsichtlich der Weitergabe von Wissen. Zusätzlich führt die fortschreitende Globalisierung der produzierenden Industrie in Verbindung mit einer kontinuierlichen Steigerung der Leistungsfähigkeit von Werkzeugbaubetrieben in Niedriglohnländern zu einem hohen Kostendruck für Werkzeugbaubetriebe an Hochlohnstandorten wie Deutschland. Um auch in Zukunft weltweit wettbewerbsfähig zu bleiben, ist der deutsche Werkzeugbau gefordert, weiterhin innovative Kundenlösungen zu entwickeln und gleichzeitig grundsätzliche Veränderungen hinsichtlich bestehender Wertschöpfungsstrukturen und -prozesse aktiv zu gestalten.

Die grundlegenden Veränderungen der industriellen Produktion in den vergangenen 300 Jahren, welche auch als industrielle Revolutionen bezeichnet werden, führten jeweils zu einem sprunghaften Anstieg der Produktivität und stellten damit einen Wettbewerbsvorteil für Unternehmen dar, die diese aktiv für sich nutzten. Der deutsche Werkzeugbau als Wertschöpfungspartner der Serienproduktion hat sich in den vergangenen Jahren vom handwerklichen zum industriellen Werkzeugbau gewandelt. Werkzeugbaubetriebe stehen nun der nächsten sich abzeichnenden industriellen Revolution gegenüber: der vierten industriellen Revolution mit dem Ziel der Industrie 4.0. Als Treiber dieser bevorstehenden Revolution gilt die intelligente Vernetzung der Produktion basierend auf der Digitalisierung der Produktionsmittel auf dem Shopfloor zu cyber-physischen Systemen. Die Gestaltung eines digital vernetzten Shopfloors im Werkzeugbau bietet die Chance, die steigende Komplexität der Unikatfertigung im Werkzeugbau besser beherrschen und gleichzeitig dem demografischen Wandel begegnen zu können. Zudem bietet die vierte industrielle Revolution die Möglichkeit, Potenziale hinsichtlich der Wirtschaftlichkeit deutscher Werkzeugbaubetriebe nutzbar zu machen, um weiterhin global wettbewerbsfähig zu sein.

Zur systematischen und strukturierten Gestaltung der Wertschöpfung auf dem digital vernetzten Shopfloor im Werkzeugbau fehlt derzeit ein geeignetes Gestaltungsmodell, welches die Anforderungen des Werkzeugbaus hinreichend erfüllt. Bestehende Gestaltungsansätze beschreiben lediglich Teilaspekte der digitalen Vernetzung auf dem Shopfloor und berücksichtigen die Rahmenbedingungen der Unikat- oder Kleinstserienfertigung sowie die unterschiedlichen Unternehmensrandbedingungen in der Branche Werkzeugbau nicht ausreichend. Daher lässt sich die handlungsleitende Forschungsfrage formulieren, wie ein Modell zur Gestaltung des digital vernetzten Shopfloors im Werkzeugbau aufgebaut sein muss.

Im Rahmen dieser Arbeit wurde das Gestaltungsmodell für den digital vernetzten Shopfloor im Werkzeugbau den Phasen der angewandten Forschung nach ULRICH folgend entwickelt (vgl. Kapitel 1.3). Das Modell dient als Zielbild der Gestaltung der Wertschöpfung auf dem Shopfloor im Werkzeugbau und besteht aus sieben Gestaltungselementen (vgl. Abbildung 108).

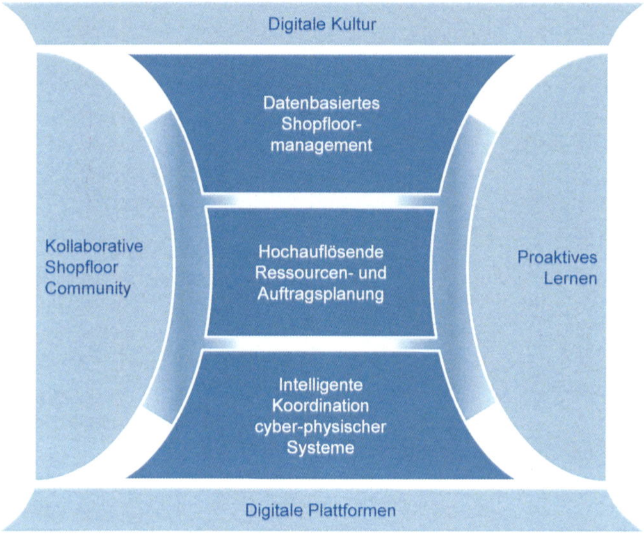

Abbildung 108: Gestaltungsmodell für den digital vernetzten Shopfloor im Werkzeugbau

Im Kern des Gestaltungsmodells für den digital vernetzten Shopfloor im Werkzeugbau stehen die Aktivitätselemente, welche die operative Bearbeitung von Fertigungsaufträgen auf dem Shopfloor sicherstellen. Im Rahmen des **Datenbasierten Shopfloormanagements** werden auftragsbezogene Daten gesammelt und zusammengeführt, um Mitarbeiter über Zustände, Leistungen und Ziele zu informieren. Durch eine **Hochauflösende Ressourcen- und Auftragsplanung** können der kontinuierliche Abgleich von Kapazitäten und Kapazitätsbedarfen sowie die darauf aufbauende Termin- und Kapazitätsplanung lernfähig gestaltet werden und eine anforderungsgerechte Entscheidungsunterstützung für die Mitarbeiter auf dem Shopfloor darstellen. Die operative Bearbeitung von Fertigungsaufträgen wird schließlich durch die **Intelligente Koordination cyber-physischer Systeme** unterstützt, indem Prozesse und Ergebnisse umfassend virtualisiert werden, Ressourcen datengestützt und systemunterstützt bereitgestellt werden und Menschen und Maschinen integrativ zusammenarbeiten.

Die operative Bearbeitung von Aufträgen hinsichtlich der Aktivitätselemente wird umrahmt von drei Verhaltenselementen. Das **Proaktive Lernen** beschreibt die datengestützte und kontinuierliche Weiterentwicklung von Mitarbeitern und des gesamten Shopfloors. Unterstützt wird dies durch eine **Kollaborative Shopfloor Community**, welche die Zusammenarbeit der Mitarbeiter in digitaler Form intensiviert. Das dritte Verhaltenselement stellt die **Digitale Kultur** dar, im Rahmen derer Werte, Verhaltensweisen und Normen bezüglich des Arbeitens auf dem digital vernetzten Shopfloor im Werkzeugbau thematisiert werden.

Die Aktivitätselemente und die Verhaltenselemente basieren auf dem Strukturelement der **Digitalen Plattformen**. Dieses stellt die digitale Infrastruktur dar und zeichnet sich durch die Vernetzung und Modularität aus. Im Rahmen des Gestaltungselements werden zudem die Aspekte Datensicherheit und Datenschutz thematisiert.

Das entwickelte Gestaltungsmodell für den digital vernetzten Shopfloor im Werkzeugbau wurde anhand von zwei Fallbeispielen im Werkzeugbau der AUDI AG am Standort Ingolstadt sowie in der OPUS Formenbau GmbH validiert. Die Validierung hat gezeigt, dass das Gestaltungsmodell neben den allgemeinen, den digitalisierungsbezogenen und den shopfloorbezogenen Anforderungen auch werkzeugbauspezifische Anforderungen erfüllt und erfolgreich in der Praxis angewendet werden kann. Das entwickelte Lösungsmodell bietet Werkzeugbaubetrieben die Möglichkeit, Wertschöpfung auf dem digital vernetzten Shopfloor ganzheitlich zu gestalten und die Chancen der vierten industriellen Revolution umfassend für sich zu nutzen. Die Anwendung des Gestaltungsmodells ermöglicht die Steigerung der Leistungs- und Wettbewerbsfähigkeit von Werkzeugbaubetrieben.

Der wissenschaftliche Beitrag dieser Arbeit besteht in der Entwicklung eines ganzheitlichen Lösungsansatzes zur Gestaltung der Wertschöpfung auf dem digital vernetzten Shopfloor unter Berücksichtigung der spezifischen Rahmenbedingungen der Branche Werkzeugbau. Unternehmen sind nun gefordert, die Elemente der Gestaltung unternehmensspezifisch anzupassen und anzuwenden. Gleichzeitig sollten in weitergehenden wissenschaftlichen Untersuchungen Lösungsansätze zur unternehmensweiten Integration des digital vernetzten Shopfloors entwickelt werden. Basierend auf den im Rahmen von Kapitel 5.4 dargestellten Überlegungen können durch die Integration des Shopfloors in ein digital vernetztes Unternehmen aller Voraussicht nach weitere Potenziale hinsichtlich der Leistungsfähigkeit und Wirtschaftlichkeit von Werkzeugbaubetrieben erschlossen werden.

8 Literaturverzeichnis

Abts, D.; Mülder, W. (Grundkurs Wirtschaftsinformatik):
Grundkurs Wirtschaftsinformatik. 4. Aufl. Braunschweig: Springer Vieweg, 2002.

acatech Deutsche Akademie der Technikwissenschaften (Cyber-Physical Systems):
Cyber-Physical Systems. Berlin: Springer, 2011.

acatech Deutsche Akademie der Technikwissenschaften (Umsetzungsempfehlungen):
Umsetzungsempfehlungen für das Zukunftsprojekt Industrie 4.0. Berlin: Forschungsunion; Geschäftsstelle der Plattform Industrie 4.0, 2013.

acatech Deutsche Akademie der Technikwissenschaften (Smart Service Welt):
Smart Service Welt. Berlin: acatech, 2014.

acatech Deutsche Akademie der Technikwissenschaften (Smart Service Welt Abschlussbericht):
Smart Service Welt Abschlussbericht (Langversion). Berlin: acatech, 2015.

Albert, S.; Flournoy, D. M.; LeBrasseur, R. (Networked Communities):
Networked Communities. Hershey: Information Science Reference, 2009.

Alexa (Top 500 Global Sites):
Top 500 Global Sites. Online verfügbar unter http://www.alexa.com/topsites/global;0, 2016.

Alexa (Top Sites in Germany):
Top Sites in Germany. Online verfügbar unter http://www.alexa.com/topsites/countries;0/DE, 2016.

Alpar, P.; Blaschke, S. (Web 2.0):
Web 2.0 – Eine empirische Bestandsaufnahme. Wiesbaden: Springer Vieweg, 2008.

Amberg, J. (Cyber-physische Systeme):
Cyber-physische Systeme (CPS). In: Christiana Köhler-Schute und Jens Amberg (Hg.): Industrie 4.0. Berlin: KS-Energy-Verlag, 2015, S. 44–55.

Anderson, J. R. (Learning and Memory):
Learning and memory. 2. Aufl. New York: Wiley, 2000.

Argyris, C.; Schön, D. A. (Organizational Learning):
Organizational learning: A theory of action perspective. Reading: Addison-Wesley, 1978.

Arnold, D. (Intralogsitik: Einleitung):
Einleitung des Herausgebers. In: Dieter Arnold (Hg.): Intralogistik. Berlin: Springer, 2006.

Arnold, D.; Furmans, K.; Isermann, H.; Kuhn, A.; Tempelmeier, H. (Handbuch Logistik):
Handbuch Logistik. Dordrecht: Springer, 2008.

AUDI AG (Audi Geschäftsbericht 2015):
Audi Geschäftsbericht 2015. Ingolstadt, 2015.

AUDI AG (Audi auf einen Blick):
Audi auf einen Blick. Online verfügbar unter http://www.audi.com/corporate/de/unternehmen/audi-auf-einen-blick.html#fullwidthpar__ah_6, 2016.

AWF Arbeitsgemeinschaft für Wirtschaftliche Fertigung (Visuelles Management):
Visuelles Management. Aufwandsarme Steuerung der Unternehmensprozesse. Groß-Gerau, 2012.

Badke-Schaub, P.; Hofinger, G.; Lauche, K. (Human Factors):
Human Factors. 2. Aufl. Heidelberg: Springer, 2012.

Bandte, H. (Komplexität in Organisationen):
Komplexität in Organisationen. Wiesbaden: Dt. Univ.-Verl, 2007.

Bankhofer, U.; Vogel, J. (Datenanalyse und Statistik):
Datenanalyse und Statistik. Wiesbaden: Gabler, 2008.

Bär, W. (Produktionsplanung):
Produktionsplanung und Auftragsbearbeitung im Industriebetrieb. Göttingen: Gabler, 1977.

Bartholomay, C. (Kaizen):
Kaizen. In: Philipp Dickmann (Hg.): Schlanker Materialfluss. Berlin: Springer, 2007, S. 20–23.

Bast, H. (Semantische Suche):
Semantische Suche. In: Informatik Spektrum, Jg. 36, Nr. 2, 2013, S. 136–143.

Bättig, D. (Angewandte Datenanalyse):
Angewandte Datenanalyse. Berlin: Springer Spektrum, 2015.

Bauer, W.; Schlund, S.; Marrenbach, D.; Ganschar, O. (Volkswirtschaftliches Potenzial):
Industrie 4.0 – Volkswirtschaftliches Potenzial für Deutschland, 2014.

Bauernhansl, T. (Vierte Industrielle Revolution):
Die Vierte Industrielle Revolution. In: Thomas Bauernhansl, Michael ten Hompel und Birgit Vogel-Heuser (Hg.): Industrie 4.0 in Produktion, Automatisierung und Logistik. Wiesbaden: Springer Vieweg, 2014, S. 5–36.

Bauernhansl, T. (Industrie 4.0 – Revolution):
Industrie 4.0 - die industrielle Revolution geht weiter. In: wt Werkstatttechnik online, Jg. 104, 2014, S. 105.

Bauernhansl, T.; Hompel, M. t.; Vogel-Heuser, B. (Industrie 4.0):
Industrie 4.0 in Produktion, Automatisierung und Logistik. Wiesbaden: Springer Vieweg, 2014.

Bechthold, J.; Lauenstein, C.; Kern, A.; Bernhofer, L. (Industry 4.0):
Industry 4.0 – The Capgemini Consulting View, 2014.

Becker, J. (CIM-Integrationsmodell):
CIM-Integrationsmodell. Berlin: Springer, 1991.

Behrendt, J.; Zeppenfeld, K. (Web 2.0):
Web 2.0. Berlin: Springer, 2008.

Behrens, A. (Betriebliches Informationsmanagement):
Betriebliches Informationsmanagement. Berlin: Universität Berlin, 2001.

Bertalanffy, L. v. (General System Theory):
General system theory. New York: Braziller, 1968.

Bertelsmann Stiftung (Exportriesen im Wettstreit):
Exportriesen im Wettstreit: China fordert Deutschland heraus. Studie: Die deutsche Wirtschaft gerät auf wichtigen Auslandsmärkten gegenüber China zunehmend ins Hintertreffen. Gütersloh, 06.06.2013.

Beucher, O. (Signale und Systeme):
Signale und Systeme: Theorie, Simulation, Anwendung. Berlin: Springer, 2011.

Bilsing, A. (Bewertung der technologischen Leistungsfähigkeit):
Kennzahlengestützte Bewertung der technologischen Leistungsfähigkeit der Fertigung im Werkzeug- und Formenbau. Aachen: Shaker, 2007.

Binder, V.; Kantowsky, J. (Technologiepotentiale):
Technologiepotentiale. Wiesbaden: Dt. Univ.-Verl, 1996.

BITKOM, Bundesverband Informationswirtschaft, Telekommunikation und Neue Medien (Studie Kinder und Jugend 3.0):
Pressekonferenz – Studie Kinder und Jugend 3.0. BITKOM, Bundesverband Informationswirtschaft, Telekommunikation und Neue Medien, 28.04.2014.

Bleicher, K. (Konzept Integriertes Management):
Das Konzept Integriertes Management. 8. Aufl. Frankfurt am Main: Campus, 2011.

Boes, A. (Dienstleistung):
Dienstleistung in der digitalen Gesellschaft. Frankfurt am Main: Campus, 2014.

Boos, W. (Gestaltung und Bewertung von modularen Werkzeugen):
Methodik zur Gestaltung und Bewertung von modularen Werkzeugen. Aachen: Apprimus, 2008.

Boos, W.; Pitsch, M.; Salmen, M.; Begovic, A.; Kuhlmann, T. (Erfolgreich Planen im Werkzeugbau):
Erfolgreich Planen im Werkzeugbau. Aachen: Werkzeugmaschinenlabor WZL der RWTH Aachen, 2015.

Botthof, A.; Hartmann, E. A. (Zukunft der Arbeit):
Zukunft der Arbeit in Industrie 4.0. Berlin: Springer, 2014.

Bowen, D. E.; Lawler, E. E. (Empowerment):
The empowerment of service workers. In: MIT Sloan Management Review, Jg. 33, Nr. 3, 1992, S. 31–39.

Boy, G. A. (Handbook of HMI):
The Handbook of Human-Machine Interaction. Farnham: Ashgate, 2011.

Brand, L.; Hülser, T.; Grimm, V.; Zweck, A. (Internet der Dinge):
Internet der Dinge – Perspektiven für die Logistik. Düsseldorf, 2009.

Brankamp, K. (Betriebsmittelbau):
Wettbewerbsfaktor Werkzeug- und Betriebsmittelbau. Köln: Verlag TÜV Rheinland, 1991.

Braun, T. (Entwicklung des Internets):
Geschichte und Entwicklung des Internets. In: Informatik-Spektrum, Jg. 2, Nr. 33, 2010, S. 201–207.

Brenner, W.; Herrmann, A. (Management in der digitalen vernetzten Welt):
Das Modell des Managements in der digitalen vernetzten Welt. In: Rupert Stadler, Walter Brenner und Andreas Herrmann (Hg.): Erfolg im digitalen Zeitalter. Frankfurt am Main: Frankfurter Allgemeine Buch, 2012, S. 13–33.

Broy, M. (Cyber-Physical Systems):
Cyber-Physical Systems. Berlin, Heidelberg: Springer, 2010.

Brunhuber, E. (Druckgußfertigung):
Praxis der Druckgußfertigung. 4. Aufl. Berlin: Schiele & Schön, 1991.

Brunner, F. J. (Japanische Erfolgskonzepte):
Japanische Erfolgskonzepte. 2. Aufl. München: Hanser, 2011.

Bruns, M. (Systemtechnik):
Systemtechnik. Berlin: Springer, 1991.

Büdenbender, U.; Strutz, H. (Personal):
Gabler Lexikon Personal. Wiesbaden: Gabler, 1996.

Bullinger, H.-J.; Hompel, M. t. (Internet der Dinge):
Internet der Dinge. Berlin: Springer, 2007.

Bundesministerium für Bildung und Forschung (BMBF) (Bundesbericht 2012):
Bundesbericht Forschung und Innovation 2012. Bielefeld: Bertelsmann, 2012.

Bundesministerium für Bildung und Forschung (BMBF) (Industrie 4.0: Innovation):
Industrie 4.0. Bonn: Bundesministerium für Bildung und Forschung (BMBF), 2014.

Bundesministerium für Bildung und Forschung (BMBF) (Industrie 4.0: Zukunftsbild):
Zukunftsbild Industrie 4.0. Bonn: Bundesministerium für Bildung und Forschung (BMBF), 2014.

Büttner, K.-H.; Brück, U. (Use Case Industrie 4.0):
Use Case Industrie 4.0. In: Thomas Bauernhansl, Michael ten Hompel und Birgit Vogel-Heuser (Hg.): Industrie 4.0 in Produktion, Automatisierung und Logistik. Wiesbaden: Springer Vieweg, 2014, S. 121–144.

Castells, M. (Network Society):
The Network Society: from Knowledge to Policy. In: Manuel Castells und Gustavo Cardoso (Hg.): The Network Society. Washington: Johns Hopkins Center for Transatlantic Relations, 2005, S. 3–22.

Cerwinka, G.; Schranz, G. (Ersteindruck):
Beim ersten Eindruck gewinnen. Wien: Linde, 2006.

Cezanne, W. (Volkswirtschaftslehre):
Allgemeine Volkswirtschaftslehre. 6. Aufl. München: Oldenbourg, 2005.

Chappell, D. A. (Enterprise service bus):
Enterprise Service Bus. Sebastopol: O'Reilly, 2004.

Chatfield, T. (Digitale Kultur):
Digitale Kultur. Heidelberg: Springer Spektrum, 2013.

CNN Money (iTunes):
How iTunes crushed music sales. Online verfügbar unter http://money.cnn.com/interactive/technology/itunes-music-decline/, 2015.

Collins Dictionary (Shop floor):
Definition of shop floor. Online verfügbar unter http://www.collinsdictionary.com/dictionary/english/shop-floor, 2015.

Conger, J. A.; Kanungo, R. N. (Empowerment Process):
The Empowerment Process. In: Academy of Management Review, Jg. 13, Nr. 3, 1988, S. 471–482.

Czichos, H.; Hennecke, M. (Ingenieurwissen):
Hütte. 34. Aufl. Berlin: Springer Vieweg, 2012.

Damm, J. (Eignungsnachweise von Prüfprozessen):
Risikobezogene Aufwandsreduktion für Eignungsnachweise von Prüfprozessen in der Produktiom. Aachen: Apprimus, 2015.

Dawes, J. (Point Scales):
Do data characteristics change according to the number of scale points used? An experiment using 5-point, 7-point and 10-point scales. In: International Journal of Market Research, Jg. 50, Nr. 1, S. 61–77.

Deiser, R. (Smart Organization):
Designing the smart organization. San Francisco: Jossey-Bass, 2009.

Deloitte (Digitalisierung im Mittelstand):
Digitalisierung im Mittelstand, 2013.

Deming, W. E. (Out of the crisis):
Out of the crisis. Cambridge: The MIT Press, 2000.

Dickmann, E.; Dickmann, P. (Kanban):
Kanban – Element des Toyota Produktionssystems. In: Philipp Dickmann (Hg.): Schlanker Materialfluss. Berlin: Springer, 2007, S. 11–15.

Dickmann, P. (Prozesskostenrechnung):
Differenzierte Prozesskostenrechnung. In: Philipp Dickmann (Hg.): Schlanker Materialfluss. Berlin: Springer, 2007, S. 78–86.

Dickmann, P. (Elemente schlanker Produktionssysteme):
Elemente moderner, schlanker Produktionssysteme. In: Philipp Dickmann (Hg.): Schlanker Materialfluss. Berlin: Springer, 2007, S. 3–11.

Dickmann, P. (Poka Yoke):
Poka Yoke – Fehlervermeidungsstrategien. In: Philipp Dickmann (Hg.): Schlanker Materialfluss. Berlin: Springer, 2007, S. 46–51.

Die Zeit (Medienkunde 2010/2011):
Medienkunde 2010/11. Hamburg: Zeitverlag, 2011.

Diemer, J. (Industrie 4.0-Plattformen):
Sichere Industrie 4.0-Plattformen auf Basis von Community Clouds. In: Thomas Bauernhansl, Michael ten Hompel und Birgit Vogel-Heuser (Hg.): Industrie 4.0 in Produktion, Automatisierung und Logistik. Wiesbaden: Springer Vieweg, 2014, S. 369–396.

Digitale Gesellschaft e.V. (do:index):
Digital Openness Index. Online verfügbar unter http://www.do-index.org/idee-konzept/, 2015.

Dittrich, T. (Arbeitsmotivation):
Arbeitsmotivation älterer Mitarbeiter. Hamburg: Disserta, 2012.

Dobusch, L. (Erste Ergebnisse):
Erste Ergebnisse des Digitalen Offenheitsindex: Große Unterschiede zwischen Bundesländern. Online verfügbar unter https://netzpolitik.org/2014/erste-ergebnisse-des-digitalen-offenheitsindex-grosse-unterschiede-zwischen-bundeslaendern/, 2014.

Dorninger, C. (Kundenindividuelle Fertigung):
Kundenindividuelle Fertigung. Wien: Linde, 1991.

Drath, R. (Einführung Industrie 4.0):
Industrie 4.0 – Eine Einführung. In: open automation, Jg. 3, Nr. 3, S. 1–7.

Duden (Community):
Community. Online verfügbar unter http://www.duden.de/rechtschreibung/Community, 2015.

Duden (Kultur):
Kultur. Online verfügbar unter http://www.duden.de/rechtschreibung/Kultur, 2015.

Duden (Plattform):
Plattform. Online verfügbar unter http://www.duden.de/rechtschreibung/Plattform, 2015.

Dyckhoff, H. (Betriebliche Produktion):
Betriebliche Produktion. Berlin: Springer, 1992.

Dyckhoff, H. (Produktionstheorie):
Produktionstheorie. 5. Aufl. Berlin: Springer, 2006.

Eichholz-Klein, S. (Handelsszenario 2020):
Handelsszenario 2020. Köln: IFH, 2014.

Eimeren, B. v.; Frees, B. (ARD/ZDF-Onlinestudie):
Ergebnisse der ARD/ZDF-Onlinestudie 2014. In: Media Perspektiven, Jg. 7-8, 2014, S. 378–396.

Elgendy, N.; Elragal, A. (Big Data Analytics):
Big Data Analytics: A Literature Review Paper. In: Petra Perner (Hg.): Advances in Data Mining. Cham: Springer, 2014, S. 214–227.

Emiliani, M. L. (Lean behaviors):
Lean behaviors. In: Management Decision, Nr. 36/9, 1998, S. 615–631.

Europäische Kommission (EU KMU-Definition):
Amtsblatt der Europäischen Union L 124/36. Empfehlung der Kommission vom 6. Mai 2003 betreffend die Definition der Kleinstunternehmen sowie der kleinen und mittleren Unternehmen, 20.05.2013.

Eversheim, W.; Klocke, F. (Strategie und Technologie):
Werkzeugbau mit Zukunft. Berlin: Springer, 1998.

Facebook (www.facebook.com):
Facebook. Online verfügbar unter www.facebook.com, 2016.

Fichtner, H. (Unternehmenskultur):
Unternehmenskultur im strategischen Kompetenzmanagement. Wiesbaden: Gabler, 2008.

Flores, K. (Shopfloor Management):
Shopfloor Management. Online verfügbar unter https://www.qz-online.de/qualitaets-management/qm-basics/fuehrung/neue_managementsysteme/artikel/shopfloor-management-409057.html, 2015.

Fraunhofer-Institut für Produktionstechnologie (Werkzeugbau des Jahres 2014):
Gerresheimer Regensburg GmbH ist Werkzeugbau des Jahres 2014. Aachen. Online verfügbar unter http://www.ipt.fraunhofer.de/de/presse/Pressemitteilungen/20141105werkzeugbaudesjahres2014.html, 05.11.2014.

Freiling, J. (Resource-Based View):
Resource-based view und ökonomische Theorie. Wiesbaden: Dt. Univ.-Verl, 2001.

Frese, W. (Kultur im Strategieprozess):
Der Einfluss von Kultur auf den Strategieprozess und dessen Effizienz. Wiesbaden: Gabler, 2011.

Frick, L. (Geschäftsmodelle im Werkzeugbau):
Erfolgreiche Geschäftsmodelle im Werkzeugbau. Aachen: Sháker, 2006.

Fricke, K. (Digitaltechnik):
Digitaltechnik. Wiesbaden: Springer Vieweg, 2014.

Fuchs, H. (Systemtheorie und Organisation):
Systemtheorie und Organisation. Wiesbaden: Gabler, 1973.

Fuchs, J.; Söhnlein, D.; Weber, B. (IAB-Kurzbericht):
Rückgang und Alterung sind nicht mehr aufzuhalten. In: IAB-Kurzbericht : aktuelle Analysen aus dem Institut für Arbeitsmarkt- und Berufsforschung, Nr. 16, 2011, S. 1–8.

Gabele, E.; Liebel, H. J.; Oechsler, W. A.; Gabele-Liebel-Oechsler (Führungsgrundsätze und Mitarbeiterführung):
Führungsgrundsätze und Mitarbeiterführung. Wiesbaden: Gabler, 1992.

Gabler Wirtschaftslexikon (Community):
Community. Online verfügbar unter http://wirtschaftslexikon.gabler.de/Archiv/82232/community-v6.html, 2015.

Gabler Wirtschaftslexikon (Wiki):
Wiki. Online verfügbar unter http://wirtschaftslexikon.gabler.de/Archiv/76615/wiki-v10.html, 2015.

Gabler Wirtschaftslexikon (Schnittstelle):
Schnittstelle. Online verfügbar unter http://wirtschaftslexikon.gabler.de/Definition/schnittstelle.html, 2016.

Gadatsch, A. (Management von Geschäftsprozessen):
Management von Geschäftsprozessen. 2. Aufl. Braunschweig: Springer Vieweg, 2002.

Gaitanides, M. (Prozessorganisation):
Prozessorganisation. In: Werner Kern, Hans-Horst Schröder und Jürgen Weber (Hg.): Handwörterbuch der Produktionswirtschaft. Stuttgart: Schäffer-Poeschel, 1996, S. 1682–1696.

Gaus, F. (Logik eines Geschäftsmodells):
Methodik zur Überprüfung der Logik eines Geschäftsmodells im Werkzeugbau. Aachen: Apprimus, 2010.

Gausemeier, J.; Dumitrescu, R.; Jasperneite, J.; Kühn, A.; Trsek, H. (it's OWL):
Auf dem Weg zu Industrie 4.0. Paderborn: it's OWL Clustermanagement, 2014.

Gausemeier, J.; Plass, C.; Wenzelmann, C. (Zukunftsorientierte Unternehmensgestaltung):
Zukunftsorientierte Unternehmensgestaltung. München: Hanser, 2009.

Geiselhart, H. (Das lernende Unternehmen):
Das lernende Unternehmen im 21. Jahrhundert. Wiesbaden: Gabler, 2001.

Grichnik, D. (Bankenverbände):
Bankenverbände. Wiesbaden: Dt. Univ.-Verl, 2000.

Grimm, R. (Digitale Kommunikation):
Digitale Kommunikation. Düsseldorf: Oldenbourg, 2005.

Grothe, M.; Gentsch, P. (Business Intelligence):
Business Intelligence. München: Addison-Wesley, 2000.

Guba, E. G.; Lincoln, Y. S. (Competing Paradigms):
Competing Paradigms in Qualitative Research. In: Norman K. Denzin und Yvonna S. Lincoln (Hg.): Handbook of Qualitative Research. Thousand Oaks: Sage Publications, 1994, S. 105–117.

Günther, H.-O.; Tempelmeier, H.; Günther-Tempelmeier (Produktion und Logistik):
Produktion und Logistik. 4. Aufl. Berlin: Springer, 2000.

Günthner, W. A.; Chisu, R.; Kuzmany, F. (Vision vom Internet der Dinge):
Die Vision vom Internet der Dinge. In: Willibald Günthner und Michael ten Hompel (Hg.): Internet der Dinge in der Intralogistik. Berlin: Springer, 2010.

Gutenberg, E. (Die Produktion):
Grundlagen der Betriebswirtschaftslehre. Berlin: Springer, 1951.

Haberfellner, R. (Systems Engineering):
Systems Engineering. 12. Aufl. Zürich: Orell Füssli, 2012.

Hacker, W.; Sachse, P. (Allgemeine Arbeitspsychology):
Allgemeine Arbeitspsychologie. 3. Aufl. Göttingen: Hogrefe, 2014.

Harrington, J. (Computer Integrated Manufacturing):
Computer Integrated Manufacturing. New York: Industrial Press, 1974.

Henderson, J. C.; Venkatraman, N. (Strategic alignment):
Strategic alignment: Leveraging information technology for transforming organizations. In: IBM Systems Journal, Jg. 32, Nr. 1, 1993, S. 472–484.

Hering, E. (Sensoren):
Sensoren in Wissenschaft und Technik. Wiesbaden: Springer Vieweg, 2012.

Hills, M. D. (Kluckhohn and Strodtbeck's Values Orientation Theory):
Kluckhohn and Strodtbeck's Values Orientation Theory. Online verfügbar unter http://scholarworks.gvsu.edu/orpc/vol4/iss4/3/, 2002.

Hofstede, G. (Interkulturelle Zusammenarbeit):
Interkulturelle Zusammenarbeit. Wiesbaden: Gabler, 1993.

Hohmann, D. (Methoden der Unternehmensentwicklung):
Methoden der Unternehmensentwicklung. Wiesbaden: Springer Gabler, 2012.

Holmes, J.; Rutherford, T.; Fitzgibbon, S. (Innovation in the Tool and Die Industry):
Innovation in the automotive tool, die and mould industry. In: Innovations Systems Research Series, Nr. 5, 2005, S. 119–153.

Holtbrügge, D. (Personalmanagement):
Personalmanagement. 3. Aufl. Berlin: Springer, 2007.

Hölzle, P. (Projekt-Management):
Projekt-Management. München: Haufe, 2007.

Hurtz, A.; Stolz, M. (Shop-Floor-Management):
Shop-Floor-Management. Göttingen: BusinessVillage, 2013.

Institut für industrielle Informationstechnik inIT (Intelligente Automation):
Intelligente Automation durch Industrial IT. Online verfügbar unter https://www.hs-owl.de/init/smart-factory/lmf.html, 2015.

International Organization for Standardization (ISO 9241-110:2006):
ISO 9241-110:2006, 2006.

IT-Wissen (Plattform):
Plattform. Online verfügbar unter http://www.itwissen.info/definition/lexikon/Plattform-platform.html, 2016.

Jacobi, H.-F. (Computer Integrated Manufacturing):
Computer Integrated Manufacturing (CIM). In: Engelbert Westkämper, Dieter Spath, Carmen Constantinescu und Joachim Lentes (Hg.): Digitale Produktion. Berlin: Springer Vieweg, 2013, S. 51–92.

Jasperneite, J. (Internet und Automation):
Internet und Automation. Online verfügbar unter http://www.computer-automation.de/steuerungsebene/steuern-regeln/artikel/93559/, 2012.

Jasperneite, J. (Lemgoer Modellfabrik):
Industrie 4.0 zum Anfassen in der Lemgoer Modellfabrik, 11.04.2013.

Kaier, E. (Wegweiser):
BASIC-Wegweiser für IBM PC, PC XT, Portable PC und PCjr. Braunschweig: Springer Vieweg, 1984.

Karrenberg, U. (Signale, Prozesse, Systeme):
Signale, Prozesse, Systeme. 6. Aufl. Berlin: Springer Vieweg, 2012.

Kemper, H.-G.; Pedell, B.; Schäfer, H. (Produktionssysteme):
Management vernetzter Produktionssysteme. München: Franz Vahlen, 2012.

Kett, I.; Schewe, G. (Management Skills):
Management Skills. Wiesbaden: Gabler, 2010.

Keuper, F. (Digitalisierung und Innovation):
Digitalisierung und Innovation. Wiesbaden: Springer Gabler, 2013.

Kiel, E. (Industrielle Produktion und Automatisierung):
Industrielle Produktion und Automatisierung. In: Edwin Kiel (Hg.): Antriebslösungen. Berlin: Springer, 2007, S. 7–76.

Kiesel, A.; Koch, I. (Lernen):
Lernen. Wiesbaden: Springer VS, 2012.

Kletti, J.; Schumacher, J. (Die perfekte Produktion):
Die perfekte Produktion. 2. Aufl. Berlin: Springer Vieweg, 2014.

Klocke, F.; Arntz, K. (Technologien):
Technologien für den Werkzeug- und Formenbau von morgen. Beitrag im Rahmen des 4. Internationalen Kolloquiums Werkzeugbau mit Zukunft. Aachen, 2004.

Klotzbach, C. (Industrieller Werkzeugbau):
Gestaltungsmodell für den industriellen Werkzeugbau. Aachen: Shaker, 2007.

Kluckhohn, F. R.; Strodtbeck, F. L. (Value Orientations):
Variations in value orientations. Westport: Greenwood Press, 1961.

Komorek, N.; Salmen, M.; Schippers, M. (Wissensrückführung und Fehleranalyse):
Pilotprojekt: Wissensrückführung und systematische Fehleranalyse. In: Günther Schuh und Wolfgang Boos (Hg.): Werkzeugbau Akademie – Forschungsbericht 2012/2013. Aachen: Apprimus, 2013, S. 75–83.

Komorek, N. J. (Kollaborative Wertschöpfung):
Gestaltungsmodell für kollaborative Wertschöpfung im industriellen Werkzeugbau. Aachen: Apprimus, 2014.

Kostka, C.; Kostka, S. (Der Kontinuierliche Verbesserungsprozess):
Der Kontinuierliche Verbesserungsprozess. München: Hanser, 2008.

Krafcik, J. F. (Lean Production System):
Triumph of the Lean Production System. In: Sloan Management Review, Nr. 30:1, 1988, S. 41–52.

Kriha, W.; Schmitz, R. (Sichere Systeme):
Sichere Systeme. Berlin: Springer, 2009.

Kroeber, A. L.; Kluckhohn, C. (Culture):
Culture. New York: Vintage Books, 1952.

Kubicek, H. (Heuristische Bezugsrahmen):
Heuristische Bezugsrahmen und heuristisch angelegte Forschungsdesigns als Elemente einer Konstruktionsstrategie empirischer Forschung. In: Richard Köhler (Hg.): Empirische und handlungstheoretische Forschungskonzeptionen in der Betriebswirtschaftslehre. Stuttgart: Poeschel, 1977, S. 3–36.

Kuhlmann, K. K. (Gestaltung von Geschäftsprozessen):
Methodik zur Gestaltung von Geschäftsprozessen im industriellen Werkzeugbau. Aachen: Apprimus, 2011.

Kuhn, T. S.; Simon, K. (Struktur wissenschaftlicher Revolutionen):
Die Struktur wissenschaftlicher Revolutionen. 2. Aufl. Frankfurt am Main: Suhrkamp, 1988.

Kühn, W. (Digitale Fabrik):
Digitale Fabrik. München: Hanser, 2006.

Kutschker, M.; Schmid, S. (Internationales Management):
Internationales Management. 6. Aufl. München: Oldenbourg, 2008.

Laney, D. (3D Data Management):
3D Data Management: Controlling Data Volume, Velocity, and Variety. Stamford: META Group, 2001.

Lehner, F.; Scholz, M.; Wildner, S. (Wirtschaftsinformatik):
Wirtschaftsinformatik. 2. Aufl. München: Hanser, 2008.

Linacre, J. M. (Optimizing Rating Scale):
Optimizing Rating Scale Category Effectiveness. In: Journal of Applied Measurement, Nr. 3:1, S. 85–106.

LinkedIn (www.linkedin.com):
LinkedIn. Online verfügbar unter www.linkedin.com, 2016.

Lucke, D. (Smart Factory):
Smart Factory. In: Engelbert Westkämper, Dieter Spath, Carmen Constantinescu und Joachim Lentes (Hg.): Erfolgreiche industrielle Produktion mit digitalen Werkzeugen. Berlin: Springer, 2011, S. 251–269.

Lucke, D.; Constantinescu, C.; Westkämper, E. (Kontextbezogene Anwendungen):
Kontextbezogene Anwendungen in der Produktion. In: wt Werkstatttechnik online, Nr. 3, S. 138–142.

Luczak, H. (Arbeitswissenschaft):
Arbeitswissenschaft. 2. Aufl. Berlin: Springer, 1998.

Lüder, A. (Integration des Menschen):
Integration des Menschen in Szenarien der Industrie 4.0. In: Thomas Bauernhansl, Michael ten Hompel und Birgit Vogel-Heuser (Hg.): Industrie 4.0 in Produktion, Automatisierung und Logistik. Wiesbaden: Springer Vieweg, 2014, S. 493–507.

Mann, D. (Lean Culture):
Creating a lean culture. New York: Productivity Press, 2015.

Mattern, F. (Technische Basis):
Die technische Basis für das Internet der Dinge. In: Elgar Fleisch und Friedemann Mattern (Hg.): Das Internet der Dinge. Berlin: Springer, 2005, S. 39–66.

Mattern, F.; Flörkemeier, C. (Internet der Dinge):
Vom Internet der Computer zum Internet der Dinge. In: Informatik-Spektrum, Jg. 2, Nr. 33, 2010, S. 107–121.

McLuhan, M. (Understanding media):
Understanding media. New York: New American Library, 1964.

Melzer, I. (Service-orientierte Architekturen):
Service-orientierte Architekturen mit Web Services. 4. Aufl. Heidelberg: Springer Spektrum, 2010.

Mendonca, M.; Kanungo, R. N. (Ethical Leadership):
Ethical leadership. Maidenhead, New York: McGraw-Hill, 2007.

Menges, G.; Michaeli, W.; Mohren, P. (Spritzgießwerkzeuge):
Spritzgießwerkzeuge. 6. Aufl. München: Hanser, 2007.

Meyer, M. (Mitarbeiterführung im lernenden Unternehmen):
Mitarbeiterführung im lernenden Unternehmen. Wiesbaden: Dt. Univ.-Verl, 1998.

Meyer, M. (Signalverarbeitung):
Signalverarbeitung. 7. Aufl. Wiesbaden: Springer Vieweg, 2014.

Minguez, J. (Manufacturing Service Bus):
Der Manufacturing Service Bus. In: Engelbert Westkämper, Dieter Spath, Carmen Constantinescu und Joachim Lentes (Hg.): Erfolgreiche industrielle Produktion mit digitalen Werkzeugen. Berlin: Springer, 2011, S. 271–289.

Minguez, J.; Lucke, D.; Jakob, M.; Constantinescu, C.; Mitschang, B.; Westkämper, E. (Manufacturing Service Bus):
Introducing SOA into production environments – the manufacturing service bus. In: CIRP (Hg.): Proceedings of the 43rd CIRP International Conference on Manufacturing Systems. Wien: CIRP, 2010.

Mollet, L. (Überwachung):
Überwachung: Gläserne Mitarbeiter? In: ComputerWorld, Nr. 19/09, 2008, S. 26.

Monden, Y. (Toyota Production System):
Toyota Production System. 3. edition. Norcross: Engineering & Management Press, 1998.

Müller, E.; Riedel, R. (Entscheidungsunterstützung):
Humanzentrierte Entscheidungsunterstützung in intelligent vernetzten Produktionssystemen. In: Wolfgang Kersten, Hans Koller und Hermann Lödding (Hg.): Industrie 4.0 – Wie intelligente Vernetzung und kognitive Systeme unsere Arbeit verändern. Berlin: GITO mbH Verlag, 2014, S. 211–237.

Müller-Stewens, G.; Lechner, C. (Strategisches Management):
Strategisches Management. Stuttgart: Schäffer-Poeschel, 2011.

Murphy, C. (Single Source of Truth):
How To Get One Version Of The Truth. Online verfügbar unter http://www.informationweek.com/it-leadership/how-to-get-one-version-of-the-truth/d/d-id/1101181?, 2011.

Niggemann, O.; Jasperneite, J.; Vodencarevic, A. (Intelligente Fabrik):
Eine Referenzarchitektur für eine intelligente Fabrik. In: Thomas Bauernhansl, Michael ten Hompel und Birgit Vogel-Heuser (Hg.): Industrie 4.0 in Produktion, Automatisierung und Logistik. Wiesbaden: Springer Vieweg, 2014, S. 172–189.

Nonaka, I. (Organizational Knowledge Creation):
A dynamic theory of organizational knowledge creation. In: Organization Science, Jg. 5, Nr. 1, 1994, S. 14–37.

Ohno, T. (Toyota-Produktionssysteme):
Das Toyota-Produktionssystem. Frankfurt am Main: Campus, 1993.

Palfrey, J.; Gasser, U.; Palfrey, J. (Generation Internet):
Generation Internet. München: Hanser, 2008.

Patzak, G. (Systemtechnik: Planung komplexer innovativer Systeme):
Systemtechnik, Planung komplexer innovativer Systeme. Berlin: Springer, 1982.

Paul, H. (Industrie 4.0):
Industrie freut sich auf Kräftemessen mit China. Online verfügbar unter http://www.faz.net/aktuell/wirtschaft/hannover-messe-industrie-freut-sich-auf-kraeftemessen-mit-china-11726901.html, 2012.

Paulukuhn, L. (Typologisierung von Entwicklungsprojekten):
Typologisierung von Entwicklungsprojekten im Maschinenbau. Aachen: Shaker, 2005.

Pautzke, G. (Evolution der organisatorischen Wissensbasis):
Die Evolution der organisatorischen Wissensbasis. Herrsching: Kirsch, 1989.

Peissner, M.; Hipp, C. (Mensch-Technik-Interaktion):
Potenziale der Mensch-Technik Interaktion für die effiziente und vernetzte Produktion von morgen. Stuttgart: Fraunhofer Verlag, 2013.

Percival, M. (Enterprise Bus):
SOA braucht den Enterprise Bus. Online verfügbar unter http://www.computerwoche.de/a/soa-braucht-den-enterprise-bus,579626, 2006.

Pichler, J. H.; Pleitner, H. J.; Schmidt, K.-H. (Management in KMU):
Management in KMU. Bern: Haupt, 2000.

Pitsch, M. (Kompetenzfeldbasierte Vernetzung):
Kompetenzfeldbasierte Vernetzung von Werkzeugbaustandorten. Aachen: Apprimus, 2014.

Pitsch, M.; Schippers, M. (Wissensmanagement):
Forschungsprojekt Wissensmanagement. In: Günther Schuh und Wolfgang Boos (Hg.): Werkzeugbau Akademie – Forschungsbericht 2011/2012. Aachen: Apprimus, 2012, S. 54–62.

Plaßmann, W.; Schulz, D. (Handbuch Elektrotechnik):
Handbuch Elektrotechnik. 5. Aufl. Wiesbaden: Springer Vieweg, 2009.

Polanyi, M. (The tacit dimension):
The tacit dimension. Garden City: Doubleday, 1966.

Popper, K. (Logik der Sozialwissenschaften):
Die Logik der Sozialwissenschaften. In: Theodor Wiesengrund Adorno und Ralf Dahrendorf (Hg.): Der Positivismusstreit in der deutschen Soziologie. Neuwied: Luchterhand, 1975, S. 103–124.

Porter, M. E. (Wettbewerbsvorteile):
Wettbewerbsvorteile. 4. Aufl. Frankfurt am Main: Campus, 1996.

Porter, M. E.; Heppelmann, J. E. (Smarte Produkte verändern Wettbewerb):
Wie smarte Produkte den Wettbewerb verändern. In: Harvard-Business-Manager, Jg. 36, Nr. 12, 2014, S. 34–60.

Porter, M. E.; Heppelmann, J. E. (Smarte Produkte verändern Unternehmen):
Wie smarte Produkte Unternehmen verändern. In: Harvard-Business-Manager: das Wissen der Besten, Nr. 12, 2015, S. 52–73.

Precht, M.; Meier, N.; Tremel, D. (EDV-Grundwissen):
EDV-Grundwissen. 7. Aufl. München: Addison-Wesley, 2004.

Probst, G.; Raub, S.; Romhardt, K. (Wissen managen):
Wissen managen. 7. Aufl. Wiesbaden: Springer Gabler, 2012.

Pümpin, C.; Prange, J. (Unternehmensentwicklung):
Management der Unternehmensentwicklung. Frankfurt: Campus, 1991.

Redlich, T.; Wulfsberg, J. P. (Wertschöpfung):
Wertschöpfung in der Bottom-up-Ökonomie. Heidelberg: Springer, 2011.

Richter, M. (Kriterien der Benutzerfreundlichkeit):
Kriterien der Benutzerfreundlichkeit. Zürich: Universtität Zürich, 1997.

Roddeck, W. (Mechatronik):
Einführung in die Mechatronik. 2. Aufl. Wiesbaden: Springer Vieweg, 2003.

Rohweder, D. (Informationstechnologie und Auftragsabwicklung):
Informationstechnologie und Auftragsabwicklung. Berlin: Erich Schmidt, 1996.

Roschmann, K. (Betriebsdatenerfassung in Industrieunternehmen):
Betriebsdatenerfassung in Industrieunternehmen. München: Moderne Industrie, 1979.

Roschmann, K. H. (Betriebsdatenerfassung in der CIM-Umwelt):
Betriebsdatenerfassung in der CIM-Umgebung. In: H. J. Warnecke (Hg.): Initiativen für die Fabrik mit Zukunft. Berlin: Springer, 1986, S. 65–78.

Rüegg-Stürm, J. (Unternehmensentwicklung):
Unternehmensentwicklung im Spannungsfeld von Komplexität und Ethik. Bern: Haupt, 1989.

Rüegg-Stürm, J. (St. Galler Management-Modell):
Das neue St. Galler Management-Modell. 2. Aufl. Bern: Haupt, 2003.

Ruh, W. A.; Maginnis, F. X.; Brown, W. J. (Enterprise application integration):
Enterprise application integration. New York: Wiley, 2001.

Sayer, N. J.; Williams, B. (Lean):
Lean for dummies. Hoboken: Wiley, 2007.

Schäfers, B. (Sozialstruktur und sozialer Wandel):
Sozialstruktur und sozialer Wandel in Deutschland. 7. Aufl. Stuttgart: Lucius & Lucius, 2002.

Schalk, A.-M. (Führungsverhalten):
Standardisierung von Führungsverhalten. Wiesbaden: Springer Gabler, 2015.

Schanz, G. (Grundfragen der Führungsforschung):
Wissenstheoretische Grundfragen der Führungsforschung. In: Alfred Kieser, Gerhard Reber und Rolf Wunderer (Hg.): Handwörterbuch der Führung. Stuttgart: Poeschel, 1987, S. 2039–2058.

Scheer, A.-W. (CIM):
CIM Computer Integrated Manufacturing. Berlin, Heidelberg: Springer, 1987.

Scheer, A.-W. (Referenzmodelle für industrielle Geschäftsprozesse):
Wirtschaftsinformatik. 5. Aufl. Berlin: Springer, 1995.

Schein, E. H. (Organizational Culture and Leadership):
Organizational Culture and Leadership. 4. Aufl. San Francisco: Jossey-Bass, 2010.

Scherer, E. (Shop Floor Control):
Shop Floor Control – A Systems Perspective. Berlin: Springer, 1998.

Schleyer, C. (Kooperationsmanagement):
Erfolgreiches Kooperationsmanagement im Werkzeugbau. Aachen: Shaker, 2006.

Schmidt, J.-H. (Social Media):
Social Media. Wiesbaden: Springer VS, 2013.

Schmidt, N. (Strukturwandel der Wirtschaft):
Auswirkungen des Strukturwandels der Wirtschaft auf den Bildungsstand der Bevölkerung. In: Wirtschaft und Statistik, Nr. 6, 2010, S. 537–551.

Schmitz, G.; Dietz, M.; Eberhardt, S. (Empowerment):
Empowerment als ganzheitliches Managementkonzept zur Steuerung der individuellen Lösungskompetenz bei Lösungsanbietern. Duisburg: Universität Duisburg-Essen, 2009.

Schneider, G.; Geiger, I. K.; Scheuring, J. (Prozess- und Qualitätsmanagement):
Prozess- und Qualitätsmanagement. Zürich: Compendio Bildungsmedien, 2008.

Scholz, A. (Business Intelligence):
Business Intelligence. Köln: Fachhochschule Köln, 2005.

Schöning, H.; Dorchain, M. (Data Mining und Analyse):
Data Mining und Analyse. In: Thomas Bauernhansl, Michael ten Hompel und Birgit Vogel-Heuser (Hg.): Industrie 4.0 in Produktion, Automatisierung und Logistik. Wiesbaden: Springer Vieweg, 2014, S. 543–554.

Schuh, G.; Boos, W.; Kuhlmann, K.; Rittstieg, M. (Operative Exzellenz):
Operative Exzellenz im Werkzeug- und Formenbau. Aachen: Apprimus, 2010.

Schuh, G.; Boos, W.; Kuhlmann, K.; Rittstieg, M. (Synchronisierung im industriellen Werkzeugbau):
Synchronisierung im industriellen Werkzeugbau. In: Christian Brecher, Fritz Klocke, Robert Schmitt und Günther Schuh (Hg.): Wettbewerbsfaktor Produktionstechnik. Aachen: Shaker, 2011, S. 373–403.

Schuh, G.; Boos, W.; Salmen, M.; Wiese, J.; de Lange, J. (Shopfloormanagement):
WBA Projekt: Shopfloormanagement im Werkzeugbau. In: Günther Schuh und Wolfgang Boos (Hg.): Werkzeugbau Akademie – Forschungsbericht 2014/2015. Aachen: Apprimus, 2015, S. 10–17.

Schuh, G.; Kuhlmann, K.; Pitsch, M.; Schippers, M. (Der ideale Werkzeugbau):
Der ideale Werkzeugbau. In: Form+Werkzeug, Jg. 1, 2013, S. 14–15.

Schuh, G.; Pitsch, M.; Komorek, N.; Kuhlmann, T. (Vernetzte Wertschöpfung):
Vernetzte Wertschöpfung. In: Werkzeug&Formenbau, Jg. 3, 2014, S. 58–59.

Schuh, G.; Pitsch, M.; Salmen, M.; Begovic, A. (Digitalisierung im Werkzeugbau):
Digitalisierung im Werkzeugbau. In: Werkzeug&Formenbau, Jg. 5, 2014, S. 86–89.

Schuh, G.; Schmidt, C. (Grundlagen Produktionsmanagement):
Grundlagen des Produktionsmanagements. In: Günther Schuh und Carsten Schmidt (Hg.): Produktionsmanagement. Berlin: Springer Vieweg, 2014, S. 1–62.

Schuhbauer, H.; Schwinghammer, J. (Wissenslandkarten):
Anwendung von Wissenslandkarten im Wissensmanagementprozess. In: Hans-Peter Fröschle (Hg.): Wissensmanagement, 2005, S. 67–75.

Schuler GmbH (Handbuch Umformtechnik):
Handbuch der Umformtechnik. Berlin: Springer, 1996.

Seiffert, H.; Radnitzky, G. (Wissenschaftstheorie):
Handlexikon zur Wissenschaftstheorie. München: Ehrenwirth, 1989.

Sendler, U. (Industrie 4.0):
Industrie 4.0 – Beherrschung der industriellen Komplexität mit SysLM (System Lifecycle Management). In: Ulrich Sendler (Hg.): Industrie 4.0. Berlin: Springer Vieweg, 2013, S. 1–20.

Spath, D. (Grundlagen der Organisationsgestaltung):
Grundlagen der Organisationsgestaltung. In: Hans-Jörg Bullinger, Dieter Spath, Hans-Jürgen Warnecke und Engelbert Westkämper (Hg.): Handbuch Unternehmensorganisation. Berlin, Heidelberg: Springer, 2009, S. 3–24.

Spath, D.; Ganschar, O.; Gerlach, S.; Hämmerle, M.; Krause, T.; Schlund, S. (Produktionsarbeit der Zukunft):
Produktionsarbeit der Zukunft. Stuttgart: Fraunhofer Verlag, 2013.

Spennemann, F. (Organisationsstrukturen im Werkzeugbau):
Gestaltung von Organisationsstrukturen im Werkzeugbau. Aachen: Shaker, 2001.

Spur, G. (Evolutionen der industriellen Produktion):
Evolutionen der industriellen Produktion. In: Günter Spur (Hg.): Optionen zukünftiger industrieller Produktionssysteme. Berlin: Akad.-Verl., 1997, S. 15–50.

Stachowiak, H. (Allgemeine Modelltheorie):
Allgemeine Modelltheorie. Wien: Springer, 1973.

Statista (Anzahl Facebook Nutzer):
Anzahl Facebook Nutzer. Online verfügbar unter http://de.statista.com/statistik/daten/studie/245101/umfrage/facebook-nutzer-vs-internetnutzer-weltweit-zeitreihe, 2015.

Statista (Wirtschaft in Deutschland):
Veränderung des Bruttoinlandsprodukts (BIP) in Deutschland gegenüber dem Vorjahr von 1992 bis 2015 (preisbereinigt, verkettet). Online verfügbar unter http://de.statista.com/statistik/daten/studie/2112/umfrage/veraenderung-des-bruttoinlandprodukts-im-vergleich-zum-vorjahr/, 2016.

Statista (Wirtschaft in China):
Wirtschaft in China. Online verfügbar unter http://de.statista.com/statistik/faktenbuch/356/a/laender/china/wirtschaft-in-china/, 2016.

Statistisches Bundesamt (Anteil der Industrie am BIP):
Anteil der Industrie am BIP seit 20 Jahren nahezu konstant. Wiesbaden, 08.04.2015.

Stehr, C. (Globalisierung des Mittelstands):
Globalisierung des Mittelstandes. Münster: Monsenstein und Vannerdat, 2012.

Steinle, C. (Ganzheitliches Management):
Ganzheitliches Management. Wiesbaden: Gabler, 2005.

Suzaki, K. (New Shopfloor Management):
The new shop floor management. 2. Aufl. New York: Macmillan, 1993.

Sztuka, A. (Unternehmenskultur):
Unternehmenskultur. Online verfügbar unter ttp://www.manager-wiki.com/strategieumsetzung/6-unternehmenskultur, 2015.

Thomas, A.; Utler, A. (Kultur):
Kultur, Kulturdimensionen und Kulturstandards. In: Petia Genkova, Tobias Ringeisen und Leong, Frederick T. L. (Hg.): Handbuch Stress und Kultur. Wiesbaden: Springer VS, 2013, S. 41–50.

Thommen, J.-P.; Achleitner, A.-K. (Betriebswirtschaftslehre):
Allgemeine Betriebswirtschaftslehre. 6. Aufl. Wiesbaden: Gabler, 2009.

Thommen, J.-P.; Achleitner, A.-K. (Allgemeine Betriebswirtschaftslehre):
Allgemeine Betriebswirtschaftslehre. 6. Aufl. Wiesbaden: Gabler, 2012.

Tomczak, T. (Forschungsmethoden):
Forschungsmethoden in der Marketingwissenschaft. In: Marketing: Zeitschrift für Forschung und Praxis, Jg. 14, Nr. 2, 1992, S. 77–87.

Treier, V.; Schumann, A.; Lechner, S.; Liecke, M.; Schwiderowski, H. (Kostendruck):
Europa punktet erneut - Kostendruck wieder wichtiger, 2015.

Twitter (www.twitter.com):
Twitter. Online verfügbar unter www.twitter.com, 2016.

Ulrich, H. (Unternehmung als System):
Die Unternehmung als produktives soziales System. Bern: Haupt, 1968.

Ulrich, H. (Systembegriff):
Der allgemeine Systembegriff. In: Jörg Baetge (Hg.): Grundlagen der Wirtschafts- und Sozialkybernetik. Berlin: Springer, 1975, S. 33–39.

Ulrich, H. (Management):
Management. Bern: Haupt, 1984.

Ulrich, H. (Systemorientiertes Management):
Systemorientiertes Management. Bern: Haupt, 2001.

Ulrich, H.; Krieg, W. (St. Galler Management-Modell):
Das St. Galler Management-Modell. Bern: Haupt, 1972.

Ulrich, H.; Probst, Gilbert J. B (Ganzheitliches Denken und Handeln):
Anleitung zum ganzheitlichen Denken und Handeln. 4. Aufl. Bern: Haupt, 1995.

Ulrich, P.; Hill, W. (Wissenschaftstheoretische Grundlagen):
Wissenschaftstheoretische Grundlagen der Betriebswirtschaftslehre. In: Wirtschaftswissenschaftliches Studium (WiSt), Jg. 5, Nr. 8, 1976, S. 304–350.

Vahs, D. (Organisation):
Organisation. 5. Aufl. Stuttgart: Schäffer-Poeschel, 2005.

Vajna, S. (Integrated Design Engineering):
Integrated Design Engineering. Dordrecht: Springer Vieweg, 2014.

VDI (VDI-Richtlinie 2815):
VDI-Richtlinie 2815: Begriffe für die Produktionsplanung und -steuerung, ausgemusterte und nicht ersetzte Richtlinie, dennoch weiterhin benutzt und anerkannt. Düsseldorf: VDI, 1978.

VDI (VDI-Richtlinie 4499):
VDI-Richtlinie 4499. Düsseldorf: VDI, 2008.

VDMA (Prognose 2015):
Präzisionswerkzeuge: Prognose 2015. In: Form+Werkzeug, Jg. 1, 2015.

VDMA (Branchenbericht Präzisionswerkzeuge 2015):
Branchenbericht Präzisionswerkzeuge. Frankfurt am Main. Grimm, Manfred, 13.01.2016.

Virnich, M. (Betriebsdatenerfassung):
Betriebsdatenerfassung in Konstruktion und Arbeitsplanung. Berlin: Springer, 1988.

Warnecke, H.-J. (Fraktale Fabrik):
Die Fraktale Fabrik. Reinbek: Rowohlt, 1996.

Weiser, M. (Computer for the 21st Century):
The computer for the 21st century. In: Scientific American, Nr. 9, 1991, S. 94–104.

werkzeug & formenbau (Werkzeugbau 2015):
Wer ist der beste Werkzeugbau 2015? Online verfügbar unter http://www.werkzeug-formenbau.de/2015/09/wer-ist-der-beste-werkzeugbau-2015/, 2015.

Wesoly, M.; Ohlhausen, P.; Bucher, M. (Wissensmanagement):
Wissensmanagement. In: Hans-Jörg Bullinger, Dieter Spath, Hans-Jürgen Warnecke und Engelbert Westkämper (Hg.): Handbuch Unternehmensorganisation. Berlin, Heidelberg: Springer, 2009, S. 700–717.

Westekemper, M. (Angebotspreisbildung):
Methodik zur Angebotspreisbildung. Aachen: Shaker, 2002.

Wiendahl, H.-P. (Erfolgsfaktor Logistikqualität):
Erfolgsfaktor Logistikqualität. 2. Aufl. Berlin: Springer, 2002.

Wikipedia (Entwicklung Wikipedia Artikelzahlen):
Stats. Online verfügbar unter http://stats.wikimedia.org/DE/TablesArticlesTotal.htm, 2015.

Wikipedia (Wiki):
Wiki. Online verfügbar unter https://de.wikipedia.org/wiki/Wiki, 2015.

Wikipedia (Wikipedia):
Wikipedia. Online verfügbar unter https://de.wikipedia.org/wiki/Wikipedia, 2015.

Wildemann, H. (Lean-Management):
Lean-Management in kleinen und mittleren Unternehmen. München: Techn. Univ, 1993.

Winterhagen, J. (Losgröße 1):
Automatisiert zur Losgröße 1. In: ZVEI Ampere, Jg. 1, 2013, S. 12–17.

Witt, J.; Witt, T. (KVP):
Werkzeuge des Qualitätsmanagements in der KVP-Praxis. Düsseldorf: Symposion, 2007.

Wittmann, G.; Stahl, E.; Torunsky, R.; Weinfurtner, S. (Digitalisierung der Gesellschaft):
Digitalisierung der Gesellschaft 2014. Regensburg: ibi research, 2014.

Woitowitz, R.; Urbanski, K.; Gehrke, W. (Digitaltechnik):
Digitaltechnik. Berlin: Springer, 2012.

Wolf, C. (Industrie und Handwerk):
Die Abgrenzungskriterien zwischen Industrie und Handwerk. Online verfügbar unter http://www.ihk-ostbrandenburg.de/Gruenden-Foerdern/Brancheninformationen/Industrie-und-Bau/Die-Abgrenzungskriterien-zwischen-Industrie-und-Handwerk/883648, 2015.

Womack, J. P.; Jones, D. T. (Lean Thinking):
Lean Thinking. Frankfurt: Campus, 2003.

Womack, J. P.; Jones, D. T.; Roos, D. (Machine that changed the World):
The machine that changed the world. New York: Rawson Associates, 1990.

Wunderer, R. (Mitarbeiterführung für unternehmerischen Wandel):
Der Beitrag der Mitarbeiterführung für unternehmerischen Wandel. In: Peter Gomez, Dietger Hahn, Günter Müller-Stewens und Rolf Wunderer (Hg.): Unternehmerischer Wandel. Wiesbaden: Gabler, 1994, S. 229–271.

XING (www.xing.com):
XING. Online verfügbar unter www.xing.com, 2016.

Zarrella, D.; Heidl, K. (Social Media Marketing):
Das Social Media Marketing Buch. Beijing: O'Reilly, 2010.

Zboralski, K. (Communities of Practice):
Wissensmanagement durch Communities of Practice. Wiesbaden: Dt. Univ.-Verl, 2007.

Ziskoven, H. (Getaktete Fertigung im Werkzeugbau):
Methodik zur Gestaltung und Auftragseinplanung einer getakteten Fertigung im Werkzeugbau. Aachen: Apprimus, 2013.

Zwicker, R. (Interner Werkzeugbau):
Kostenfaktor oder Erfolgsgeheimnis – Der interne Werkzeugbau als Keimzelle des Unternehmenserfolgs. In: Plastverarbeiter, Jg. 8, 2009, S. 12–14.

Summary

The german tooling industry is known worldwide for its innovative tools, which feature a high quality. At the same time german tool and die manufacturing companies are facing immense challenges, for example shorter product development and life cycles, a rising production complexity as well as an increasing cost pressure due to upcoming competitors from countries with lower factor costs. In order to stay competitive in the future the german tooling industry is expected to continue to develop and manufacture innovative high quality tools while actively improving existing value creation structures and processes. A cyber physical shopfloor provides the opportunity of handling the rising complexity and facing the demographic change at the same time. Additionally the fourth industrial revolution reveals the opportunity of realizing economic opportunities in the tooling industry.

Currently there is no existing structured scientific approach to design a cyber physical shopfloor in the tooling industry. Therefore such a design model was structured and developed. The core of the design model for a cyber physical shopfloor in the tooling industry are the activity elements, which support the operational processing of work orders on the shopfloor. The **data-based shopfloor management** ensures the information of shopfloor employees. By using a **high resolution resource and order planning**, existing capacities and capacity demand can be synchronized continuously. The **intelligent coordination of cyber physical systems** virtualizes shopfloor processes and allows an integrative collaboration of employees and machines. The operational processing of work orders is framed by three behavioral elements. The **proactive learning** describes the data-based and continuous development of employees and the overall organization. This development is supported by a **collaborative shopfloor community**, which intensifies the digital communication of employees. The third behavioural element is the **digital culture**, which provides basic values, patterns and standards for the collaboration on the shopfloor. The activity and behavioral elements are based on the structural element of **digital platforms**. Those are representing the digital infrastructure on the shopfloor and are characterized by connectibility and modularity.

The developed design model was applied and validated at the internal tool shop of the AUDI AG as well as at the OPUS Formenbau GmbH. Its application allows the structured improvement of the performance and competitiveness of tool and die manufacturing companies. Those are now invited to individually address the design elements regarding their specific framework conditions.

Lebenslauf

Persönliche Daten

Name, Vorname:	Salmen, Michael
Geburtsdatum:	11. April 1987
Geburtsort:	Paderborn
Nationalität:	Deutsch

Schulausbildung

1997 – 2006	Goerdeler Gymnasium Paderborn Abschluss: Abitur

Zivildienst

2006 – 2007	Rettungsdienst der Feuerwehr Paderborn

Studium

2007 – 2011	Studium des Wirtschaftsingenieurwesens (Fachrichtung Maschinenbau) an der RWTH Aachen Abschluss: Bachelor of Science (B.Sc.)
2011 – 2013	Studium des Wirtschaftsingenieurwesens (Fachrichtung Maschinenbau) an der RWTH Aachen Abschluss: Master of Science (M.Sc.)

Beruflicher Werdegang

Seit 2015	Oberingenieur, Abteilung Unternehmensentwicklung, Werkzeugmaschinenlabor WZL der RWTH Aachen
Seit 2015	Geschäftsfeldleiter Industrieberatung, WBA Aachener Werkzeugbau Akademie GmbH
2014 – 2015	Gruppenleiter, Gruppe Kompetenzmanagement, Werkzeugmaschinenlabor WZL der RWTH Aachen
2014 – 2015	Projektleiter in Beratungsprojekten im Werkzeugbau, WBA Aachener Werkzeugbau Akademie GmbH
2013 – 2014	Wissenschaftlicher Mitarbeiter, Abteilung Unternehmensentwicklung, Werkzeugmaschinenlabor WZL der RWTH Aachen
2007 – 2012	Praktika im In- und Ausland (Benteler Stahl/Rohr GmbH, Diehl Aircabin GmbH, P3 North America Inc.)
2007 – 2012	Studentischer Mitarbeiter an der RWTH Aachen

In der Reihe **Ergebnisse aus der Produktionstechnik** zuletzt erschienen:

Salmen, Michael:
Gestaltungsmodell für den digital vernetzten Shopfloor im Werkzeugbau
ISBN: 978-3-86359-479-4
Erscheinungsdatum: 27.01.2017

Schumacher, Sven:
Risikomanagement für die qualitätsorientierte Entwicklung industrieller Dienstleistungen
ISBN: 978-3-86359-488-6
Erscheinungsdatum: 13.01.2017

Sommer, Martin:
Produktbaukastengerechte Organisationsstrukturen
ISBN: 978-3-86359-484-8
Erscheinungsdatum: 16.12.2016

Hollstegge, Daniel:
Process-Induced Changes in Optical Properties of Precision Molded Glass Lenses
ISBN: 978-3-86359-474-9
Erscheinungsdatum: 16.12.2016

Gerlach, Max:
Leistungsstaffelung in Produktprogrammen
ISBN: 978-3-86359-478-7
Erscheinungsdatum: 16.12.2016

von Hebel, Sabrina:
Komplexitätskostenrelevante Ursache-Wirkungs-Beziehungen im Werkzeugbau bei Stanz- und Umformwerkzeugen
ISBN: 978-3-86359-473-2
Erscheinungsdatum: 12.12.2016

Schröder, Malte:
Klassifikation von Fehlerereignissen in produzierenden Unternehmen zur Erfüllung von Analysefunktionen im Anlauf
ISBN: 978-3-86359-469-5
Erscheinungsdatum: 30.11.2016

Thiermann, Janis:
Abrichten von Schleifscheiben für das Hochgeschwindigkeitsschleifen
ISBN: 978-3-86359-471-8
Erscheinungsdatum: 28.11.2016

Flore, Jakob:
Optimierung der Genauigkeit fünfachsiger Werkzeugmaschinen
ISBN: 978-3-86359-472-5
Erscheinungsdatum: 28.11.2016

Schenk, Friedrich Walter:
Hochdurchsatz-Mikroskopie von Mikrotiterplatten auf Basis einer kontinuierlichen Objektbewegung
ISBN: 978-3-86359-464-0
Erscheinungsdatum: 11.11.2016

Edition Wissenschaft
Apprimus

Spöcker, Gunter:

Modular Programming of Adaptive CAx Manufacturing Process Chains

ISBN: 978-3-86359-462-6

Erscheinungsdatum: 07.11.2016

Müller, Frank:

Methoden zur Charakterisierung von Werkzeugschnittstellen unter statischer Last

ISBN: 978-3-86359-426-8

Erscheinungsdatum: 17.10.2016

Keitzel, Gunnar:

Präventive Parameteranpassung zur Sicherstellung des Spanabtransports beim Einlippentiefbohren

ISBN: 978-3-86359-449-7

Erscheinungsdatum: 27.09.2016

Sari, Deniz:

Leistungssteigerung des Fertigwälzfräsens unter Berücksichtigung der fertigungsbedingten Bauteileigenschaften

ISBN: 978-3-86359-447-3

Erscheinungsdatum: 18.08.2016

Lüdtke, Bastian:

Lösungsraum-Steuerung in der Produktentwicklung

ISBN: 978-3-86359-443-5

Erscheinungsdatum: 11.08.2016

Stoffel, Markus:

V-Modell zur Auslegung großer Produktionsnetzwerke

ISBN: 978-3-86359-459-6

Erscheinungsdatum: 26.10.2016

Adams, Oliver:

Modellbasierte prädiktive Kraftregelung beim Fräsen

ISBN: 978-3-86359-455-8

Erscheinungsdatum: 17.10.2016

Weiß, Markus:

Einfluss der Spezifikation mehrschichtiger CBN-Schleifwerkzeuge auf das Schleifprozessverhalten

ISBN: 978-3-86359-448-0

Erscheinungsdatum: 13.09.2016

Staudt, Julian:

Funktionsgerechte Bearbeitung von Verzahnungen durch Freiformfräsen

ISBN; 978-3-86359-450-3

Erscheinungsdatum: 18.08.2016

Fürtjes, Tobias:

Echtzeitfähige Machine-Vision-Systeme zur Qualitätssicherung im Faserverbundleichtbau

ISBN: 978-3-86359-439-8

Erscheinungsdatum: 03.08.2016

Edition Wissenschaft
Apprimus